Die Sterne,
und das V

Peter Höyng

Die Sterne, die Zensur und das Vaterland

Geschichte und Theater
im späten 18. Jahrhundert

2003

BÖHLAU VERLAG KÖLN WEIMAR WIEN

Gedruckt mit Unterstützung der
University of Tennessee

Bibliografische Information der Deutschen Bibliothek

Die Deutsche Bibliothek verzeichnet diese Publikation
in der Deutschen Nationalbibliografie;
detaillierte bibliografische Daten sind im Internet über
http://dnb.ddb.de abrufbar.

Umschlagabbildung:
Seni vor der Leiche Wallensteins. Gemälde von
Karl Theodor von Piloty. Staatliche Museen zu Berlin –
Preußischer Kulturbesitz, Nationalgalerie.
© bpk, Berlin 2003. Foto: Klaus Göken.

© 2003 by Böhlau Verlag GmbH & Cie, Köln
Ursulaplatz 1, D-50668 Köln
Tel. (0221) 913 90-0, Fax (0221) 913 90-11
info@boehlau.de
Alle Rechte vorbehalten
Druck und Bindung: DIP-Digital-Print, Witten
Gedruckt auf chlor- und säurefreiem Papier.
Printed in Germany
ISBN 3-412-02499-6

Danksagung

Wie alle veröffentlichte Denkarbeit verdankt sich das Entstehen auch dieses Buches der Anregung, Mithilfe und Unterstützung vieler. Namentlicher Dank gebührt den Professoren Klaus L. Berghahn, der das Projekt anregte, Anton Kaes, der bei der Formfindung Pate stand, Jürgen Fohrmann, der Foucault transparent werden ließ, und Hans Peter Herrmann, der bei dem Kapitel zum Nationaldiskurs Impulse freisetzte. Nicht minderer Dank gilt meinen Freunden Ulrich Struve, der die Endredaktion des Manuskriptes zuverlässigst betreute, Harald S. Liehr, dem ich über Gebühr Geduld abverlangte, und Birgit Tautz, die mehr als einmal ihren klugen Rat beisteuerte. Schließlich danke ich der *University of Tennessee,* die sowohl meine Arbeit als auch die Drucklegung des Buches großzügig unterstützte. Ebenso herzlich möchte ich mich für den vielseitigen freundschaftlichen Beistand meiner KollegInnen innerhalb der Deutsch-Abteilung der *University of Tennessee* bedanken.

Inhaltsverzeichnis

1.   Einleitung

1.1.   Von Geschichten zur Geschichte: Der Paradigmenwechsel um 1770

Wie ist es zu erklären, daß man nach beinahe dreihundert Jahren 1842 den Weiterbau des Kölner Domes (wieder) in Angriff nahm, und ihn dann 1880 mit einer historisierenden Kostümparade unter Teilnahme des Hohenzollern-Kaisers einweihte? Diese nationale Selbstdarstellung zur Zeit der Reichsgründungsphase hat immerhin so viel mit Karl Marx' Theorie gemein, daß auch er seine sozial-revolutionären und dialektischen Ansichten mit dem Rückgriff auf Geschichte – allerdings nicht affirmativ – zu begründen versuchte. Und auch ein dem marxistischen Menschenbild entgegengesetztes wie das eines Charles Darwin und dessen Evolutionstheorie werden mit einer historisch-genetischen Beweisführung begründet. Das historistische Denken setzte sich auch auf dem Theater durch; nicht nur in inhaltlicher Form durch historische Dramen. Vielmehr unternahm die Meininger Hoftheatertruppe des Herzogs Georg II. von Sachsen-Meiningen von 1874 bis 1890 zahlreiche Gastspielreisen in ganz Europa, um Schillers und Shakespeares Werke in als historisch echt verbürgten Kostümen und Dekorationen aufzuführen. Das Geschichtsstudium des Herzogs wurde zum integralen Bestandteil der realistischen Darstellungskunst.[1]

Den Beipielen könnten zahlreiche weitere hinzugefügt werden, nur um stets erneut zu belegen, daß geschichtliches und historistisches Denken in der zweiten Hälfte des 19. Jahrhunderts zu *der* erkenntnistheoretischen Position avancierte und eine sinnstiftende Funktion übernahm; es wurde zu einem das gesamte gesellschaftliche Denken, Wissen und Handeln bestimmenden Diskursbegriff. Nietzsche spricht deshalb zu Recht von der „mächtigen historischen Zeitrichtung", die „bekanntlich

---

1   Vgl. Erika Fischer-Lichte, *Kurze Geschichte des deutschen Theaters* (1993), S. 217-235.

seit zwei Menschenaltern unter den Deutschen namentlich zu bemerken ist" und kommentiert diesbezüglich gereizt, „daß wir alle an einem verzehrenden historischen Fieber leiden."[2]

Auf die Frage, wann und in welcher Konstellation dieser Historismus seinen Anfang nahm, sind bisher zwei grundlegende Antworten gegeben worden. Zum einen ist es Michel Foucault, der den Paradigmenwechsel zunächst lapidar konstatiert: „Eine tiefe Historizität tritt in das Herz der Dinge."[3] Der Raum des Wissens werde seit dem 17. Jahrhundert zusehends bestimmt durch eine Verortung identifizierbarer und allein durch ihre Differenz zueinander klassifizierbarer Elemente einer Mathesis oder Taxonomie.[4] „Das radikale Ereignis",[5] circa 1770 einsetzend, sei charakterisiert durch ein neues Denken: von der *Ordnung* der Dinge sei es mutiert zur *Geschichte*, zur Genealogie, als der bestimmenden Denkgestalt für die Vermittlung von Wissen.[6]

Während Foucault den Paradigmenwechsel aus diskurstheoretischer Perspektive beobachtet, leitet ihn Reinhart Koselleck begriffsgeschichtlich her.[7] Auch er setzt als zeitliche Markierung für den Paradigmenwechsel das letzte Drittel des 18. Jahrhunderts an.[8] Zuvor meinte „Geschichte" meist eine Pluralform, „die die Summe einzelner Geschichten benannte."[9] So heißt es noch 1769 bei Johann Georg Sulzer in dessen Begriffsbestimmung aller Wissenschaften über die Historie:

---

2   Friedrich Nietzsche, „Unzeitgemäße Betrachtungen. Zweites Stück: Vom Nutzen und Nachteil der Historie für das Leben", in: *Nietzsches Werke* (1972), Bd. III.1, S. 242.

3   Michel Foucault, *Die Ordnung der Dinge* (1974), S. 26.

4   Ebd., S. 87ff.

5   Ebd., S. 269.

6   Ebd., S. 272.

7   Reinhart Koselleck, „Geschichte, Historie", in: Otto Brunner, Werner Conze u. Reinhart Koselleck (Hgg.), *Geschichtliche Grundbegriffe* (1975), Bd. II, S. 593-717. Wolf Lepenies arbeitet denselben Paradigmenwechsel anhand der Naturgeschichte auf und zeigt, wie aus der tableauhaften Naturgeschichte à la Linné eine Geschichte der Natur wird. Wolf Lepenies, *Das Ende der Naturgeschichte* (1976).

8   Koselleck, ebd., S. 647.

9   Ebd. Vgl. auch Rudolf Vierhaus, „Historisches Interesse im 18. Jahrhundert", in: Erich Bödeker et al. (Hgg.), *Aufklärung und Geschichte* (1986), S. 269: „Die deutsche Historiographie des 17. und der ersten Hälfte des 18. Jahrhunderts präsentierte sich überwiegend noch gelehrt schwerfällig, knochentrocken, annalistisch und oft territorialgeschichtlich eng."

> Sie [= die Historie] ist ein Behältnis darin die merkwürdigsten Ent-
> schliessungen und Rathschläge der größten Männer, die Tugenden und
> Laster, Ehre und Schande ganzer Völker und einzelner Personen für die
> Nachwelt aufbehalten werden, und sie ist überhaupt ein Spiegel des
> menschlichen Lebens, in welchem man alle zu den Lehren des gesell-
> schaftlichen Lebens nöthige Beyspiele auf das deutlichste sehen kann.[10]

Im Sinne Sulzers ist die Zeit leer oder voll von Geschichten, so wie ein
„Behältnis" voll oder leer von Materie sein kann. Die Zeit nimmt dabei
keine eigene Qualität an. Zeit und Geschichten werden nicht miteinander
in einen ursächlichen Zusammenhang gebracht. Ein der Geschichte
eigener Nexus ist dieser Denkformation unbekannt. In dieser Verwendung des Begriffes zeigte sich auch die apodiktische Tradition der
aristotelischen Poetik. In ihr erhielt die Geschichtsschreibung die be-
schränkte Funktion zugeschrieben, „bloße" Fakten chronologisch zu sum-
mieren, eine gegenüber der Literatur degradierende Wertung.[11] Diese
Einstellung ändert sich jedoch in dem Moment, wo aus Geschichten
„Geschichte" wird. Der Kollektivsingular „Geschichte" läßt sich laut
Koselleck erstmals im Wörterbuch von Johann Christoph Adelung aus
dem Jahre 1775 nachweisen. Dort heißt es:

> Die Geschichte, plur. et nom. sing. [...] Was geschehen ist, eine geschehene
> Sache, sowohl in weiterer Bedeutung, eine jede, sowohl tätige als
> leidentliche Veränderung, welche einem Dinge widerfährt. In engerer und
> gewöhnlicherer Bedeutung zielt das Wort auf verschiedene, miteinander
> verbundene Veränderungen, welche zusammengenommen ein gewisses
> Ganzes ausmachen [...] In eben diesem Verstande stehet es oft collective
> und ohne Plural, von mehreren geschehenen Begebenheiten dieser Art.[12]

Im Gegensatz zu Sulzers Verständnis gilt jetzt: „Nicht mehr in der Zeit,
sondern durch die Zeit vollzieht sich dann die Geschichte. Die Zeit", so
Koselleck, „wird metaphorisch dynamisiert zu einer Kraft der Geschichte

---

10 Johann Georg Sulzer, „Von der Historie", in: Horst Walter Blanke u. Dirk Fleischer
    (Hgg.), *Theoretiker der deutschen Aufklärung* (1990), Bd. I.1., S. 286.
11 Aristoteles, *Poetik*, übers. u. hg. v. Manfred Fuhrmann (1986), S. 29-31.
12 Johann Christoph Adelung, *Deutsches Wörterbuch* (1775), Bd. 2, S. 600f.

selber."[13] Dieser Kollektivsingular ist insofern umfassend, als daß er den *Sachverhalt*, die *Darstellung* und die *Wissenschaft* von „Geschichte" meint. „Geschichte" avanciert zu einem neuartigen Ordnungsmodell des Wissens, wie etwa eine Rezension aus dem Jahre 1787 belegt: „Nach gerade scheint es doch, daß wir auch vortreffliche Geschichtsbuecher bekommen werden; nicht blos mit Fleiß gesammelte Materialien, sondern diese zu einem schoenen Ganzen geordnet."[14] Aristoteles' kategorische Trennung von Geschichtsdarstellung und fiktionaler Literatur wird aufgeweicht und das Verhältnis der Gattungen neu arrangiert.

Ablesbar wird diese Aufweichung unter anderem bei dem Göttinger Historiker Johann Christoph Gatterer. In seiner Abhandlung *Vom historischen Plan* (1767), in der er sich bezeichnenderweise für eine bisher noch nicht vorhandene Darstellung der Universalhistorie ausspricht,[15] reflektiert Gatterer über den Schreibprozeß des Historikers:

> [...] wenn also die Samlung und Auswahl der Materialien geschehen ist, alsdann ist es Zeit an den Plan zu denken, nach welchem alle grosse und kleine Stücke, woraus das Gebäude ausgeführt werden soll, am schicklichsten in Ordnung gebracht werden können, so daß man, nach der Vollendung des Werkes, ohne Mühe begreifen kan, warum ein Stück der

---

13   Reinhart Koselleck, „Das achtzehnte Jahrhundert als Beginn der Neuzeit", in: Reinhart Herzog u. Reinhart Koselleck (Hgg.), *Epochenschwelle und Epochenbewußtsein* (1987), S. 278.

14   Rezension zur *Geschichte der unmittelbaren Nachfolger Alexanders*, in: Christian August von Bertram (Hg.), *Ephemeriden der Litteratur und des Theaters* (1787), Bd. V, S. 223.

15   „Eine allgemeine Völkergeschichte hingegen, die sich auf alle Arten von Merkwürdigkeiten aller bekannten Nationen ausbreitet [...] ist die wahre *Universalhistorie*; ein Werk, das noch nicht geschrieben ist [...]." Johann Christoph Gatterer, „Vom historischen Plan und der darauf sich gründenden Zusammenführung der Erzählungen" (1767), in: Blanke u. Fleischer (Hgg.), *Theoretiker der deutschen Aufklärungshistorie* (1990), Bd. I.2, S. 627. Die Herausgeber betonen in ihrer Einleitung den Einfluß seitens Voltaires, Montesquieus, Humes und Smiths auf die deutsche Aufklärungshistorie. Ebd., S. 30f. Die Tatsache, daß ab den 70er Jahren des 18. Jahrhunderts der Begriff der Universalgeschichte immer gebräuchlicher wird, ist ein weiteres Indiz für den Paradigmenwechsel. Vgl. H.I.U. „Schreiben aus D. ... an einen Freund in London über den gegenwaertigen Zustand der historischen Litteratur in Teutschland", in: *Teutscher Merkur* (1773), Bd. 2, S. 262: „Sonderbar kommt es mir vor, daß wir in den letzten zwey bis drey Jahren so viele Kompendien der Universalhistorien erhalten haben, von aeltern und juengern Historikern."

Materialien eben hierher, und nicht an einen andern Ort gesetzt worden ist.[16]

Die zeitliche Unterteilung in zwei Arbeitsschritte des Historikers soll nach Gatterer in der Sinnhaftigkeit der historischen Darstellung aufgehoben werden. Daher wird auch verständlich, warum er die bisher gültige Trennung von Dichtung und Geschichtsschreibung verwirft[17] und vielmehr die beiden Schreibvorgänge zu natürlichen „Schwestern" erklärt.[18] Sein neu begründeter Anspruch kulminiert in der Äußerung:

> Der *höchste Grad des Pragmatischen* in der Geschichte wäre die Vorstellung des allgemeinen Zusammenhangs der Dinge in der Welt (*Nexus rerum universalis*). Denn keine Begebenheit in der Welt ist, so zu sagen, *insularisch*.[19]

Diese neue Denkstruktur bezüglich historischer Sachverhalte, die sich in der schriftlichen Darstellung auszudrücken hat, trifft man auch bei Gatterers Göttinger Kollegen August Ludwig Schlözer an. Dieser spricht davon, daß man sich „die Weltgeschichte aus einem doppelten Gesichtspunkt" vorstellen könne:

> entweder als *Aggregat* aller Specialhistorien, deren Sammlung, falls sie nur vollständig ist, deren bloße Nebeneinanderstellung auch schon in seiner Art ein Ganzes ausmacht; oder als ein *System*, in welchem Welt und Menschheit die Einheit ist, und aus allen Theilen des Aggregats einige, in Beziehung auf diesen Gegenstand, vorzüglich ausgewählt, und zweckmäßig geordnet werden.[20]

---

16 Gatterer, *Vom historischen Plan* (1767), S. 625.
17 Ebd., S. 624: „[...] daß Dichtkunst und Historie Anfangs nur ein Ding gewesen, endlich aber beyde zwar von einander unterschieden worden, doch so, daß man immer, wenn man eine Geschichte schrieb, dieselbe nach den Regeln der Gedichte bearbeitete, und den Unterschied zwischen beyden meist nur in der Art der Gegenstände setzte."
18 Ebd., S. 622.
19 Ebd., S. 659.
20 August Ludwig Schlözer, „Vorstellung seiner Universal-Historie" (1772), in: Blanke u. Fleischer (Hgg.), *Theoretiker der deutschen Aufklärungshistorie* (1990), Bd. I.2, S. 669. Im ersten Abschnitt dieser aus einer Vorlesung hervorgegangenen Abhandlung schreibt Schlözer zur Charakterisierung seines Vorhabens einer

Dieses Umdenken vom bloßen „Aggregat" zum „System" hat zur Konsequenz, daß Geschichte nicht mehr als Hilfswissenschaft andere Disziplinen wie Rhetorik oder Jura bedient, sondern nun umgekehrt Rhetorik und Jura als Subsysteme eines Geschichtsprozesses gedeutet und „verzeitlicht" werden. Letztlich hat dieses Denken zur Folge, daß keine außerhalb von Geschichte liegende Ordnung mehr gedacht wird. Daher gelangt Koselleck zu der Schlußfolgerung, daß diese neue Verwendung des Begriffs „Geschichte" die Aufkündigung eines metaphysischen Konzepts sei, da „die Geschichte" selbst zu einer letzten Instanz aufrücke, also metaphysische Dimensionen anzunehmen beginne.[21]

Schillers Antrittsvorlesung von 1789 läßt sich als eine Synthese der hier skizzierten Gedankengänge verstehen, wenn er schreibt:

> So würde denn unsre Weltgeschichte nie etwas anders als ein Aggregat von Bruchstücken werden und nie den Namen einer Wissenschaft verdienen. Jetzt also kommt ihr der philosophische Verstand zu Hülfe, und indem er diese Bruchstücke durch künstliche Bindungsglieder verkettet, erhebt er das Aggregat zum System, zu einem vernunftmäßigen Ganzen.[22]

Indem Schiller die Universalhistorie zum „vernunftmäßigen Ganzen" ausweitet, radikalisiert er Gatterers Forderung eines *„nexus rerum universalis"*. „Geschichte" impliziert bei Schiller bereits einen dezidier-

---

Universalhistorie bezeichnenderweise: „Wir wollen der Geschichte der Menschheit in Osten und Westen und dies- und jenseits der Linie, ihrer succeßiven Entstehung, Veredlung und Verschlimmerung auf allen ihren Wegen, von Ländern zu Ländern, von Volke zu Volke, von Zeitalter zu Zeitalter, nach ihren Ursachen und Wirkungen, nachspüren; und in dieser Absicht die *grossen Weltbegebenheiten im Zusammenhange* durchdenken. Mit einem Worte: wir wollen *Universalhistorie* studiren." Ebd., S. 664.

21 Koselleck, „Geschichte, Historie" (1975), S. 650. In der Deutung des besagten Bruchs besteht zwischen Foucault und Koselleck eine entscheidende Differenz darin, daß für Foucault mit der neuen Denkweise auch das Bewußtsein eines sich reflektierenden Subjekts auftritt, „eine Gestalt, die noch nicht zwei Jahrhundert Jahre zählt, eine einfache Falte in unserem Wissen, und daß er [= der Mensch] verschwinden wird, sobald unser Wissen eine neue Form gefunden haben wird." Foucault, *Die Ordnung der Dinge* (1974), S. 27. Koselleck hingegen betont, daß mit dem neuen Geschichtsbegriff erstmals „'Geschichte an und für sich' ohne ein ihr zugeordnetes Subjekt gedacht werden kann." Koselleck, ebd., S. 649.

22 Friedrich Schiller, „Was heisst und zu welchem Ende studiert man Universalgeschichte?", in: *Schillers Werke*, NA, Bd. 17, S. 373.

ten Sinnentwurf, nach dem Universalgeschichte final gedacht wird. Der Geschichte wird ein Zweck untergeschoben, der in Bezug gesetzt wird zur Menschheitsentwicklung, bei der der Mensch als historisches Subjekt zu einer immer vernünftigeren Stufe des Handelns emporsteigt: „Welche Zustände durchwanderte der Mensch, bis er [...] vom ungeselligen Höhlenbewohner – zum geistreichen Denker, zum gebildeten Weltmann hinaufstieg?"[23] In Schillers optimistischer Geschichtsdeutung kulminiert einerseits das neuartige Geschichtsdenken am Ende des 18. Jahrhunderts und andererseits wirft es seinen Schatten auf die historistische Zeit im 19. Jahrhundert voraus.

Foucault und Koselleck leiten die Feststellung dieses um 1770 deutlich erkennbaren Paradigmenwechsels entweder diskurstheoretisch oder begriffsgeschichtlich aufgrund von Texten aus dem Wissenschaftsbereich her. Doch, so der Ausgangspunkt dieser Untersuchung, bleibt dabei die Frage offen, wie und wo sich der historische Umbruch in der Gesellschaft des 18. Jahrhunderts konkret manifestiert. Müßte nicht ein solch epochaler Paradigmenwechsel auch außerhalb weniger Schlüsseltexte des Wissenschaftsbereiches nachweisbar sein? Ja, müßte ein ab 1770 retrospektiv auszumachender Paradigmenwechsel nicht als eine gesellschaftliche Praxis ablesbar sein? Antworten auf diese Fragen zu finden, ist das Ziel dieser Studie, die ihren Fokus in der Dramenproduktion und Theaterpraxis des ausgehenden 18. Jahrhunderts hat.

---

23 Schiller, „Universalgeschichte?", in: *Schillers Werke*, NA, Bd. 17, S. 367. Vgl. auch ebd., S. 375f.

1.2. Inhaltliche sowie methodologische Prämissen von Interdisziplinarität, Diskurstheorie und Kulturgeschichte

Folgende inhaltliche Annahmen und Prämissen leiten meine Erforschung des historischen Paradigmenwechsels. Zunächst ist es naheliegend, sich auf historische Dramen ab 1770 zu konzentrieren, da sich bei ihnen thematisch und inhaltlich der skizzierte Paradigmenwechsel niederschlagen müßte. Außerdem drängt sich der dramatische Text als Dokumententyp auf, weil er – so die Hypothese – durch seine öffentliche Aufführung im Theater potentiell breitenwirksam werden kann, demnach der noch näher zu verortende Umbruch als ein mentaler Wandel in der Gesellschaft sichtbar werden könnte und nicht als allein ein auf die Wissenschaftspraxis beschränkter benennbar bliebe. Aufgrund dieser Annahme ist die Frageperspektive darauf hin zu erweitern, das historische Drama weder genrespezifisch noch nach ästhetischen Qualitäten zu beurteilen,[24] sondern es als *eine* Dimension des Theaters zu erfassen. Der Dramentext wird zu „nur" einer von mehreren Größen, die für Aufführungen im Theater relevant sind; allerdings im Unterschied zum transitorischen Charakter der Aufführung zu einer gut belegbaren und daher auch aufschlußreichen Quelle. Einhergehend mit der Einbettung des Dramentextes in seine Aufführung rückt das Theater als ein Ort sozialer Praxis in den Vordergrund, an dem gesellschaftliche Gruppen wie Autoren, Schauspieler, Intendanten und Publikum ihre unterschiedlichen Erwartungshaltungen und Interessen kommunizieren und miteinander aus- und verhandeln. In diesem Verhandlungsprozess bei Dramen historischen Inhalts, so lautet die Vermutung, müßte auch der epochale Bewußtseinswandel im Verhältnis zur Geschichte sedimentiert sein.

---

24 Vgl. Friedrich Sengle, *Das historische Drama in Deutschland* (1969). Sengles Gattungsgeschichte ist eine dem Historismus verpflichtete Monographie, die in Goethes *Götz von Berlichingen* nicht nur den Beginn, sondern zugleich auch den Gipfel und die Blüte des Genres sieht. Diese Sicht hat zur Folge, daß beispielsweise Schillers historische Dramen, weil idealisierend, für Sengle nicht dem „wahren" Historismus entsprechen. Vgl. ebd., S. 42, 51 und 62.

Die Entscheidung, Dramentexte historischen Inhalts in den Kontext des Theaters als einer komplexen künstlerischen und gesellschaftlichen Institution einzubinden, hat zur Folge, daß der Paradigmenwechsel nicht isoliert betrachtet werden kann von einem anderen, zeitgleich verlaufenden institutionellen Paradigmenwechsel, nämlich dem Übergang von Wanderbühnen zu stehenden deutschsprachigen Nationalbühnen. Inwiefern sich diese beiden Paradigmenwechsel wechselseitig bedingten, wird im Schlußkapitel behandelt.

Da es von vorneherein und dezidiert nicht mein Anliegen ist, eine Gattungsgeschichte von Geschichtsdramen vorzulegen, kann ich mich auf einige Dramen als Paradigmen konzentrieren. Nach der Sichtung und Lektüre zahlreicher Dramen historischen Inhalts aus dem letzten Drittel des 18. Jahrhunderts, verdankt sich die schließlich getroffene Auswahl nicht zuletzt einem glücklichen Zufall in Bezug auf zwei unbekannte und vor Schillers Trilogie veröffentlichte Wallenstein-Dramen von Johann Nepomuk Komarek und Gerhard Anton von Halem.[25] Entscheidender jedoch als dieser besonders für die Schillerforschung relevante Binnendiskurs war, daß sich neben den Wallenstein-Dramen insbesondere auch Babos *Otto von Wittelsbach* sowohl hinsichtlich der grundlegenden Fragestellung als auch der erwähnten Prämissen als besonders ergiebig erwies.

Obwohl diese inhaltlichen Voraussetzungen letztlich nicht fein säuberlich von den methodologischen Prämissen zu trennen sind, läßt sich doch festhalten, daß diese von drei wesentlichen Anteilen bestimmt sind: der Arbeit methodisch vorgelagert sind interdisziplinäre Ein- und Absichten und diskurstheoretische Grundannahmen, die – kombiniert – aus der kulturhistorischen Ausrichtung des *new historicism* ihre darstellerischen Impulse erhalten.

Sowohl zu jeder einzelnen dieser wissenschaftlichen Methoden als auch zu ihrer hier unternommenen Bündelung in einer kulturhistorischen Darstellung ließe sich die methodische, historische und inhaltliche Herleitung ausführlichst legitimieren. Dies hätte zur Folge, daß lediglich der Wissenschaftsdiskurs selbst nachgezeichnet und ausdifferenziert würde, anstatt die Ausgangsfragen durch die vorgelegte Darstellung zu beantworten und für sich sprechen zu lassen. Nur kurz sei daher das Inein-

---

25 Vgl. die Bibliographie 5.2., S. 219-221.

andergreifen von interdisziplinärem, diskurstheoretischem und kulturhistorischem Vorgehen dargelegt.

Die Ausgangsfrage, wo und wie sich der von Foucault und Koselleck
wissenschaftshistorisch und begriffsgeschichtlich nachgewiesene Paradigmenwechsel um 1770 als mentaler Bewußtseinswandel in der Gesellschaft manifestiert, impliziert bereits Fragestellungen, die über die
ausgewiesenen Disziplinen der Geschichtswissenschaft, Wissenschaftsgeschichte und Geschichtsphilosophie hinausgehen. Die grundsätzliche
Entscheidung, die Frage nach den Modalitäten dieses Paradigmenwechsels anhand von Dramentexten aus den letzten drei Dekaden des 18.
Jahrhunderts zu untersuchen, nötigt uns jedoch nicht „automatisch" dazu,
die Grenzen der Germanistik zu verlassen; ganz im Gegenteil. Denn die
Germanistik begnügt sich traditionell damit, Dramen ausschließlich als
Texte zu rezipieren und sie daher unabhängig von ihrer Aufführungspraxis zu lesen und zu interpretieren. Diese eingeengte Optik hat
beispielsweise zur Folge, daß Goethes *Geschichte Gottfriedens von
Berlichingen mit der eisernen Hand dramatisirt* nicht nur als Prototyp des
historischen Dramas gelten kann, sondern auch als Lesedrama deklariert
wird.[26] Beide Annahmen sind jedoch nicht aufrecht zu erhalten, berücksichtigt man die Aufführungen und Theaterpraxis der Zeit.[27]

Um nicht solchen Fehleinschätzungen und in der Literaturwissenschaft tradierten Denkmustern zu unterliegen, ist ein interdisziplinäres
Vorgehen geboten, das Geschichte, Germanistik und Theatergeschichte
verbindet. Durch Foucaults Diskursbegriff werden notwendige meta-
disziplinäre Transgressionen theoretisch untermauert. Denn laut Foucault
sind einzelne Wissenschaftsdisziplinen als Diskursformationen aufzufassen, die sich nicht, wie ihre Vertreter gern behaupten, durch einen
interesselosen Wahrheitsgehalt oder Erkenntnisgewinn auszeichnen,
sondern die sich vor allem generieren und legitimieren, indem sie auf ihre

---

26   Für Rosemarie Zeller gilt Goethes *Götz von Berlichingen* als „berühmtestes [...]
     Beispiel eines Lesedramas." Dies., *Struktur und Wirkung. Zu Konstanz und Wandel
     literarischer Normen im Drama zwischen 1750 und 1810* (1988), S. 51. Auch
     Markus Krause behauptet, daß der große Erfolg von Goethes Drama „in erster Linie
     auf seiner Wirkung als Lesedrama beruhte." Ders., *Das Trivialdrama der Goethezeit
     1780-1805. Produktion und Rezeption* (1982), S. 196.
27   Helmut Schanze weist zu Recht darauf hin, daß sich das gängige Urteil angesichts
     der vielen Aufführungen nach der Premiere 1774 in Berlin keineswegs aufrecht
     erhalten läßt. Vgl. ders., *Goethes Dramatik. Theater der Erinnerung* (1989), S. 40.

Machtinteressen achten und die Abgrenzung ihrer Disziplin gegenüber anderen Disziplinen kontrollieren. Die Ausblendung der Theatergeschichte seitens der Germanistik samt den daraus resultierenden Blindstellen, Dramen nicht im Kontext ihrer Performanz und Theaterpraxis zu sehen, sondern hauptsächlich als gedruckte Texte zu lesen, ist ein beredtes Beispiel dafür, wie Diskursabgrenzungen im Sinne Foucaults den Blick auf die „Wahrheit" verstellen.

Daher hat die Einbeziehung der Theatergeschichte für unsere Studie zur Folge, sie eben nicht als eine Art Hilfswissenschaft zu behandeln, die immer dann zu Rate gezogen wird, wenn Dramentexte durch Berücksichtigung ihrer Aufführungen zusätzlich be- oder angereichert werden sollen. Vielmehr ermöglicht gerade die Berücksichtigung theaterhistorischer Zusammenhänge, bezüglich der diskutierten Dramentexte neue Probleme zu erkennen und Ergebnisse vorzulegen. So wird beispielsweise im zweiten Kapitel deutlich werden, daß die Frage nach dem Historizitätsgehalt der Wallenstein-Dramen, aber insbesondere auch in *Otto von Wittelsbach*, erst aufgrund der konkreten Zensurpraxis zu beantworten ist, mithin der Nachweis des Paradigmenwechsels von Faktoren abhängig ist, die jenseits der literarischen oder ästhetischen Qualitäten der Texte zu finden sind. Auch im letzten Kapitel zur Institutionalisierung des deutschsprachigen Theaters wird deutlich, wie erst die Einbeziehung des theaterhistorischen Kontextes im Zusammenspiel mit einer Analyse der Dramen es uns ermöglicht, den Historisierungsschub dingfest zu machen.

Doch erschöpft sich der Rekurs auf Foucaults diskursives Reglement selbstverständlich nicht darauf, gewinnbringend die Aus- und Abgrenzungen zwischen Theater- und Literaturgeschichte interdisziplinär zu überschreiten. Vielmehr werden fünf von Foucaults diskurstheoretischen Grundannahmen übernommen.[28]

Den Übergang zur Neuanordnung gesellschaftlicher Denk-, Wissens- und Verhaltensmuster als Diskursformation zu analysieren, bedeutet zuallererst, sich unterschiedlichster Äußerungsformen zu bedienen. In unserem Fall kann das heißen, sich je nach Aussagequalität auf sprachliche und außersprachliche „Äußerungen" wie private oder öffentliche Theaterrezensionen, Dramen, Kostüme, Bühneneinrichtung, Schau-

---

28   Vgl. Michel Foucault, *Die Ordnung des Diskurses* (1992).

spielstil, Körpersprache, Theaterbau, Theaterreform, Publikumszusam-
mensetzung oder ästhetische Diskussionen in Bezug auf die Ausgangsfrage einzulassen. An dieser vielfältigen Liste wird – zweitens – auch
ablesbar, daß die Analyse der Diskursformation an überindividuellen
Äußerungen interessiert ist und nicht daran, die Positionen einzelner
Literaten oder Personen herauszuarbeiten. Drittens impliziert dieser
überindividuelle Aspekt bei der diskursorischen Herangehensweise, daß
die hermeneutische Einfühlung zugunsten einer Beobachterposition
aufgegeben wird. Anstatt den „eigentlichen Sinn" oder die „eigentliche
Wahrheit" in und hinter der Aussage einzuholen bzw. herauszuarbeiten,
geht es darum, die herangezogenen Äußerungen und Äußerungsformen
zu- und untereinander in Beziehung zu setzen und mit Blick auf die
Ausgangsfrage „lediglich" zu beobachten und zu beschreiben. Die Beantwortung der Frage, inwiefern die Dramen ihrem eigenen Anspruch,
Geschichte darstellen zu wollen, gerecht werden oder nicht, wird daher
sekundär bzw. irrelevant. Von Interesse ist vielmehr, daß sie *diesen
Anspruch* anmelden und wodurch er ermöglicht oder aber verhindert
wird. Damit rückt – viertens – in den Vordergrund, daß ein Diskurs
keineswegs ein linearer Prozess ist, der irgendwann seinen Anfang nimmt
und sich dann kontinuierlich und sukzessiv ausbreitet, wie es etwa die
Skizzierung des Paradigmenwechsels am Anfang dieser Einleitung
suggerieren könnte. Vielmehr verhält sich auch der Geschichtsdiskurs
dispersiv, ist an unterschiedlichen Orten lokalisierbar, wie die Liste der
diversen Äußerungsformen im Bereich des Theaters bereits andeutet.
Diese nicht-lineare Formation leitet sich – fünftens – daraus ab, daß ein
Diskurs, wie bereits in der metawissenschaftlichen Darstellung erwähnt,
nicht ohne Machtfragen auskommt. Die Formen und Ausprägungen der
Macht im Sinne Foucaults sind jedoch nicht als hierarchisches Konstrukt
oder statisches Unterdrückungssystem zu verstehen, das von einer starren
Grenzziehung zwischen „oben" und „unten", von einer direkten
Kausalbeziehung zwischen Unterdrückern und Unterdrückten ausgeht.
Das ist Macht durchaus, aber für Foucault eben auch mehr. Foucault hebt
die strikte binäre Opposition von Zentrum und Peripherie auf, um zu
zeigen, „was sich von unzähligen Punkten aus im Spiel ungleicher und
beweglicher Beziehungen vollzieht."[29] Stattdessen wird Macht als eine

---

29   Foucault, *Der Wille zum Wissen. Sexualität und Wahrheit I* (1989), S. 115.

fließende Anordnung verstanden, bei der das Zentrum peripher und das Periphere zentral werden kann, mithin sich ein multipolares Verhältnis ergibt, in dem divergierende Positionen neue Konstellationen gegen- und miteinander eingehen können. Dieses Verständnis von Machtkonstellationen als im Fluß befindliche Diskurse wird insbesondere im zweiten Kapitel deutlich werden, wo sich zeigt, daß die formelle Zensur als Verbot von oben weder der Komplexität der Theaterinstitution im allgemeinen noch der spezifischen Situation bei den Wallenstein-Dramen und *Otto von Wittelsbach* im besonderen gerecht wird.

Die Erörterung der Theaterzensur im Kontext der Wallenstein-Dramen und insbesondere im Falle von Babos historischem Drama läßt schließlich den dritten und letzten methodologischen Einfluß dieser Studie am klarsten hervortreten: den kulturhistorischen Ansatz, wie ihn Stephen Greenblatt vertritt. Er geht davon aus, daß der Entstehung von Kulturgütern – in unserem Fall Texte für das Theater – immer ein Austausch zwischen ästhetischen sowie gesellschaftlichen Wertvorstellungen und materiellen Möglichkeiten vorausgeht. Dabei baut Greenblatt auf Foucaults Einsicht auf, daß die in einen Diskurs eingeschriebene Begierde nach Macht nicht innerhalb vorab bestimmbarer Grenzziehungen verläuft, sondern diese von den am Diskurs partizipierenden Gruppen immer neu ausgehandelt werden. Greenblatt interessiert sich dafür, welche Diskurse sich durch gesellschaftliche Austauschprozesse in die kulturellen Produktionen eingeschrieben haben, und umgekehrt, welche Aspekte dieser Kulturgüter von gesellschaftlichen Gruppen wahrgenommen werden und für welche Zwecke.[30] Die für unsere Studie herangezogenen Theaterstücke spiegeln demnach nicht direkt und kausal soziale oder ästhetische Normen wider, sondern sie sind ästhetisch-künstlerische Resultate, die sich durch den ständigen Austausch mit vielfältigen Diskursen ergeben haben. Die Dramen reflektieren aber nicht nur diese diskursiven Dispositive, sondern werden selbst aktiv, indem sie ihrerseits zum Agens neuer Diskurse werden. Diese vielfältige Verflechtung mehrerer Diskurse, die ganz besondes bei Theaterproduktionen – nicht nur im übertragenen Sinne – anschaulich wird, zeigt sich deutlich im ersten Kapitel, wenn es darum geht zu untersuchen, wie

---

30   „Mimesis is always accompanied by – and indeed is always produced by – negotiation and exchange." Stephen Greenblatt, *Shakespearean Negotiations. The Circulation of Social Energy in Renaissance England* (1988), S. 13.

die Autoren gewissermaßen gezwungen werden, sich mit dem historisch nachgewiesenen Interesse Wallensteins für die Astrologie auseinanderzusetzen. Denn die Autoren des späten 18. Jahrhunderts waren zwei sich zueinander oppositionell verhaltenden Diskursen ausgesetzt: einerseits, astrologische Erkenntnisse zu diffamieren und auszugrenzen, und andererseits, einem historischen Wahrheitsanspruch gerecht werden zu wollen. Diese sich damals ausschließenden Diskursansprüche haben ihre Spuren in den Dramen hinterlassen. Den ästhetischen Lösungen eingelagert sind Diskurse, die ihre gesellschaftlichen Austausch- und Verhandlungsprozesse offenlegen.

Doch nicht nur bei dem Leitbegriff des Austausches diskursiver Praktiken in Bezug auf das Theater und der Betonung des Verhandlungscharakters von Theaterproduktionen beziehe ich mich auf Greenblatts Ausprägung des *new historicism* bzw. dessen bevorzugten Begriff der *cultural poetics*.[31] Ich habe mir auch Greenblatts undogmatische Verbindung unterschiedlicher theoretischer Positionen für diese Studie zu eigen gemacht: „there can be no single method, no overall picture, no exhaustive and definitive cultural poetics."[32] Dieser Standpunkt speist sich nicht aus postmoderner Orientierungslosigkeit, sondern aus der Komplexität der Materie selbst, der Quellen und der durch sie sichtbar werdenen Sachzusammenhänge, die eben nicht in das Prokrustesbett der einen oder anderen Theorie gezwängt werden sollen. Folgerichtig werde ich weder die reine Lehre einer „nur" beobachtenden Diskursanalyse im Sinne Foucaults einhalten, noch der hermeneutischen Interpretation des „eigentlich Gemeinten" frönen.

Dieser dritte Weg, sich beider methodischen Ansätze zu bedienen, mag einigen als die sprichwörtliche Quadratur des Kreises erscheinen, doch ergibt sich dieser Weg nicht zuletzt auch aus einer dritten Komponente von Greenblatts kulturhistorischem Ansatz, auf die ich mich beziehe: die dezidiert darstellerische Seite der Beschreibung kulturhistori-

---

31 Greenblatts favorisierter Begriff der „poetics of culture", den er in seinem ersten Buch verwendet, hat sich letztlich nicht durchsetzen können. Vgl. Greenblatt, *Renaissance Self-Fashioning. From More to Shakespeare* (1980), S. 5.

32 Greenblatt, *Shakespearean Negotiations* (1988), S. 19. Vgl. auch: „So I shall try if not to define the new historicism, at least to situate it as a practice – a practice rather than a doctrine, since as far as I can tell (and I should be the one to know) it's no doctrine at all." Greenblatt, „Towards a Poetics of Culture", in: H. Aram Veeser (Hg.), *The New Historicism* (1989), S. 1.

scher Vorgänge. Denn sein Credo, „I am committed to the project of making strange what has become familiar"[33] zeugt auch von der Lust, kulturhistorische Prozesse verfremdend, aber oft auch durch Rückgriff auf anekdotisches Material lesefreundlich zu entfalten.

Nicht zuletzt angeregt von Greenblatts Darstellungsstil entschied ich mich, der Analyse des Paradigmenwechsel ein begrenztes Textkorpus zugrunde zu legen. Doch nicht nur Schillers Wallenstein-Tetralogie wird im Laufe der Studie durch den Kontext der zeitgenössischen Dramen „verfremdet". Durch die dreimal geänderte Perspektive – die Diskurse um die Astrologie, Zensur und das Vaterland – auf die gleiche Ausgangsfrage und dieselben Texte erweist sich der von Foucault und Koselleck konstatierte Einschnitt als wesentlich komplexer und schwieriger, als es deren anhand von Kerntexten aus dem Wissenschaftsbereich entwickelte Rede vom Paradigmenwechsel vermuten läßt. Greenblatts Ansatz, in *einzelnen* Kulturproduktionen diskursiven, das heißt größeren gesellschaftlichen Austauschprozessen nachzuspüren und sie aufzudecken, und sein metonymischer Darstellungsstil[34] bewahren vor der Annahme, diejenige systemische Totalität erfassen zu können und darstellen zu wollen, die letztlich der Begriff des Paradigmenwechsels wenn nicht impliziert, so doch suggeriert. Diese Studie begnügt sich damit, anhand dreier Diskurse den mentalen Transfer von einer taxonomischen zu einer historischen Denkweise in seinen Anfängen als gesellschaftliche Praxis auf dem Theater zu erfassen und anschaulich darzustellen.

---

33 Stephen Greenblatt, *Learning to Curse. Essays in Early Modern Culture* (1990), S. 8.

34 Winfried Fluck, „The 'Americanization' of History in the New Historicism", in: *Monatshefte* 84.2 (1992), S. 225.

2. Die Astrologie in Wallenstein-Dramen

2.1. „Die Metaphysik der dummen Kerle": Kritik an der Astrologie

Wie kommt es, daß etwas millionenfach gedruckt, das Gedruckte von unterschiedlichen Alters- und Sozialgruppen gelesen wird, aber dennoch über das Gelesene, das auf jahrtausendalte Beobachtungen zurückgreift, nur rudimentärste Kenntnisse vorhanden sind. Verblüffend ist des weiteren, daß man das, was da gelesen wird, zwar nur halb glaubt, es aber umso lieber glauben möchte. Ich spreche von Horoskopen, wie man sie in Tageszeitungen, Wochenillustrierten und *Life Style*-Magazinen vorfindet oder wie sie im Internet abrufbar sind. Diese Art der populären Astrologie stellt das eine Ende eines breiten Spektrums dar, an dessen anderem Ende seriöse astrologische Praktiken stehen, die ein „individuelles Struktur-Bild" erstellen und dessen „psychische Dynamik" interpretieren.[1] Am Anfang des 21. Jahrhunderts ergibt sich hinsichtlich des gesellschaftlichen Umgangs mit der Astrologie ein komplexes Gefüge. Die Renaissance der Astrologie umfaßt unseriöse und ernstzunehmende Praktiken gleichermaßen.

Wie läßt sich dieses durchaus paradoxe Phänomen von Astrologiegläubigkeit bei gleichzeitigem Unwissen und seriöser Interpretationskunst deuten? Man kann dabei so vorgehen, wie Theodor W. Adorno es zusammen mit seinen Mitarbeitern tat. Er hat, als Exilant in Kalifornien, eine Studie zu den Horoskopen in der *Los Angeles Times* vorgelegt. Adornos Erkenntnisinteresse galt dabei ausschließlich der sozialen Funktion der Astrologie,[2] da er von vornherein die Astrologie als Aberglauben abqualifizierte und somit eine Unterscheidung in vulgäre und seriöse

---

1   Peter Niehenke, *Astrologie. Eine Einführung* (1994), S. 14.
2   Theodor W. Adorno, „The Stars Down to Earth: The Los Angeles Times Astrology Column. A Study in Secondary Superstition", in: *Jahrbuch für Amerikastudien* 2 (1957), S. 20.

Praktiken nicht zuließ. Er wählte vielmehr seinen Forschungsgegenstand allein deshalb, weil die Astrologie die am leichtesten zugängliche und außerdem populärste Form als okkult deklarierter Praktiken sei.[3]

Adornos Erklärung für die vulgäre Astrologie fällt überzeugend aber simplistisch aus. Die Zeitungshoroskope förderten die sozialpsychologische Abhängigkeit des Individuums von der verwalteten Welt und erfüllten keinen anderen Zweck, als den ausbeuterischen Zustand der kapitalistischen Gesellschaft aufrechtzuerhalten. Die persönlichen Sorgen würden mit Hilfe eines pseudowissenschaftlichen Vokabulars und Modells nicht erklärt und die anstehenden Probleme nicht gelöst. Die Hinweise und Ratschläge dienten lediglich dazu, die antagonistischen, d.h. die „objektiven Zustände" einer entfremdeten Welt zu kaschieren:

> Astrology only reinforces what they [= the people] have been taught anyway consciously and unconsciously. The stars seem to be in complete agreement with the established ways of life and with the habits and institutions circumscribed by our age.[4]

So divergente kulturelle Praktiken wie das populäre Interesse an Astrologie, *soap operas*, ja selbst Jazz sind für Adorno nichts anderes als Symptome einer Kulturindustrie, die das Individuum in einem Zustand der vergesellschafteten Unfreiheit belasse. Der Leser, der wirklich an den gedruckten Unsinn der astrologischen Vorhersagen glaube, sei ein Leser, der autoritätsfixiert sei, da er seinen Handlungsspielraum anderen Kräften freiwillig überantworte. In Analogie zu Freuds Traumanalyse avancieren die Sterne nach Adorno zu allmächtigen Vaterfiguren: „The stars mean sex without threat. They are depicted as omnipotent, but they are very far away."[5]

Einen ähnlichen Frontalangriff auf jede Art rational nicht nachvollziehbarer Erkenntnisse hat Adorno bereits 1951 in den Aphorismen *Minima Moralia* unter der Überschrift *Thesen gegen den Okkultismus* formuliert. Auch hier geht Adorno aufklärerisch vor, wenn er vermeintlich abergläubische Praktiken ihrer Lächerlichkeit preisgibt. Es bleibt dabei sehr ungenau, was er mit dem Okkulten meint, Adorno begnügt

---

3   Adorno, „The Stars Down to Earth" (1957), S. 24.
4   Ebd., S. 40.
5   Ebd., S. 27. Adorno situiert diese Thesen im Kontext der *Studien über Autorität und Familie* (1936). Ebd., S. 19.

sich vielmehr mit einem einfachen Verweis auf eine Kristallkugel, und schießt sich umso heftiger auf die Astrologie ein. Auch hier setzt er stillschweigend die vulgäre mit einer seriösen Astrologie gleich. Allein die Neigung zum Okkulten wird als „ein Symptom der Rückbildung des Bewußtseins"[6] gebrandmarkt. So wie der Monotheismus eine erste Mythologie gewesen sei, so sei Okkultismus eine zweite Mythologie, der der Garaus gemacht werden müsse. Astrologie und spirituelle Erkenntnisformen werden von Adorno als (falsche) Ideologie entlarvt.[7] Die Astrologie bleibt ein Störfaktor, der ideologiekritisch zu einer Nullsumme aufgelöst wird.

Daß Astrologie zu einem Teil auf wissenschaftlich-empirischer Beobachtung basiert, indem sie astronomische Beobachtungen als Bezugssystem heranzieht, um individuelle Charakterbilder zu erstellen, wird dabei von Adorno und anderen Kritikern der Astrologie besonders betont, um sie dann nur umso kräftiger attackieren zu können: „Es soll streng wissenschaftlich zugehen; je größer der Humbug, desto sorgfältiger die Versuchsanordnung."[8] Die astronomischen, d.h. empirisch-rationalen Voraussetzungen der Astrologie werden rhetorisch lächerlich gemacht, da die Prämisse, Astrologie sei irrational, nicht angezweifelt werden muß. Andere als empirisch nachvollziehbare Wissensmodi können nach Adorno *per se* keinen Wahrheitsanspruch anmelden, wenn sie nicht integrierbar sind in das sanktionierte moderne Wissenschaftsgerüst, das sich dem Willen zur „Wahrheit" verschreibt. Adornos Polemik zielt letztlich auf Ausgrenzung anderer Erkenntnismöglichkeiten ab, indem er ihnen jene rationale Apparatur abspricht, die spätestens die Aufklärung etablierte. Adornos polemische Abrechnung läßt sich daher als Behauptung eines Machtanspruchs aufklärerischer Ideale lesen. „Was ist dann im Willen zur Wahrheit, im Willen, den wahren Diskurs zu sagen, am Werk – wenn nicht das Begehren und die Macht?"[9]

Es ist ein leichtes, weitere Kritiker heranzuziehen, die mit erheblichem Aufwand gegen die Astrologie vorgehen, um sie aus dem modernen

---

6 Adorno, „Thesen gegen den Okkultismus", in: *Minima Moralia. Reflexionen aus dem beschädigten Leben* (1951), S. 462.

7 „Die Regression auf magisches Denken unterm Spätkapitalismus assimiliert es an spätkapitalistische Formen." Ebd., S. 464.

8 Ebd., S. 471.

9 Michel Foucault, *Die Ordnung des Diskurses* (1992), S. 17.

Wissenschaftsdiskurs auszugrenzen.[10] Zu ihnen gehört auch Brian Vickers, der weniger polemisch als Adorno argumentiert, sondern wissenschaftshistorisch vorgeht. Ähnlich wie jener konzentriert sich Vickers auf die Astrologie als die verbreitetste okkulte Wissenschaft. Die gegen Ende des 17. Jahrhunderts abnehmende Akzeptanz okkulter Erkenntnisse und die damit einhergehende Ausgrenzung der Kenntnisse in der Alchemie, Astrologie und Magie aus dem Wissenschaftskanon glaubt Vickers unter anderem mit jenen Renaissance-Texten erklären zu können, „die den Okkultismus klar kritisierten."[11] Vickers beschreibt und argumentiert:

> Diese meist übergangene Strömung mit ihrem kontinuierlichen Fluss kritischer Schriften zwischen 1490 und 1690 – von Pico bis Bayle – war ein wichtiges Element in der Weigerung, das Okkulte als intellektuell respektable wissenschaftliche Tätigkeit zu betrachten.[12]

An diese Weigerung knüpft Vickers an, wenn er den vermeintlich obersten Lehrsatz der Astrologie kritisiert, daß die Gestirne einen dominierenden Einfluß auf die Menschen ausübten. Die Astrologie sei eine anthropomorphe Mißinterpretation astronomisch-physikalischer Beobachtungen und Vorgänge.[13] Den sieben Planeten und zwölf Tierkreiszeichen werden in einem ersten Schritt menschliche Qualitäten zugesprochen und dann in einem zweiten Schritt „von diesen abgeleitet."[14] Es sei demnach nichts anderes als ein zirkuläres System und

---

10 Vgl. Wolfgang Bock, *Astrologie und Aufklärung. Über modernen Aberglauben* (1993). Astrologie wird hier wie bei Adorno ausschließlich als Entmündigung gedeutet. Ebd., S. 15. Vgl. Niehenke, Astrologie (1994), S. 19.

11 Brian Vickers, „Kritische Reaktionen auf die okkulten Wissenschaften in der Renaissance", in: Jean-François Bergier (Hg.), *Zwischen Wahn, Glaube und Wissenschaft. Magie, Astrologie, Alchemie und Wissenschaftsgeschichte* (1988), S. 169.

12 Ebd.

13 „Astro-nomie (= Ordnung, Regel), ‚Wissenschaft' von den Sternen und Astro-logie (= Aussage), die ‚Lehre' von den Sternen." „Während in der Antike Astrologie und Astronomie identisch waren, fand im ausgehenden Altertum eine langsame Trennung der Begriffe statt." Angelika Geiger, *Wallensteins Astrologie. Eine kritische Überprüfung der Überlieferung nach dem gegenwärtigen Quellenbestand* (1983), S. 13.

14 Vickers, ebd., S. 171.

nicht etwa eines, das Aussagen über Sternbilder und Planetenkonstellationen in Bezug auf Menschen ermögliche.

> Die Kategorien der Astrologie sind folglich weder natürlich noch physisch, sondern kulturell, anthropologisch, anthropomorph. Wir haben es mit einem Zeichen- und Klassifikationssystem zu tun, das seinen eigenen, menschlich-kulturellen Regeln gehorcht, weil es den Kontakt mit der physischen Realität verloren hat, auch wenn es noch immer vorgibt, es sei von ihr abhängig und deute sie.[15]

Die physikalische Beobachtung, die logische Operation der Astronomie werde ersetzt durch ein rhetorisches, d.h. analogisches Klassifikationssystem.[16] Diese grundsätzliche Kritik findet sich laut Vickers erstmals in ganzer Schärfe in dem Traktat des Bologneser Gelehrten Giovanni Pico della Mirandola *Disputationes adversus astrologiam divinatricem* (1496). Picos Kritik dokumentiere den erstarkenden Rationalismus in den Wissenschaften, der als einer der maßgeblichen Gründe für die Diskreditierung der Astrologie zu gelten habe. Zu den weiteren Gründen der Abwertung gehört nach Vickers, daß die Astrologie nicht nur die Dogmen des modernen Szientismus unterminierte, sondern auch die Dogmen der Kirche unterwanderte, da die Astrologie dem Determinismus Vorschub leistete und daher die Gnade Gottes leugnete. Dies sei ablesbar an dem Verbot der judiziarischen, d.h. der auf eindeutige Vorhersagen beschränkten, Astrologie auf dem Trienter Konzil (1545-1563), obwohl es nicht zuletzt die Renaissance-Päpste selbst waren, die sich besonders gerne der Astrologie zuwandten. Geiger skizziert diese Schizophrenie wie folgt:

> Und obwohl seit dem Konzil von Trient die Astrologie verboten und verdammt war, ließ man sich – soweit man es sich leisten konnte – die Nativität stellen und fragte zu Beginn wichtiger Unternehmungen die Astrologen um Rat. Kepler versorgte die steierischen Stände mit Prognostica und führte unter Rudolf II., Matthias und Ferdinand II. den Titel des kaiserlichen Hofastronomen.[17]

---

15 Vickers, „Kritische Reaktionen auf die okkulten Wissenschaften in der Renaissance" (1988), S. 175.
16 „Die *res* fügen sich den *verba*." Ebd., S. 188.
17 Geiger, *Wallensteins Astrologie* (1983), S. 12.

Doch die päpstlichen Verbote der judiziarischen Astrologie von 1564, 1586 und 1631 zeitigten ihre Wirkung nicht nur in den katholischen Gebieten Deutschlands. „Es ist erwiesen, dass sie [= die Astrologie] als Wissenschaft am Ende des 17. Jahrhunderts ausgespielt hatte und mit Quacksalbern, Schelmen und Scharlatanen in Verbindung gebracht wurde."[18] Zwar wurden noch einige Dissertationen zur Astrologie in Halle und Jena angenommen, „doch blieben dies Einzelerscheinungen, die an der skeptischen Einstellung der Gelehrtenwelt nichts änderten."[19] Allein in der bäuerlichen Bevölkerung scheinen sich rudimentäre astrologische Kenntnisse gehalten zu haben. Und obwohl Friedrich II. „die astrologischen Voraussagen in den Hauskalendern verbieten [wollte], [mußte er] den Erlaß infolge des heftigen Widerstandes der bäuerlichen Bevölkerung zurücknehmen."[20] Maria Theresia erließ 1756 ebenfalls eine Verordnung, wonach in allen Kalendern „alle astrologischen Wahrsagereyen und abergläubische Maßnahmen hinfüro wegzulassen sind."[21] Diese Zensurmaßnahme bezog sich insbesondere auf den weitverbreiteten Krakauer Kalender, „der von 1668-1756 von polnischen Gelehrten und von Jesuiten bearbeitet wurde."[22] Mithin operierte die katholische Kirche einerseits seit dem Trienter Konzil als Widersacher der Astrologie und gleichzeitig als ihr letzter Betreiber.

Während die Ausgrenzung profaner astrologischer Praktiken in der bäuerlichen Bevölkerung nicht gänzlich glückte, so war sie umso erfolgreicher innerhalb des neuzeitlichen Bürgertums: „In der Dichtung der Aufklärung sucht man vergebens nach Relikten der Sternenweisheit. Johann Bernhard Basedow geht nur noch in seiner *Auskunft gegen den Aberglauben* auf sonderbare Himmelserscheinungen ein [...]."[23] Gerhard Lemkes Feststellung kann beispielsweise durch Johann Christoph

---

18 Vickers, „Kritische Reaktionen auf die okkulten Wissenschaften in der Renaissance" (1988), S. 197.

19 Wilhelm Knappich, *Geschichte der Astrologie* (1967), S. 292. Man publizierte ab 1710 nicht mehr die Ephemeriden und astronomischen Hilfstafeln, was zur Folge hatte, daß die Astrologie zum Spielball von Dilettanten und Scharlatanen wurde.

20 Ebd., S. 294.

21 Ebd.

22 Ebd.

23 Gerhard H. Lemke, *Sonne, Mond und Sterne in der deutschen Literatur seit dem Mittelalter. Ein Bildkomplex im Spannungsfeld gesellschaftlichen Wandels* (1981), S. 43f.

Adelungs mehrbändiges Werk bestätigt werden, dessen Titel in seinem vollen Wortlaut bereits das Vorhaben auf programmatische Weise deutlich macht: *Geschichte der menschlichen Narrheit oder Lebensbeschreibungen berühmter Schwarzkünstler, Goldmacher, Teufelsbanner, Zeichen= und Liniendeuter, Schwärmer, Wahrsager und anderer philosophischer Unholden.*[24] Die Tatsache, daß Adelung dieses Unternehmen auf sieben Bände anschwellen ließ – in denen verstreut auch die Biographien einzelner „Sternendeuter" seit dem Mittelalter ihren Eintrag finden –, um ein ums andere Mal erneut beweisen zu wollen, daß das „Geschäft" dieser selbsternannten Philosophen nichts anderes gewesen sei als „wider gesunde Vernunft zu handeln,"[25] regt zu dreierlei Vermutungen an. Zum einen muß eine große Faszination von diesen „menschlichen Narren" ausgehen, sonst wären sie nicht so vielen argumentativen Aufwandes wert. Das hartnäckige Insistieren verrät eine gar nicht so geheime Lust an dem „schauerlich" Unvernünftigen. Zum anderen scheint von ihnen insgeheim eine Bedrohung für das Projekt der „gesunden Vernunft" auszugehen, derer man durch gezielte Ausmerzung Herr zu werden versuchte. Schließlich aber steckt in diesem Ausgrenzungsversuch selbst ein Hang zum irrationalen Wahn. Das Tabu des Irrationalen schlägt aufgrund der Zwangshaftigkeit des Rationalen selbst um ins Irrationale. Daher drängt sich auf, Adorno oder Vickers in der Nachfolge Adelungs zu sehen.

Die aufgeklärten Ausgrenzungsversuche zeitigten ihren Erfolg. Auf dem unübersichtlichen Zeitungsmarkt im letzten Drittel des 18. Jahrhunderts kann man kaum noch Abhandlungen zur Astrologie finden.[26] Und wenn sich dennoch ein Abschnitt aus einem französischen Buch eines Pater Martin in *Den Teutschen Merkur* verirrt, so kann man sicher sein, daß darin „das ganze Gebaeude" der Astrologie, „nebst allem, was sich darauf stuetzt und lehnt, zertruemmert" wird.[27] Das Projekt der Auf-

---

24 Johann Christoph Adelung, *Geschichte der menschlichen Narrheit oder Lebensbeschreibungen berühmter Schwarzkünstler, Goldmacher, Teufelsbanner, Zeichen= und Liniendeuter, Schwärmer, Wahrsager und anderer philosophischer Unholden*, 7 Bde. (1785-1789).

25 Ebd., Bd. 1, S. 5.

26 Vgl. *Index deutschsprachiger Zeitschriften* 1750-1815, hg. v. Klaus Schmidt (1989). Insgesamt sind nur 11 Beiträge zur Astrologie bzw. Sternendeutung zwischen 1750 und 1815 verzeichnet.

27 Martin, „Ueber die Sternenkunst", in: *Der Teutsche Merkur* (1786) Januar, S. 4.

klärung hatte Methode: Mit Besessenheit wurde das bekämpft, was der
Besessenheit bezichtigt wurde und dessen man glaubte, sich entledigen
zu müssen. Für die unterschiedlichen Kritiker steht im Namen der
„gesunden Vernunft" fest, daß nicht sein darf, was sich der Vernunft-
beherrschung in den Weg stellt.

Umso erstaunlicher nimmt sich daher folgender Aphorismus Georg
Christoph Lichtenbergs aus, dem als Physiker und leidenschaftlichen
Aufklärer kein Hang zum Irrationalen nachgesagt werden kann:

> „Es ist ein großer Unterschied zwischen etwas *noch* glauben und etwas
> *wieder* glauben. *Noch* glauben, daß der Mond auf die Pflanzen würke,
> verrät Dummheit und Aberglaube, aber es *wieder* glauben, zeigt [sic] von
> Philosophie und Nachdenken."[28]

Diese Art skeptischer Nachdenklichkeit bildet das Rückgrat meiner nachfolgenden Argumentation, wenn es darum geht, wie Dramatiker des 18.
Jahrhunderts mit dem Interesse Wallensteins an Horoskopen umgingen.

2.2.   „Aber wie konnte Kepler *wissen*?": Wallensteins Horoskope in biographischen Darstellungen

Was sollte man in aufklärerischen Zeiten mit einer Person anfangen, die
nicht nur an die Astrologie glaubte, sondern sie sogar aktiv praktizierte?
Die Rede ist vom größten politisch-militärischen Aufsteiger während der
ersten Hälfte des Dreißigjährigen Krieges (1618-1648), von General
Albrecht Wallenstein (1583-1634). Nachfolgend werde ich Gerhard
Anton von Halems, Johann Nepomuk Komareks und Friedrich Schillers
Dramen behandeln, in denen Wallenstein der titelgebende Protagonist ist.
Ich frage, wie diese Autoren mit Wallensteins astrologischem Interesse
umgingen, zu einer Zeit, in der Autoren und Publikum nicht anders als
Adelung oder Adorno die Astrologie als „Metaphysik der dummen
Kerle"[29] einstuften. Je mehr davon auszugehen ist, daß die Astrologie

---

28 Georg Christoph Lichtenberg, „Sudelbücher, Heft E, Nr. 52", in: Lichtenberg,
    Schriften und Briefe, hg. v. Wolfgang Promies (1968), Bd. 1, S. 353.
29 Adorno, *Minima Moralia* (1951), S. 464.

selbst als Narrheit desavouiert wurde oder war, desto entscheidender wird
die Frage danach, wie die Autoren sich aus historischen Gründen gegenüber Wallensteins Interesse an der Sterndeuterei verhielten. Sahen sich
die Dramatiker gezwungen, historisch Verbürgtes darzustellen, auch
wenn sie den Inhalt für absurd hielten, oder konnten sie aufgrund
dramaturgischer Ästhetik historische Authentizität vernachlässigen? Der
dramaturgische Umgang mit Wallensteins astrologischem Interesse kann
demnach zum Gradmesser jenes in der Einleitung proklamierten
historischen Bewußtseinswandels werden. Bevor ich dieser Frage anhand
der Dramen nachgehe, lege ich zwei Zwischenschritte ein. Zuerst werde
ich auf die wichtigsten Biographien zu Wallenstein eingehen, um
Wallensteins Horoskope historisch zu situieren und an ihnen das narrativ-
ästhetische Verfahren historischer Darstellung hervorzuheben. Letzteres
führt zu einem weiteren Zwischenschritt, nämlich die drei Wallenstein-
Dramen aus dem 18. Jahrhundert anhand des zeitgenössischen Diskurses
zum historischen Drama zu verankern.

Wallenstein wurde aufgrund seiner nach kapitalistischen Prinzipien
geführten Berufsarmeen zu einer der politisch mächtigsten Figuren im
Machtgeflecht Europas im 17. Jahrhundert; so mächtig, daß er auf Betreiben neidischer Widersacher durch seinen Dienstherrn und Auftraggeber,
den habsburgischen Kaiser Ferdinand II., 1630 seines Amtes enthoben
wurde. Doch nach nur neun Monaten wurde er, aufgrund erneuter
Bedrohung durch die Schweden, in sein zweites Generalat eingesetzt,
dieses Mal mit noch weitergehenden Machtbefugnissen als beim ersten
Mal. Diese Machtbefugnisse, die ihm Möglichkeiten zu Verhandlungen
mit dem Gegner einräumten, mißbrauchte er angeblich, so daß er im
Februar 1634 auf der Flucht zu den Gegnern im Auftrag des Kaisers in
Eger ermordet wurde.
    Der heutige Stand der historischen Forschung bezüglich der Umstände
von Wallensteins Ermordung läßt sich mit dem Verdikt des Historio-
graphen Schiller auf die prägnante Formel bringen: „So fiel Wallenstein,
nicht weil er Rebell war, sondern er rebellierte, weil er fiel."[30] Vor allem
Golo Manns umfangreiche Biographie hebt immer wieder Wallensteins
Bemühungen um Friedensverhandlungen hervor und widerlegt endgültig

---

30   Friedrich Schiller, „Geschichte des Dreißigjährigen Krieges", in: *Schillers Werke*,
    NA. Bd. 18. S. 329.

die einst vom Wiener Hof in Umlauf gesetzte Verratsthese.[31] Auch für diesen wahrscheinlich endgültig historisch gesicherten Standpunkt kann wiederum der historische Erzähler Schiller herangezogen werden: „Viele seiner [= Wallensteins] getadeltesten Schritte beweisen bloß seine ernstliche Neigung zum Frieden; die meisten andern erklären und entschuldigen das gerechte Mißtrauen gegen den Kaiser [...]."[32]

Wallenstein nahm Ende 1631/Anfang 1632 den italienischen Astrologen Senno in seine Dienste auf, für den er kostspielige Observatorien in Gitschin und Prag einrichtete. Zuvor hatte Wallenstein sich bereits für astrologische Deutungen interessiert, wie die zwei Horoskope beweisen, die er sich von keinem geringeren als dem kaiserlichen Mathematiker, Astronomen und nebenberuflichen Astrologen Johannes Kepler 1608 und 1624 erstellen ließ.[33] Besonderes Interesse, Mißtrauen und Ungläubigkeit unter den Historikern weckte vor allem das Horoskop von 1608, welches sowohl eine Charakterisierung des zum damaligen Zeitpunkt völlig unbekannten Wallenstein enthält als auch ein Verlaufshoroskop. Entdeckt wurde dieses Horoskop erst 1852 von dem Historiker Karl Gustav Helbig.[34]

Wie angestrengt man mit diesem für „die damalige Wissenschaft sensationellen Fund"[35] umging, zeigen die wichtigsten Biographen Wallensteins: Leopold von Ranke, Ricarda Huch, Hellmut Diwald und Golo Mann. Sie konnten getreu dem historistischen Grundsatz vermeintlicher Objektivität nicht umhin, sich mit diesem Dokument zu befassen; jedoch mehr zu ihrem Leidwesen als aus Bereitschaft, sich auf diese Form von Erkenntnisgewinnung einzulassen.

---

31 An vielen Stellen streut Golo Mann Hinweise auf Wallensteins Friedensbereitschaft ein und betont dessen Willen, ein Abkommen zwischen der schwedischen und kaiserlich-deutschen Seite herbeizuführen. Vgl. Golo Mann, *Wallenstein. Sein Leben erzählt von Golo Mann* (1986).

32 Schiller, „Geschichte des Dreißigjährigen Krieges", in: *Schillers Werke*, NA, Bd. 18, S. 329.

33 Laut Geiger wird Keplers Astrologietätigkeit nicht mehr als reiner Ausdruck des „Broterwerbs" beurteilt, sondern als Ergebnis seiner „Überzeugung." Geiger, *Wallensteins Astrologie* (1983), S. 90; vgl. Mann, *Wallenstein* (1986), S. 86.

34 Karl Gustav Helbig, *Der Kaiser Ferdinand und der Herzog von Friedland* (1852), S. 60f.

35 Geiger, ebd., S. 90.

Keplers Horoskop von 1608 enthält, zum Teil auf das Jahr genau, viele Voraussagen, die im Verlauf von Wallensteins außergewöhnlicher Biographie eingetroffen sind, und legt darüber hinaus ein recht genaues Charakterbild dieses melancholisch-herrischen Aufsteiger-Herzogs vor. Golo Manns verlegener Kommentar verflüchtigt sich in rhetorische Fragen:

> Wollte ich sagen, es sei etwas an der Kunst der Sterndeutung, wenn der rechte Mann sie betreibe, würde das wohl ein Lächeln so manchen Lesers hervorrufen, ich aber gute Miene dazu machen, könnte man nur eine bessere Erklärung bieten. Das Ganze zu einer glücklichen Raterei zu machen, wäre dumm; so errät man einen Menschen nicht, den man nicht gesehen hat. Aber wie konnte Kepler *wissen?*[36]

Fast glaubt man, Mann könnte sich zu Lichtenbergs ambivalentem Standpunkt vom retroaktiven Glauben an die Sterndeuterei durchringen. Doch Mann umgeht mit Fragerei das, was nicht sein kann: Wissen zu erlangen, dem seit gut dreihundert Jahren der Stempel des Unwissenschaftlichen aufgeprägt wurde. Er läßt letztendlich seine eigene Frage unbeantwortet und dokumentiert dadurch nur seine Unsicherheit gegenüber dem wissenschaftlich sanktionierten Aussagetypus von Erkenntnis. Insofern geraten Adorno und Mann in geistige Nachbarschaft.

Manns Erzählverfahren läßt sich nach Hayden White[37] als Kontextualismus beschreiben.[38] Aufgrund des Kontextualismus und seiner satirischen Erzählhaltung[39] bleibt Mann der Attitüde des Beiläufigen und der vagen Ausflucht verhaftet, die sich stilistisch beispielsweise an dem

---

36 Mann, *Wallenstein* (1986), S. 93.
37 Hayden White, *Metahistory. The Historical Imagination in Nineteenth-Century Europe* (1983). White exemplifiziert an Texten der klassischen Geschichtsschreibung und -philosophie des 19. Jahrhunderts vier Erzählstrukturen (emplotment), die das Erkenntnisinteresse des Verfassers gegenüber seinem Objektbereich, signalisieren: Komödie, Tragödie, Satire und Romanze. Von diesen Erzählstrukturen unterscheidet er formale, organische, mechanische und kontextuelle Erklärungsstrukturen, mit denen die Erzählstrukturen kausal verknüpft werden.
38 „The informing presupposition of Contextualism is that events can be explained by being set within the ‚context' of their occurrence." Ebd., S. 17.
39 Die satirische Einstellung definiert White so, daß „human consciousness and will are always inadequate to the task of overcoming definitively the dark force of death, which is man's unremitting enemy." Ebd., S. 9.

häufigen Gebrauch des Adverbs „übrigens" niederschlägt, welches sich einem analytischen Zugriff entzieht.[40]

Leopold von Ranke, der prominenteste deutsche Vertreter des Historismus im 19. Jahrhundert, verhält sich wie auch Mann äußerst ambivalent gegenüber Keplers Horoskop. Obwohl er das Dokument an herausragender Stelle, nämlich am Beginn seiner Biographie plaziert, bewertet er es als „phantastisch". Gleichzeitig aber sei das Horoskop ein Dokument, „dessen man sich bedienen mag."[41] Man könne nämlich aus ihm entnehmen, „wie Wallenstein in seinem sechsundzwanzigsten Jahre den Menschen erschien: die Deutung der Gestirne wird unwillkürlich eine Charakteristik."[42] Sodann läßt Ranke eine Wiedergabe des Keplerschen Horoskops in indirekter Rede folgen:

> Aus der Verbindung saturnischer und jovialischer Einflüsse schließt er [= Kepler], daß ihn [= Wallenstein] das ungewöhnliche Naturell zu hohen Dingen befähigen werde. Er schreibt ihm ein Dürsten nach Ehre und Macht zu, eigensinnigen Trotz und verwegenen Mut, so daß er sich einmal zu einem Haupt von Mißvergnügen auswerfen könne; viele große Feinde werde er sich zuziehen, aber ihnen meistens obsiegen.[43]

Dieser vermeintlich „unwillkürlichen Charakteristik", die Ranke ganz willkürlich an den Anfang seiner Biographie stellt, entzieht er kurz darauf nochmals ihre Glaubwürdigkeit.[44] Rankes Einstellung gegenüber seinem Erzählgegenstand und seine narrative Strategie lassen sich nach White als organizistisches Erklärungsverfahren einstufen.[45] Die astrologische

---

40   Die folgende Auflistung des Wortes „übrigens" beansprucht keine Vollständigkeit: S. 51, 100, 106, 120, 140, 151, 206, 237, 290, 358, 435, 451, 527, 532, 535, 565, 579, 615, 661, 688, 780, 798, 806, 816, 818, 848, 897. Mann, *Wallenstein* (1986).

41   Leopold von Ranke, *Geschichte Wallensteins* (1954), S. 5.

42   Ebd.

43   Ebd.

44   „Dieser imaginären Welt durften wir wohl gedenken, weil die Menschen der Epoche, und zwar die Tatkräftigsten und Gelehrtesten, nun einmal in dem Glauben daran befangen waren." Ebd., S. 6.

45   „At the heart of the Organicist strategy is a metaphysical commitment to the paradigm of the microcosmic-macrocosmic relationship; and the Organicist historian will tend to be governed by the desire to see individual entities as components of processes which aggregate into wholes that are greater than, or qualitatively different from, the sum of their parts." White, *Metahistory* (1983), S. 15.

Aussage fungiert bei Ranke allein im Rahmen poetischer Erzähltechnik, indem Keplers Horoskop zu Beginn synekdochisch für die Skizzierung des Persönlichkeitsbildes Wallensteins verwendet wird. Gleichzeitig negiert von Ranke aber die Aussageform des Horoskops selbst.

Ricarda Huch bleibt in ihrer „Charakterstudie" zunächst auffallend sachlich bei der Darstellung von Keplers Horoskop. Sie beschränkt sich größtenteils auf eine Wiedergabe der Prognostik und gibt diese Inhaltsangabe wie Ranke ebenfalls in indirekter Rede wieder. Ihre diskrete Skepsis gegenüber astrologischer Prophetie zeigt sich jedoch darin, daß sie bei der ersten Erwähnung Keplers, dessen allgemeine Vorsicht gegenüber einer primitiv-gläubigen Sternendeuterei hervorhebt. „Einleitend stellte Kepler seine Ansicht über Astrologie fest: daß er zwar eine allgemeine Beziehung zwischen Gestirnen und Menschen annehme, daß er aber zweifle, ob diese sich im einzelnen ausdeuten lasse [...]."[46] Daß Kepler mit diesen Einleitungssätzen seines Horoskops von 1608 „den üblichen Vorbehalt" einräumt, „mit denen sich ein vernünftiger Mensch seinen eigenen Vorhersagen gegenüber schon immer abgesichert hat, zumal ein Astrologe,"[47] wird von Huch nicht in Erwägung gezogen. Ebenso unterschlägt sie in diesem Zusammenhang, daß Kepler „eigens eine gründliche Verteidigung der Sternendeutung geschrieben" hat.[48]

An späterer Stelle verläßt Huch dann den sachlichen Referatston, wenn sie Wallensteins „innere Unsicherheit und Schwäche" als Grund für seine Beschäftigung mit der Astrologie annimmt. Sie betont die strukturelle Ähnlichkeit zwischen dem astrologischen Aberglauben Wallensteins und dem religiösen Aberglauben Kaiser Ferdinands. Die Bitten um astrologischen Rat vor größeren Unternehmungen seien letztlich nichts anderes als Ferdinands Prozessionen oder Gelübde.[49] Die beiden politischen Figuren lassen sich nach Huch auf die Adornosche Gleichung bringen, nach der sie ihre Ich-Schwäche und ihren autoritären Charakter durch Sterne und Gebet perpetuierten. Wie Adorno die vulgäre

---

46   Ricarda Huch, *Wallenstein. Eine Charakterstudie* (1916), S. 20.
47   Hellmut Diwald, *Wallenstein. Eine Biographie* (1969), S. 50.
48   Der vollständige Titel dieser Schrift lautet nach Diwald: „Warnung an etliche Theologos, Medicos, Philosophos, daß sie bey billiger Verwerfung des Sternguckerischen Aberglaubens nicht das Kind mit dem Bade ausschütten, und hiermit ihrer Profession zuwider handeln." Ebd., S. 50.
49   Huch, ebd. S. 38.

Astrologie, so interpretiert Huch Wallensteins astrologisches Interesse als ein Symbol der Furcht.

Im Gegensatz zu den drei bisher erwähnten Wallenstein-Biographien entspricht Hellmut Diwalds Darstellung der Sternengläubigkeit, die „damals kein Jahrmarktsulk, sondern eine solide Wissenschaft"[50] gewesen sei, ganz dem historistischen Grundsatz intendierter Objektivität. Zwar wertet auch er Keplers Horoskop distanzierend als „ein absonderlich merkwürdiges Dokument,"[51] weil „fast alles [ein]traf [...], was Kepler ausgesprochen hatte,"[52] doch getraut er sich als einziger Biograph, das Horoskop zu zitieren. Ansonsten gleicht Diwalds Erzählverfahren dem von Golo Mann: der von ihm erzählerisch ausgebreitete historische Kontext impliziert die Erklärung.

Weder Ranke noch Huch, Diwald und Mann unterschlagen Keplers Wallenstein-Horoskop von 1608, den Quellenfund aus dem Jahre 1852. Sie behandeln es aber so, wie auch Adorno die trivialisierte Astrologie behandelte, nämlich „ungläubig" und letztlich ablehnend. Im Gegensatz zu Adorno sehen sich die Wallenstein-Biographen aufgrund der Aussagen Keplers jedoch dazu gezwungen, ihren pejorativen Standpunkt gegenüber der Astrologie zu modifizieren, und sei es „nur" durch ihre erzählerischen Verfahren. Ihre Einstellung sowohl dem Keplerschen Dokument gegenüber als auch zur Ausübung astrologischer Praktiken generell läßt sich umschreiben als eine Mischung aus Neugierde, Skepsis und Unverständnis. Durch ihre narrativen Strategien weichen sie einer inhaltlichen Auseinandersetzung mit der Astrologie aus.

Demnach leitet sich in den Biographien die Darstellung historischer Zusammenhänge zum Großteil aus der Poetizität des Textes ab. Während die Biographie historistischer Ausrichtung ihre literarische Qualität wenn auch nicht leugnet, so doch zugunsten der Wahrhaftigkeit der Geschichte untergeordnet wissen möchte, wird die Dramatisierung historischer Ereignisse gern skeptisch beäugt, da bei ihr der poetische Umgang gar nicht erst verschleiert wird. Eingedenk dieser im 19. und 20. Jahrhundert voll entfalteten Prämissen stellt sich die Frage, wie man zu einem Zeitpunkt argumentierte, als sich diese Geschichtsvorstellungen entwickelten. Anders gewendet: Welche Haltung nimmt der Autor in der zweiten

---

50   Diwald, *Wallenstein* (1969), S. 48.
51   Ebd., S. 51.
52   Ebd., S. 53.

Hälfte des 18. Jahrhunderts gegenüber einem verbürgten historischen Material ein, wenn er diesem eine dramatische Form verleiht?

2.3.   Eine Diskussion über die „Mode" historischer Dramen (1787)

Für Lessing war die Frage nach historischer Authentizität in Dramen von untergeordneter Bedeutung gegenüber der hauptsächlichen Bestimmung einer Tragödie, *„unsere Fähigkeit, Mitleid* zu fühlen, zu erweitern."[53] Das Erzeugen des mitleidigen Affekts steht im Zentrum seiner Dramentheorie, wohl wissend, daß er sich damit die Gunst des Publikums sichern konnte.[54] Das geweckte Mitleid sollte nicht zum Selbstzweck degenerieren, sondern Impulse für eine humanere Gesellschaft freisetzen. Dieser Zielsetzung unterliegen auch historische Bezüge, sofern sie überhaupt von Interesse sein konnten. Denn ganz im Sinne Aristoteles' schreibt Lessing in der *Hamburgischen Dramaturgie*:

> Nun hat es Aristoteles längst entschieden, wie weit sich der tragische Dichter um die historische Wahrheit zu bekümmern habe; nicht weiter, als sie einer wohleingerichteten Fabel ähnlich ist, mit der er seine Absichten verbinden kann. Er braucht eine Geschichte nicht darum, weil sie geschehen ist, sondern darum, weil sie so geschehen ist, daß er sie schwerlich zu seinem gegenwärtigen Zwecke besser erdichten könnte.[55]

---

53 Lessing an Nicloai, November 1756. Gotthold Ephraim Lessing, *Werke*, hg. v. Herbert G. Göpfert (1973), Bd. 4, S. 163.

54 Susanne Kord kritisiert das in der Lessing-Forschung tradierte Bild vom mißverstandenen Autor, der mit *Miß Sara Sampson* oder *Emilia Galotti* angeblich „gegen die dramatische Konvention von zeitgenössischer Trivialliteratur" verstoßen habe und deshalb beim zeitgenössischen Publikum mit Unverständnis rechnen mußte. Zwar sei „Lessing als Philosoph durchaus daran interessiert [gewesen], die Moralvorstellungen seiner Zeit zu modifizieren. Als Dramatiker dagegen, [wollte] er seine Dramen erfolgreich aufgeführt sehen" und habe sich daher den gängigen Moralvorstellungen angepaßt. Kord, „Tugend im Rampenlicht: Friederike Sophie Hensel als Schauspielerin und Dramatikerin", in: *German Quarterly* 66.1 (1993), S. 6.

55 Lessing, „Hamburgische Dramaturgie. 19. Stück", in: ders., *Werke*, ebd., S. 317.

Für Lessing impliziert das Wort „Geschichte" ausschließlich ein
Aggregat zur Dramatisierung geeigneter Handlungsabläufe. Ein genuines
Interesse an „der Geschichte" ist ihm fremd. Er unterscheidet dramaturgisch, aber nicht im historischen Sinn zwischen einem Ganzen und
einem Teil, welcher sich genetisch auf dieses Ganze bezieht. Insofern
veranschaulicht und bestätigt dieser Ausschnitt sowohl Kosellecks als
auch Foucaults Thesen, daß vor 1770 ein eigens „der Geschichte"
zugestandenes Konzept (noch) nicht als diskursives Material zur
Disposition stand.

Lessings Rückgriff auf Aristoteles lenkt das Interesse auf den
poetischen Prozeß selbst. Der Dramatiker solle nur insofern eine
Geschichte aus dem Reservoir der Historien herausgreifen, solange sie
der fiktionalen Vorstellung des Autors zumindest gleichwertig sei. Und
selbst dann brauche der Autor sich nicht über Gebühr an das Überlieferte
halten. Im Anschluß an die oben zitierte Textstelle heißt es deshalb:
„Findet er die Schicklichkeit [= einer Handlung] von ohngefehr an einem
wahren Falle, so ist ihm der wahre Fall willkommen; aber die Geschichtsbücher erst lange darum nachzuschlagen, lohnt der Mühe nicht. Und wie
viele wissen denn, was geschehen ist?"[56]

Mit der sein Argument abrundenden rhetorischen Frage bezieht sich
Lessing auf das Theaterpublikum – nicht nur – in Hamburg, von dem
man keine historischen Grundkenntnisse voraussetzen konnte. Weder gab
es eine allgemeine Schulpflicht, noch gab es das Fach Geschichte als
solches innerhalb des schulischen Curriculums.[57] Selbst bezüglich der

---

56   Lessing, „Hamburgische Dramaturgie. 19. Stück", in: ders., *Werke* (1973), Bd. 4, S.
     317.
57   Gerhard Anton von Halem schreibt über seinen Geschichtsunterricht in den
     sechziger Jahren: „Der historisch=politische Erwerb, den man von der Schule davon
     trägt, ist vollends ein Chaos von unzusammenhängenden Ideen, ohne Einheit."
     *Gerhard Anton von Halem's herzogl. Oldenb. Justizraths und ersten Raths der
     Regierung Eutin Selbstbiographie nebst einer Sammlung von Briefen an ihn ...*
     (1840), hg. v. Ludwig W. Ch. v. Halem u. G. F. Strackerjan (1970), S. 24.
     Nachfolgend zitiert als Selbstbiographie. In seinem Reisetagebuch aus dem Jahre
     1769 entwickelte Herder u.a. neue curriculare Vorstellungen bzgl. des
     Geschichtsunterrichts: Griechische und römische Geschichte als Zitatenschatz sollte
     zugunsten von Universalgeschichte abgeschafft werden. Vgl. Johann Gottfried
     Herder, *Journal meiner Reise im Jahr 1769*, hg. v. Katharina Mommsen (1976), S.
     48ff.

Ausbildung an der Universität muß berücksichtigt werden, daß die Geschichtswissenschaft als universitäre Disziplin sich erst allmählich in der zweiten Hälfte des 18. Jahrhunderts aus ihrer Zuliefererfunktion für die Ausbildung von Theologen und Juristen bzw. Kameralisten befreite.[58]

Das erst allmählich wachsende Interesse an historischer Literatur ist nicht zuletzt auf Aristoteles' Abstrafung der Historiographie im neunten Kapitel seiner *Poetik* zurückzuführen. Dort unterscheidet er streng zwischen Geschichtsdarstellung und literarischer Fiktion hinsichtlich ihres epistemologischen Wertes:

> Es [ist] nicht Aufgabe des Dichters [...] mitzuteilen, was wirklich geschehen ist, sondern vielmehr, was geschehen könnte [...]. Denn der Geschichtsschreiber und der Dichter unterscheiden sich nicht dadurch voneinander, daß sich der eine in Versen und der andere in Prosa mitteilt [...]; sie unterscheiden sich vielmehr dadurch, daß der eine das wirklich Geschehene mitteilt, der andere, was geschehen könnte. Daher ist Dichtung etwas Philosophischeres und Ernsthafteres als Geschichtsschreibung [...].[59]

Diese Degradierung der Geschichtsschreibung gegenüber fiktionaler Literatur und die dadurch apodiktisch vollzogene strikte Trennung der beiden Textbereiche war so folgenreich, daß eine Mischung der beiden Bereiche einer Häresie gleichkam. Daher Lessings kategorisches Diktum:

---

58   „One indicator of this gradual emancipation is the appearance of the term *Geschichtswissenschaft* in the Göttingen lecture announcements around 1770." Konrad H. Jarausch, „The Institutionalization of History in 18th-Century Germany", in: Erich Bödeker et al. (Hgg.), *Aufklärung und Geschichte. Studien zur deutschen Geschichtswissenschaft im 18. Jahrhundert* (1986), S. 41. Vgl. „Beilage I: Verzeichnis der Lehrstühle für Geschichte und ihrer Inhaber an den deutschsprachigen Universitäten im 18. und im frühen 19. Jahrhundert", in: Horst Walter Blanke u. Dirk Fleischer (Hgg.), *Theoretiker der deutschen Aufklärungshistorie* (1990), Bd. I.1, S. 103-123. Diesen Mangel an Geschichtskenntnissen belegen auch statistische Angaben zu Publikationen historischen Inhalts: Nur 15% aller im 18. Jahrhundert gegründeten Zeitschriften setzten sich explizit mit historischen Sachverhalten auseinander, ca. 20% aller zwischen 1769-1771 publizierten Bücher waren historischen Inhalts. Jarausch nennt insgesamt 4231 im 18. Jahrhundert begründete Journale, deren Lebensdauer allerdings oft nur sehr kurz war. Jarausch, ebd., S. 45. Vgl. Johann Christoph Gatterer, „Räsonnement über die jezige Verfassung der Geschichtskunde in Teutschland (1772)", in: *Theoretiker der deutschen Aufklärungshistorie* (1990), Bd. I.1.

59   Aristoteles, *Poetik*, übers. u. hg. v. Manfred Fuhrmann (1986), S. 29.

„Kurz: die Tragödie ist keine dialogierte Geschichte."[60] In dem Moment, wo der Rückgriff in die Geschichte in einem Drama zu mehr wurde als einem „Repertorium von Namen, mit denen wir gewisse Charaktere zu verbinden gewohnt sind,"[61] wurden die Parameter des Diskurses verändert. Insofern markiert die folgende Rezension anläßlich der Berliner Uraufführung des *Götz von Berlichingen* (1774) den Beginn eines Paradigmenwechsels:

> Ein Nutzen [...] wird von dieser neuen und gewiß nicht lange dauernden Erscheinung zurük bleiben: der nehmlich [...], daß wir die französischen Romänlein, die noch immer auf unserer Bühne spuken auf immer ausrotten und dagegen die reine, klare Natur mehr lieb gewinnen, vielleicht auch, daß wir die alte deutsche Geschichte ein wenig sorgfältiger nachsehen und daraus noch manches interessante Sujet für die Bühne herholen.[62]

Vor dem Hintergrund der bis dato dominierenden französischen Stücke faßte Wieland 1784 das Neuartige der äußerst bühnenwirksamen historischen Dramen so zusammen:

> Teutsche Geschichte, teutsche Helden, eine teutsche Szene, teutsche Charakter, Sitten und Gebräuche waren etwas ganz *Neues* auf teutschen Schaubühnen. Was kann nun natürlicher sein, als daß teutsche Zuschauer das lebhafteste Vergnügen empfinden mußten, sich endlich einmal, wie durch eine Zauberrute, in ihr eigen Vaterland, in wohlbekannte Städte und Gegenden, mitten unter ihre eigenen Landsleute und Voreltern, in ihre eigene Geschichte und Verfassung, kurz unter Menschen versetzt zu sehen, bei denen sie zu Hause waren, und an denen sie, mehr oder weniger, die Züge, die unsre Nation charakterisieren, erkannten?[63]

---

60 Lessing, „Hamburgische Dramaturgie. 24. Stück", in: ders., *Werke* (1973), Bd. 4, S. 340.

61 Ebd., S. 341.

62 Theater-Zeitung Cleve Nr. 15 (1775), S. 143f. Zitiert nach *Sammlung Oscar Fambach*. Entgegen gängiger Vorstellung war es weniger Goethes *Götz von Berlichingen mit der eisernen Hand* (1773 anonym gedruckt), sondern – laut Otto Brahm – vor allem Törrings *Agnes Bernauerin* (1779/80) und *Kaspar der Thorringer* (1785), die die neue Gattung des historischen Schauspiels popularisierten. Vgl. Otto Brahm, *Das deutsche Ritterdrama des achtzehnten Jahrhunderts* (1880), S. 1 u. 166.

63 Christoph Martin Wieland, „Briefe an einen jungen Dichter", in: Wieland, *Von der Freiheit der Literatur*, hg. v. Wolfgang Albrecht (1997), Bd. 1, S. 454f.

Wielands Kommentar benennt einen neuen Diskurs: Dramen initiieren ein neuartiges Geschichtsverständnis und unterminieren außerdem die aristotelische Trennung von Geschichte und Literatur. Daß diese neue Diskursformation Kritik auf den Plan rief, ist als integraler Bestandteil des Diskurses zu verstehen. Insofern liefert die nachfolgende Erörterung der Kritik eines anonymen Verfassers, die dieser 1787 in der überregionalen Theaterzeitschrift *Ephemeriden der Litteratur und des Theaters* veröffentlichte, vor allem den Nachweis dieser neuen Diskursformation.

In dem kurzen Aufsatz beklagt der Autor die neuartige Zuwendung zur „vaterländischen Geschichte", in der auf deutsche Geschichte aus dem Spätmittelalter zurückgegriffen und diese zum integralen Bestandteil des Dramas aufgewertet und nicht bloß subsidiär verwertet werde. Die Kritik an dieser Art von Dramen wird mit ähnlichen Argumenten geführt wie sie auch Lessing zwanzig Jahre früher in der *Hamburgischen Dramaturgie* vorbrachte. Aristoteles' *Poetik* gilt als Maßstab einer normativen Ästhetik. Abschätzig schreibt der Verfasser über die neuesten Werke, daß „die ‚Tyrannin' Mode den historischen Schaupielen den Apfel zugeworfen" habe. Diese Mode sei „der Dramaturgie sowohl als der Geschichte, nicht nur nicht nuetzlich, sondern auch im hoechsten Grade nachteilig", da sie dem „Geschmack" schade.[64]

Für diese scharfe Zurückweisung werden mehrere Gründe angeführt. Wie für Lessing gilt auch für unseren anonymen Kritiker als erstes, daß der historische Stoff, das „Sujet", nicht so lehrreich sei wie der vom Dichter frei imaginierte: „Giebts in der wirklichen Welt hellere Zonen, als in der eingebildeten?"[65] fragt der Verfasser suggestiv. Der Rückgriff auf die Geschichte grenze den Dichter nur unnötig in seiner „Einbildungskraft" ein.

Sodann fragt sich der Verfasser: „Gewinnt man in Hinsicht auf die Geschichte bei den historischen Schauspielen oder nicht?"[66] Der Bescheid, der dann vor allem anhand von Corneilles *Graf von Essex* – jenes Drama, auf das auch Lessing in seiner *Hamburgischen Dramaturgie* ausführlichst eingeht – gegeben wird, lautet abschlägig. Gerade das

---

64 S.-Sch., „Ueber die sogenannten historischen Schauspiele, und ihren Einfluß auf die Litteratur", in: *Ephemeriden der Litteratur und des Theaters*, Bd. 6, 57. Stück (1787), S. 107.

65 Ebd., S. 103.

66 Ebd., S. 105.

Abweichen von der historischen „Wahrheit" mache Stücke wie *Der Graf von Essex* interessant. Erst die philosophischere Art des Dichtens, d.h. der freiere Umgang mit dem historisch Überlieferten, sichere die verlangte Qualität eines historischen Dramas. Diese Qualität könne das Drama nicht etwa durch die Zuwendung zur verbürgten Geschichte oder durch den Geschichtsstoff selbst gewinnen.

Schließlich berücksichtigt der Verfasser die Rezeption dieser Dramen, wenn er sich darüber besorgt zeigt, daß ein in der Geschichte nicht Kundiger diese Schauspiele sehe und daraufhin „auf unvermeidliche Irrwege geleitet" werde.[67] Denn die Schauspiele suggerierten und simulierten eine historische „Wahrheit", dürften aber nicht mit einer solchen verwechselt werden. Die historischen Schauspiele bedrohten die Trennung von Bühne und „wirklicher" Welt. Letztlich sieht der Verfasser die aristotelische Mimesis in Gefahr. Für Aristoteles basierte das Konzept der Mimesis darauf, daß die fiktionale Welt des Dichtens eine höhere Wahrheit offenbare. Dieser besondere Stellenwert der Mimesis leitete sich daraus ab, daß Natur und Mensch einen in sich geschlossenen Kosmos bildeten, die aufeinander verwiesen. Dieser Naturbegriff unterlag jedoch ab der Mitte des 18. Jahrhunderts einem Wandel: „Der rationalistische Naturbegriff, welcher die Natur als eine apriorische Ordnung bestimmt hatte, wurde von einem empirischen Naturbegriff abgelöst, der die Natur als das sinnlich Wahrnehmbare voraussetzt."[68] Dieser empirische Naturbegriff wirkte sich u.a. auf den Diskurs der Schauspielkunst aus, die von nun an „natürlich" und „wahrscheinlich" zu sein hatte. Beispielsweise legte Dalberg 1782 dem Kurfürstlichen Theaterausschuß des Mannheimer Nationaltheaters, in dem sowohl theaterpraktische als auch ästhetisch-theoretische Fragen erörtert wurden, in einer seiner Sitzungen die Frage vor: „Was ist Natur, und welches sind die wahren Grenzen derselben bei theatralischen Vorstellungen?"[69] Diese

---

67   S.-Sch., „ Ueber die sogenannten historischen Schauspiele" (1787), S. 106.
68   Erika Fischer-Lichte, „Entwicklung einer neuen Schauspielkunst", in: Wolfgang F. Bender (Hg.), *Schauspielkunst im 18. Jahrhundert* (1992), S. 54. Vgl. auch Paul Ricoeur, der erläutert, daß Mimesis nicht als getreue Nachahmung zu mißverstehen sei, „rather it produces what it imitates." Ders., „Mimesis and Representation", in: *Annals of Scholarship* 2 (1981), S. 16.
69   *Die Protokolle des Mannheimer Nationaltheaters unter Dalberg aus den Jahren 1781-1789*, hg. v. Max Martersteig (1890), S. 74.

neue Naturvorstellung, die in der Theaterdarstellung sichtbar werden sollte, leistete u.a. den historischen Schauspielen Vorschub.

Denn die natürlich-realistische Darstellung auf der Bühne half, der geschichtlichen Darstellung einen größeren Eigenwert zu verleihen, und förderte damit den Moment, wo Geschichte selbst anfing, potentiell eine Art Metaphysik zu werden.[70] Geschichte wurde zu einem selbständigen Referenzbereich. Das Partikulare und Zufällige des Historischen wurde potentiell befähigt, selbst den Status einer „allgemeinen Wahrheit" ebensogut annehmen zu können, wie eine vom Dichter erfundene Welt sie repräsentieren konnte. Die von Aristoteles gezogene Trennungslinie zwischen Faktisch-Partikularem und Fiktional-Allgemeinem geriet durch die neuartigen historischen Dramen auf den Prüfstand.

Die durch die historischen Dramen notwendig gewordene neue Austarierung der beiden Pole von Faktischem und Fiktionalem erinnert an Stephen Greenblatts Interesse am Prozeß des Ver- und Aushandelns von Repräsentationsformen, dem insbesondere das Theater unterliege.[71] Unser anonymer Kritiker verweigert sich der Ansicht, daß die Gegenwart im genetisch-kausalen Nexus zum Vergangenen gesehen werden kann und daß Geschichte sich nicht mehr einer allgemeinen „Fabel" unterordnet, sondern selbst zu einer wird. Ganz im Sinne einer Regelpoetik will er bestimmen, was das Theater an Realität dürfen soll und an Fiktionalem zu unterlassen hat. Seine Argumentation ist poetologisch-regulativer Art, seine Positionsbestimmung aber ist ein sozialer Akt, an dem außer ihm als Kritiker, auch Autoren, Zuschauer und Zensoren teilnehmen.

Des Kritikers Insistieren auf eine strikte Trennung von Realität und Fiktion impliziert indirekt, daß Geschichte „objektiv" zu haben sei. Daher spricht auch besagter Verfasser von „Verstümmelung", wenn er die poetische Umsetzung historischer Ereignisse meint. Der defensive Vorwurf impliziert außerdem, daß die Darstellung des „Objektiven" in Geschichtsbüchern von Schreibprozessen unberührt bleibe, wie sie der fiktionalen Texterstellung eigen sind. Die Geschichtsbücher sind, so wird

---

70   Vgl. Kapitel 1.1. in der *Einleitung* dieses Buches, S. 1-7.

71   „Thus the conventional distinction between the theater and the world, however firmly grasped at a given moment, was not one that went without saying; on the contrary, it was constantly said." Stephen Greenblatt, „The Circulation of Social Energy", in: *Shakespearean Negotiations* (1988), S. 14f.

indirekt unterstellt, keine „Verstümmelung" des historischen Materials, auf das sie sich beziehen. Wie verfehlt diese These ist, zeigt nicht zuletzt der Umgang der Wallenstein-Biographen mit Keplers Horoskop. Letzteres wird auch in seiner Umkehrung offensichtlich. Erst wenn ein Geschichtsschauspiel ohne den vermeintlichen poetischen „Verstümme-lungsprozeß" auskommen könnte, wäre es für den anonymen Verfasser – seiner Argumentation zufolge – akzeptabel:

> Wenn freilich die Geschichte allein hinreichend waere, dem Dichter interessante Materien darzubieten, und die dennoch fremder Zusaetze ganz und gar entbehren koennten, – dann wuerden diese Schauspiele allerdings nicht allein die angenemste, sondern auch die lehrreichste Unterhaltung fuer uns seyn. [...] Aber davon sind wir leider sehr weit entfernt![72]

Auch mit dieser Einstellung, die wiederum der Lessings gleicht, wird nochmals ein Argument Aristoteles' aufgegriffen. Dieser schreibt – wie bereits weiter oben zitiert –, daß es egal sei, ob eine historische Darstellung in Versen oder Prosa abgefaßt werde. Als einziges Unterscheidungs-kriterium zwischen Dichter und Geschichtsschreiber gilt nach Aristoteles die Bindung an das Faktische des Historikers gegenüber dem Fiktiven des Dichters, wobei allein das fiktional-mimetische Prinzip allgemein-gültigere Wahrheiten zum Ausdruck bringen könne. Noch immer kann der anonyme Verfasser sich nicht vorstellen, daß die Darstellung einer historischen Begebenheit selbst im Falle ihrer Bühnentauglichkeit imstande sei, aus ihrer Partikularität herauszutreten und eine „allgemei-nere Wahrheit" auszusprechen.

Der besagte Aufsatz evozierte im selben Journal einige Nummern später ein fingiertes Gespräch über das Für und Wider von historischen Dramen. Dieser Text, unter dem Pseudonym Veit Weber veröffentlicht, stammte aus der Feder von Leonhard Wächter (1762-1837), einem Hamburger Historiker und Schriftsteller, der zu seiner Studentenzeit in Göttingen von Gottfried August Bürger zur Herausgabe der *Sagen der Vorzeit* angeregt wurde, die ihn mit ihren sieben Bänden (1787-98) über Hamburg hinaus bekannt machten.[73]

---

72   S.-Sch., „Ueber die sogenannten historischen Schauspiele" (1787), S. 107.
73   Max Wendheim, „Wächter, Georg Philipp Ludwig Leonhard", in: *ADB*, Bd. 40, S. 428-431. Im Kontext dieser Arbeit ist interessant darauf hinzuweisen, daß Wächter zur selben Zeit wie Schiller an einem Drama *Wilhelm Tell* – dabei wie jener auf

Daß in diesem fingierten Dialog diejenige Person, die abermals die vier Argumente gegen historische Dramen vorträgt, die der anonyme Verfasser einige Nummern früher vertreten hatte, *Hans* heißt, darf bereits als rhetorische Finte zur Abwertung seiner Positionen verstanden werden. Der Name Hans, wenn auch nicht Hanswurst, spielt deutlich genug auf Ungehobeltes und bäuerlich Naives, mit anderen Worten auf das Minderwertige seiner folgenden Gedanken an: Der Theatergeschmack werde geschädigt; das angebliche Ende der Einbildungskraft des Dichters wird befürchtet; der Dichter verkomme zum Sklaven der Geschichtsbücher; und außerdem würden die Werke zur Gefahr für die „richtige" Geschichtsschreibung, da es sich nur um „Verstümmelungen" handele.

Diesen Argumenten hält Wächter alias Weber entgegen: Ob die Einbildungskraft des Dichters wirklich beeinträchtigt werde, hänge vom Dichter und dessen Qualitäten ab. „Es kömmt auf den an, der sie [= die Geschichte] bearbeitet."[74] Stücke wie Babos *Otto von Wittelsbach* oder Törrings *Agnes Bernauerin* seien offensichtliche Gegenbeweise. Im übrigen weckten diese Figuren gerade wegen ihrer Authentizität größeres Interesse als frei erfundene Figuren. „Der Gedanke: Die Geschichte trug sich so zu, erwekt das groeßte Interesse für sie."[75] Sie fänden leichter den Weg zu „Herz und Verstand" als beispielsweise ein rein fiktiver Franz Moor. Der Vorwurf, daß der Dichter zum „Sklaven der Geschichte" verkomme, wird dadurch umgangen, daß die Daten nur als Rohmaterial anzusehen und die Absichten des Dramenautors mit denen eines Geschichtslehrers nicht zu verwechseln seien.[76] Dennoch weist Wächter dem Dramatiker eine klare politisch-gesellschaftliche Funktion zu, wenn er von ihm verlangt, nur „solche Gegenstaende aus der Geschichte zu

---

dieselben Quellen zurückgreifend – arbeitete, das aber erst 1819 nach erneuter Umarbeitung auf dem Theater aufgeführt wurde; angeblich, weil er vor Schiller zuviel Ehrfurcht hatte und aus diesem Grunde auf eine Inszenierung verzichtete, obwohl Wächters Tell-Version 1804 noch vor der Schillerschen erschienen war. Ebd.

74 Veit Weber [d.i. Leonhard Wächter], „Ueber deutsches Theaterwesen. Gespraeche zwischen Veit Weber und Hans Freydanck, aufgezeichnet von Weber", in: *Ephemeriden der Litteratur und des Theaters*, Bd. 6, 38. Stück (1787), S. 181. Zitiert als Weber.

75 Ebd., S. 182.

76 „Aber der dramatische Dichter ist ja nicht Lehrer der Geschichte." Ebd., S. 187.

waehlen, welche den guten Sitten nicht zuwider sind."[77] Wächter läßt offen, welche „guten Sitten" er meint, was er darunter versteht oder von welcher gesellschaftlichen Gruppe er diese Konventionen bestimmt sehen will. Da Wächter in der Anfangsphase der Französischen Revolution als ihr Verteidiger auftrat – er ging nach Ausbruch der Revolution nach Frankreich[78] –, kann man die Formulierung von den „guten Sitten" auch als Propagierung neuer bürgerlicher Werte auffassen. Doch noch in einem anderen Sinne gebraucht Wächter darüber hinaus das Wort „Sitten". Die Absicht historischer Stücke wie derjenigen von Babo, Goethe oder Törring sei zu zeigen, „wie unsere Vaeter dachten, handelten, wie ihre Sitten ihre Leiden und Freuden waren."[79] Die historischen Dramen sollen also unter anderem eine Geschichte der Mentalität sein. Ihrer Intention nach sollen sie eine historische Perspektivierung der eigenen Zeit anbieten. Dieser Anspruch belegt den Paradigmenwechsel von der taxonomisch-additiven Geschichtsvorstellung hin zu einer genetisch-natürlichen.

Diese historische Projektion konvergierte aber nicht nur mit der erwähnten „natürlichen" Schauspielkunst, sondern beide verschränkten sich in einer neuen Vorstellung von „echten" Kostümen.[80] Vor den historischen Dramen war es Brauch, daß eine Schauspielerin in so unterschiedlichen Stücken wie Shakespeares *Hamlet* und Johann F. Schmidts *Hermannide oder die Rätsel* (1777) im selben Kostüm auftreten konnte,[81] solange sie nur ihrem Rollenfach entsprach, wie in diesem Falle der Königin-Witwe. Der soziale Stand im Stück und nicht die historische Situation bestimmte die Kleidung der Schauspielerin. Der Maßstab historischer Richtigkeit „wurde zunächst von der Schauspieltheorie vorgetragen, dann vornehmlich durch den Theaterjournalismus propagiert."[82] Christian A. Vulpius veröffentlichte beispielsweise 1786

---

77   Weber, „Ueber deutsches Theaterwesen" (1787), S. 182.
78   *NDB* (1971), Bd. 40, S. 428f.
79   Weber, ebd., S. 186.
80   „Ein wesentlicher Schritt zur Verwirklichung der ‚Wahrscheinlichkeit' auf der Bühne [...] bedeutete die Forderung nach ethnographischer, vor allem aber nach historischer ‚Richtigkeit'." Rudolf Münz, „Schauspielkunst und Kostüm", in: Wolfgang F. Bender (Hg.), *Schauspielkunst im 18. Jahrhundert* (1992), S. 168.
81   Winfried Klara, *Schauspielkostüm und Schauspieldarstellung. Entwicklungsfragen des deutschen Theaters im 18. Jahrhundert* (1931), S. 44.
82   Münz, „Schauspielkunst und Kostüm" (1992), S. 170.

im *Theater-Kalender* „Einige Bemerkungen ueber Schauspieler-Kostueme". Darin moniert er zunächst anhand von Beispielen Anachronismen in Fragen der Kostüme und der Behandlung von Requisiten, bevor er schließlich das Studium alter Kupferstiche und die Heranziehung historischer Werke empfiehlt.[83] Damit ist die Umkehrung von Lessings Diktum vollzogen: das Nachschlagen in historischen Büchern wird zum neuen Maßstab der Darstellung. Dementsprechend findet man in den Theaterzeitschriften seit der Mitte der 70er Jahre Aufführungsabbildungen und Illustrationen, denen Modellcharakter zukommen sollte. Diese Zeichnungen ihrerseits förderten die Nachfrage nach Fachleuten, die sich in Fragen der historischen Kostümierung auskannten.[84] „Die Heranziehung von Fachleuten in Gestalt von bildenden Künstlern" und „die Unterstützung durch die Geschichts- und Kostümwissenschaft"[85] wurde jedoch nicht bloß in Fachzeitschriften empfohlen, sondern auch in die Tat umgesetzt. Als ein besonders prägnantes Beispiel und auch Extrem dieser historisierenden Perspektivierung nimmt sich Schikaneders Inszenierung von Törrings *Agnes Bernauerin* 1791 in Salzburg aus, für die Schikaneder Ritterrrüstungen aus dem Zeughaus der Burg holen ließ.[86]

Während mit Schikaneders Inszenierung die Konvergenz der Diskurse der Naturnachahmung und des Historischen offensiv umgesetzt wird, versucht Wächter, historische Dramen defensiv mit Blick auf Aristoteles aufzuwerten. Die historischen Dramen verletzten im Grunde gar nicht das dichterische Prinzip der Imagination, da die historischen Fakten nur

---

83 Vgl. Klara, *Schauspielkostüm und Schauspieldarstellung* (1931), S. 26. Vulpius' Aufsatz fand seine Fortsetzung im 6. Stück der *Ephemeriden der Litteratur und des Theaters* (1786), in dem er einem Dramatiker, der nach der Kleidungsart zur Zeit Heinrichs IV. fragte, eine historische Beschreibung gibt.

84 „Was die Heranziehung von Spezialisten der bildenden Kunst anbelangt, so sind hier besonders Johann Wilhelm Meil und Daniel Chodowiecki für Berlin, Georg Melchior Kraus und Heinrich Meyer für Weimar, Vinzenz Chiesa für Wien und Augustin Egell für Mannheim und München zu nennen. Insbesondere Meils Entwürfe für die Berliner Aufführung des *Götz* 1774 haben theaterhistorische Bedeutung erhalten; sie waren so ,echt', daß sie selbst von Altertumskennern gerühmt wurden." Münz, „Schauspielkunst und Kostüm" (1992), S. 172. J. W. Meil, eigentlich zuständig für die Opernausstattung in Berlin, galt aufgrund seiner *Götz*-Entwürfe als *der* Kenner in Fragen historischer Kostüme. Vgl. Klara, ebd., S. 39ff.

85 Münz, ebd., S. 172.

86 Angabe nach Klara, ebd., S. 22.

„Rohmaterial" seien. Auch Geschichtsdarstellung komme nicht ohne Verfahren aus, die zur Erzeugung fiktionaler Literatur erforderlich seien. Insofern scheint Wächter hier die theoretische Position eines Hayden White zu antizipieren. Einziges Unterscheidungskriterium zum Geschichtsschreiber ist nicht das Verfahren der Texterstellung, sondern das Gesetz der Falsifizierbarkeit, die Verpflichtung des Historikers auf historisch überprüfbares Belegmaterial. Doch decken sich Wächters und Whites Positionen nicht in Gänze und Wächter widerspricht sich selbst, wenn er gleichzeitig die Rolle des Historiographen als die des objektiven Berichterstatters festgeschrieben sehen möchte und damit dessen poetischen Schreibprozeß negiert. Etwas ungeschickt formuliert klingt dieser Grundsatz bei Wächter so: „[Der Geschichtsschreiber] darf nie an seines Helden Bildsäule schnitzeln, denn sein Leben ist ein heiliges Buch, wovon er nichts abnehmen, wozu er nichts thun darf."[87] Da Wächter sich genötigt sieht, ein Verbot auszusprechen, scheint er sich zumindest bewußt zu sein, daß derjenige Prozeß, den er nicht sanktionieren will, beim Darstellen von Geschichte stattfindet.

Zu Wächters defensiver Haltung gehört außerdem, daß plötzlich nicht mehr die Imagination des Autors als ausschlaggebend gewertet, sondern die Imagination des Zuschauers/Lesers in den Mittelpunkt gerückt wird. Von der ästhetischen Produktion lenkt er die Argumentation auf die ästhetische Rezeption. Gerade die Authentizität der Figuren und/oder die Handlung bewirkten in besonderem Maße, das Interesse des Zuschauers zu erwecken, d.h. dessen „Herz und Verstand" zu affizieren.

Auf dem Hintergrund des bisher Ausgeführten kann die stetige Diskussion über Schillers Umgang mit der Geschichte, in der immer wieder neu entschieden wird, daß für Schiller die Form über den Stoff zu siegen habe, als müßig eingeordnet werden.[88] Seine Position bewegt sich ganz im Rahmen der hier aufgezeigten Diskurse. Schiller schreibt in der Zeit der hier behandelten Aufsätze von 1787, noch vor der Arbeit an seinem Wallenstein-Drama, ganz im aristotelischen Paradigma an Caroline von Beulewitz: „Die Geschichte ist überhaupt nur ein Magazin für meine Phantasie, und die Gegenstände müssen sich gefallen laßen,

---

87   Weber, „Ueber deutsches Theaterwesen" (1787), S. 184.

88   Vgl. als Beispiel dieser Diskussion Hans-Dietrich Dahnke, „Zum Verhältnis von historischer und poetischer Wahrheit in Schillers Konzeptionsbildung und Dramenpraxis", in: *Jahrbuch des Wiener Goethe-Vereins* 92/93 (1988/89), S. 117-133.

was sie unter meinen Händen werden."[89] Und die Gegenstände müssen
sich diese künstlerische Freiheit deshalb gefallen lassen, weil man „den
Menschen und nicht *den* Menschen kennen[lernt], die Gattung und nicht
das sich so leicht verlierende Individuum."[90] Dieser Brief ist ein Indiz für
die Dominanz des aristotelischen Paradigmas; analog zu Aristoteles führt
Schiller aus, das Fiktionale bringe die wahrhaftige Natur des Menschen
hervor, während Historien sich im Partikularen verlieren. Schiller verwendet dieselben Argumente wie der anonyme Theaterkritiker und wie
vor ihm auch Lessing. Außerhalb dieses einen poetologischen Diskurses
war Schiller zudem vernetzt innerhalb des Theater-Diskurses mit seinen
Forderungen nach natürlich-realistischer Darstellung und, noch wichtiger,
er partizipierte mit seinen historischen Stoffen am historischen Diskurs.
Daß Schiller – wie noch zu zeigen sein wird – sich später überhaupt gezwungen sah, in Geschichtsbüchern nachzuschlagen, gewinnt für unseren
Kontext und meine These umso mehr Gewicht.

Die Koordinaten, in denen sich der Diskurs um historische Dramen
bewegt, bleiben bei Lessing, dem anonymen Theaterkritiker, Wächter
und Schiller dieselben. Die Diskussion um 1787 markiert dennoch die
Schwelle zu einem neuen Geschichtsbewußtsein, denn die historischen
Dramen zwingen dazu, innerhalb der bewährten Koordinaten neue
Positionen einzunehmen, und sei es nur, um die alte Position, sprich
Aristoteles' *Poetik*, ein weiteres Mal zu verteidigen. Der Akt der erneuten
Grenzziehung wird zum Indikator dafür, daß die Grenze zwischen Bühne
und Welt aufgrund der Popularität historischer Dramen neu ausgehandelt
werden muß. Während die Geschichtsschreibung sich verpflichtet, sich
bei der Darstellung geschichtlicher Sachverhalte an die Fakten zu halten,
und damit ihr Produktionsverfahren leugnet, ist umgekehrt die Dichtung
darum bemüht, den Grad historischer Authentizität zu minimieren, da sie
im Sinne Aristoteles' ein Gesamtkonzept von Wahrheit abbilden soll und
sich nicht einem historischen Einzelfall verschreiben darf. Hat die
Analyse der Wallenstein-Biographien gezeigt, daß der Historiographie
das fiktionale Verfahren inhärent ist, so lenkt der Diskurs des
Historischen im Drama das Interesse auf das Reale im Fiktionalen. In
dem Moment, wo aus Geschichten Geschichte wird, kann das Historische

---

89 Schiller an Caroline von Beulewitz, 10. 12. 1788. *Schillers Werke*, NA, Bd. 25, S.
    154.
90 Ebd.

sich aus seiner ihm bisher zugewiesenen Partikularfunktion lösen. Unterstützt wird diese Entwicklung von einer Umpolung des Mimesiskonzeptes auf dem Theater. Natürlichkeit wird nun verstanden als möglichst authentisch-realistische Darstellung auf dem Theater.

Die nachfolgende Untersuchung der Wallenstein-Dramen leitet sich aus den drei bisher ausgeführten Aspekten ab: der Ausgrenzung der Astrologie, der Poetizität historischer Darstellung und der im letzten Drittel des 18. Jahrhunderts einsetzenden Loslösung von der Aristotelischen Poetik. Diese drei Aspekte kulminieren in den folgenden Fragestellungen: Wie gingen die Dramatiker von Halem, Komarek und Schiller mit Wallensteins Astrologiegläubigkeit um, konnten sie doch im 18. Jahrhundert nicht von Keplers astrologischen Diensten, sondern nur von Wallensteins Anstellung des italienischen Hausastrologen Senno wissen? Wie handhaben sie die Astrologie in ihren historischen Dramen, da sie doch der Astrologie gegenüber kaum anders eingestellt gewesen sein dürften als Adelung, die erwähnten Wallenstein-Biographen oder Adorno? Sahen sie sich trotz der Ablehnung der Astrologie veranlaßt, der Geschichte und ihrer Darstellung „treu" zu bleiben?

2.4.   Zum Kontext der Wallenstein-Dramen

Die drei in etwa gleichaltrigen Autoren Gerhard Anton von Halem (1752-1819), Johann Nepomuk Komarek (1757-1819) und Friedrich Schiller (1759-1805) wählten den General Wallenstein zur zentralen Gestalt in einem ihrer Dramen. Während Halem sein Wallenstein-Schauspiel 1786 in Göttingen bei Dieterich verlegen ließ, hat Komarek sein „vaterländisches Trauerspiel" drei Jahre später im Eigenverlag publiziert. Schiller seinerseits ließ seine Trilogie, „Ein dramatisches Gedicht", 1800 bei Cotta in Druck gehen, nachdem das Drama bereits in Weimar und Berlin mit relativ wenigen Streichungen – in Berlin allerdings ohne *Wallensteins Lager* – aufgeführt worden war.[91]

---

91 Solange Dramen nicht urheberrechtlich geschützt waren – einmal gedruckt, konnte jede Bühne ein Werk ohne Rechtsverpflichtungen und Tantiemenzahlungen aufführen –, war der Autor daran interessiert, sein Werk so oft wie möglich vor der

Das Wallenstein-Drama Schillers war, wie bereits Halems oder Komareks Theatertexte zeigen, nicht das erste Stück, das sich dieses historischen Stoffes annahm. Vielmehr bildet Schillers Trilogie das Schlußglied einer langen Kette von über zwanzig Dramen, die sich mit dem General aus dem Dreißigjährigen Krieg beschäftigen; die ersten erschienen noch zu Wallensteins Lebzeiten.[92]

Gemeinsam ist ihnen, daß sie Greenblatts Ansatz vom Theater als Ort eines gesellschaftlichen Verständigungsprozesses daran partizipierender Gruppen veranschaulichen, wenn etwa bei einem dieser zeitgenössischen Wallenstein-Dramen der Namen des Generals weder im Titel noch unter den *dramatis personae* genannt werden darf. Das Namenstabu zwingt den Autor dazu, Strategien der Umschreibung einzusetzen, die Greenblatt als „metaphorical acquisition" kategorisiert.[93] Die poetischen Mittel der Allegorie in diesem Drama werden demnach von einem außerliterarischen Diskurs mitbestimmt.[94] Die Signifikate werden aufgrund gesellschaftlicher Zwangsmechanismen mit einer Polyvalenz aufgeladen, die dem Zuschauer eine aktive Rezeption abverlangt. Die Tabuisierung intensiviert auf diese Weise den Austauschmodus zwischen Autor, Theater und Gesellschaft.

Auch das erste Drama unmittelbar nach dem Mord Wallensteins 1634 weist durch ein „sekundäres Merkmal" auf seine starke soziale Kodierung hin. Der Schulrektor Johann Lütkeschwager aus Köslin in Pommern nennt sein Wallenstein-Drama im Untertitel „Tragico-comoedia nova de Pomeride, a Lastlevio afflicta et ab Agathando liberata."[95] In diesem Falle weist die allegorisierende Darstellung darauf hin, daß es keineswegs

---

Drucklegung zu verkaufen. Schillers merkantiles Interesse und Talent geben in dieser Hinsicht ein repräsentatives Beispiel. Vgl. Harry Fröhlich, „Schiller und die Verleger", in: *Schiller-Handbuch* (1998), S. 73-74.

92   „Wallenstein wurde in der Nacht vom 24. auf den 25. Februar 1634 zu Eger ermordet; aber schon vorher gab es ein lateinisches, zwei deutsche und ein spanisches ‚Wallenstein'-Drama." A. Nikolaus Harzen-Müller, „*Wallenstein*-Dramen und -Aufführungen vor Schiller", in: *Mitteilungen des Vereins für die Geschichte der Deutschen in Böhmen* 38.1 (1899), S. 57.

93   Greenblatt, „The Circulation of Social Energy" (1988), S. 10.

94   Ebd., S. 58.

95   Harzen-Müller, „*Wallenstein*-Dramen und -Aufführungen vor Schiller" (1899), S. 58. *Lastevio* steht für Wallenstein und *Agathando* für den Schwedenkönig Gustav II. Adolf (1594-1632).

zwingend ist, den Lebenslauf Wallensteins als Tragödie zu dramatisieren. Vielmehr untermauert die Genrewahl der Tragi*komödie* Whites These der vier verschiedenen Modi des *emplotment*, denen zufolge Geschichte als Komödie, Tragödie, Satire oder Romanze dargestellt werden könne. Eine weitere Bestätigung dieser Sichtweise findet sich in der Briefäußerung der Kurfürstin Sophie von Hannover aus dem Jahre 1712: „Gestern hat er [= der Hanswurst, P.H.] uns durch das Stück *Wallenstein* brav zum Lachen gebracht, denn die deutschen Stücke sind auch im Tragischen zum Lachen, wie sonst die Komödien [...]."[96] Unter anderem war es später Gottscheds Regelpoetik, die nicht nur durchzusetzen versuchte, daß Geschichten innerhalb des feudalen Systems mit einem tragisch endenden Konflikt stattzufinden hatten, sondern die Durchmischung von Genres wie auch die als anstößig empfundene Figur des Spaßmachers aufgrund rationaler und bürgerlicher Logik zu verbannen sei. Seine Regelpoetik wird auch zum Beleg dafür, wie sehr der Theaterdiskurs unterschiedliche gesellschaftliche Interessen und Interessengruppen bündelte, legen sie doch präskriptiv und retroaktiv fest, was das Theater darstellen darf und was nicht, noch bevor der Stoff gewählt und ein historisches Drama geschrieben ist.

Unterstreichen die ersten Wallenstein-Dramen, die noch zu Lebzeiten oder unmittelbar nach dem Tod des Titelhelden verfaßt wurden, wie ungewöhnlich und faszinierend die Laufbahn des Generals auf die Zeitgenossen wirkte, so sehen die Dramen aus dem 18. Jahrhundert in Wallenstein zwangsläufig eine historische Figur. Wie die Wallenstein-Dramen der 80er Jahre des 18. Jahrhunderts deutlich machen, ließ das Interesse an der politisch-militärischen Gestalt dabei nicht nach. Denn das von mir herangezogene Drama *Wallenstein, ein Schauspiel* (1786) von Georg Anton von Halem ist bereits das dritte Wallenstein-Drama der 80er Jahre.[97]

---

96 *Briefwechsel der Kurfürstin Sophie von Hannover mit dem Preußischen Königshause*, hg. v. Georg Schnath (1927), S. 247. In der entsprechenden Fußnote verweist der Herausgeber darauf, daß es sich um ein „englisches Wallensteindrama in deutscher Bearbeitung" von 1690 handeln müsse. Ebd.

97 Harzen-Müller nennt als die beiden anderen Wallenstein-Dramen: Franz Guolfinger Steinsberg *Albrecht Waldstein* (Prag, 1781) und: Anonym, *Der Baron von Wallenstein. Ein Militärisches Schauspiel* (Gotha, 1783). Harzen-Müller, „*Wallenstein-Dramen und -Aufführungen vor Schiller*" (1899), S. 65. Der Baron von Wallenstein kann für unseren Kontext nicht als Wallenstein-Drama gelten, da auf den Herzog

Gerhard Anton von Halem, 1752 in Oldenburg geboren, begann 1798 als 46jähriger auf dem Zenit seiner höheren juristischen Beamtenlaufbahn eine Autobiographie zu verfassen, die auch nach ihrer Wiederaufnahme 1818 unvollendet blieb und mit dem Jahre 1782 abbricht.[98] Sein mehr im sachlichen Berichts- denn im persönlich-psychologischen Erzählton[99] abgefaßter Lebensentwurf sei „nicht für das Publikum, sondern nur zum Andenken für seine Familie und Freunde"[100] geschrieben worden, wie sein Bruder bekundet, der die Lebensbeschreibung 1822 abzuschließen versuchte.[101]

Halems Leben wurde von den bürgerlichen Leitideen seines Vaters bestimmt, der als Jurist der Grafschaft Oldenburg zur gehobenen Bürgerschicht gehörte. Er war es, der den Bildungsweg seines zweiten Sohnes plante und entscheidend beeinflußte. So wurde der Sohn bereits als Zehnjähriger auf einer Reise von seinem Vater dazu angehalten, sein Tagebuch ins Französische zu übersetzen.[102] Als Jurist mit einer Neigung zur Literatur unterhielt der Vater – wie auch später sein Sohn – eine „nicht unbeträchtliche Büchersammlung."[103] Der Literaturgeschmack markiert den Generationsbruch. Während der Sohn sich ganz von der Gefühlssprache Klopstocks – im Schulunterricht wird ihm der *Messias* vom Lehrer vorgetragen[104] – inspirieren ließ, konnte sein Vater „der Klopstockischen Sprache und seinen neuen Metris keinen Geschmack abgewinnen [...], obgleich er ein großer Verehrer der Dichtkunst, aber nur

---

Wallenstein nur anfangs in Hamlet-Manier als Geist Bezug genommen wird und das Stück im übrigen eine andere Thematik behandelt.

98 Halem, *Selbstbiographie* (1970), S. 215.
99 Halem geht beispielsweise nur ein einziges Mal auf die frühkindliche Erinnerung an seinen früh verstorbenen und von den Eltern offensichtlich bevorzugten älteren Bruder ein. „Ich erinnere mich sehr gut, daß ich es damals fühlte, meine Eltern würden, wenn es auf ihre Wahl angekommen wäre, mich statt des erstgebornen Lieblings hingegeben haben." Ebd., S. 2. Diese Erinnerung blendet er im folgenden aus. Fortan scheint er die vom Vater vorgesehenen Berufspläne gutzuheißen. Die Mutter wird nur dreimal *en passant* erwähnt, ohne daß der Leser von ihr ein Charakterbild gewinnen könnte.
100 Ebd., S. 101.
101 Ebd., S. IIIf.
102 Ebd., S. 4.
103 Ebd., S. 9. Halems Bruder erwähnt 8000 Bände. Ebd., S. 142f.
104 Ebd., S. 13.

der Lateinischen und Französischen, war."[105] Nachdem der Vater den
Studienort Frankfurt an der Oder und die einjährige Lehrreise des Sohnes
bestimmt hatte, verteidigte dieser nach zwei Jahren Studienzeit als
18jähriger vor einem Fachkollegium in Kopenhagen seine juristische
Dissertation, die unter Mithilfe des Vaters entstanden war.[106] Der Sohn
lernte frühzeitig, sich der bürgerlichen, auf Selbstbehauptung gegenüber
dem Adel ausgerichteten Mentalität von Fleiß, Disziplin und Nützlichkeit
unterzuordnen: „Zum juristischen Practiker bestimmt, hatte ich mich fast
ganz auf juristische Collegia einschränken müssen. Geschichte, schöne
Litteratur und Sprachen mußten hintan gesetzt werden."[107] Dennoch
führte diese Selbstdisziplin[108] nicht, wie etwa im *Anton Reiser* (1785)
von Karl Philipp Moritz, zum mißglückten Ausgleichsversuch zwischen
gesellschaftlichen Ansprüchen und individuellen Glücksvorstellungen.
Wird dort eine äußerst kritische Haltung gegenüber dem Vater an den
Tag gelegt, schreibt Halem in versöhnlich-idealisierendem Ton zum Tod
des Vaters: „Mit welcher liebenden, zum Theil seine Kräfte
übersteigenden, Sorgfalt er meiner Bildung sich annahm, davon zeugen
schon diese Blätter."[109] Die aus pragmatischen Gründen eingeschlagene
juristische Laufbahn hinderte Halem jedoch nicht daran, sich sowohl der
Geschichte – er verfaßte eine *Geschichte des Herzogthums Oldenburg*
(1794) – als auch der Literatur zu widmen. Er verkehrte, wie seine
Briefwechsel mit Gottfried August Bürger, Adolf F. von Knigge, Johann
K. Lavater, Heinrich Voß und Christoph M. Wieland dokumentieren, mit
der intellektuellen Elite Deutschlands. Deren literarischer Geschmack
war es auch, an dem er sich in den 70er Jahren ausrichtete.[110] Obwohl

---

105 Von Deutschen las er nur Opitz, Brokes, Günther und wenige andere." Halem,
      Selbstbiographie (1970), S. 13.
106 Ebd., S. 56.
107 Ebd., S. 35.
108 „Diese Erinnerung des Zwanges, den ich mir anthun mußte, um in dem juristischen
      Kreise, in den ich gebannt war, zu bleiben, ist, wie gesagt, noch jetzt ein peinliches
      Gefühl für mich." Ebd., S. 36.
109 Ebd., S. 66.
110 Halem lernte in der literarischen Gesellschaft von Büsch in Hamburg Klopstock
      kennen. Neben Klopstock gehörten zu seiner bevorzugten Lektüre „Homer, Ossian,
      [...] Herder, Stolberg, Stilling." Ebd., S. 86 u. 91.

Halem nur gelegentlich Schauspiele besuchte[111] und keine auffällige Zuneigung für das Theater zeigte, verfaßte er 1786 als erste größere literarische Arbeit im Alter von 28 Jahren sein Wallenstein-Drama.

Genaueren Aufschluß über die Aufführung des fünfaktigen Dramas gibt uns Halems Autobiographie nicht, da sie mit dem Jahr 1782 abbricht.[112] Das einzige, was wir aus dem Buch in Bezug auf das Drama erfahren können, ist, daß Halem ein Manuskript an den bekannten Sturm-und-Drang-Schauspieler, Dramenautor und Schauspieldirektor Friedrich Ludwig Schröder (1744-1816) nach Hamburg geschickt haben muß.[113] Denn die der Lebensbeschreibung angefügte Briefsammlung enthält einen Brief Schröders an Halem vom 10. Juli 1785. Es ist daher mit Sicherheit anzunehmen, daß Halem eine Aufführung intendierte, obwohl er keine praktische Bühnenerfahrung und das Hamburger Theater nur bei einem Theaterbesuch kennengelernt hatte.[114] Schröder beantwortete Halems Bitte um eine Aufführung seines Werkes abschlägig, lobte den Autor jedoch, daß er „die Behandlung der Geschichte so treu als möglich" dargestellt habe.[115] Selbst wenn dieses Lob nicht mehr als Lobhudelei gewesen sein sollte, deutet sich in einer solchen Bemerkung eine Änderung der Diskursformation in Bezug auf den Umgang mit der Geschichte an. Denn das Kriterium der historischen Treue war Lessing und beispielsweise dem anonymen Kritiker von 1787 vernachlässigbar gewesen.

---

111 Halem erwähnt Theaterbesuche in Frankfurt a.d.O. (S. 32), Oldenburg (S. 79) und Hamburg (S. 86). In Oldenburg hatte die Anwesenheit der Henselschen Gesellschaft die Nachwirkung, daß „man jetzt mehr von Schauspielen und zugleich von andern Gegenständen der schönen Litteratur [sprach]. Alles fing an zu lesen." Halem, *Selbstbiographie* (1970), S. 80.

112 „Ob, und wo dieses poetisch und historisch werthvolle Schauspiel aufgeführt worden ist, habe ich nicht entdecken können; vermuthlich ist es im Eutiner Theater [...] gegeben worden zu jener Zeit als der Herzog Peter im holsteinischen Weimar jenen Kreis ausgezeichneter Männer wie J.H. Voß, die beiden Grafen Stolberg, F.H. Jacobi [...] um sich versammelt hatte [...]." Harzen-Müller, „*Wallenstein*-Dramen und -Aufführungen vor Schiller" (1899), S. 66.

113 Schröder „übernahm 1786 wieder die dortige Direktion." Eike Pies, *Prinzipale. Zur Genealogie des deutschsprachigen Berufstheaters vom 17. bis 19. Jahrhundert* (1973), S. 332.

114 „Schrödern bewunderte ich als Macbeth." Halem, ebd., S. 86.

115 Ebd., Briefteil, S. 28.

Obwohl Aufführungen von Halems Wallenstein-Drama nur schwer nachweisbar sein dürften, gewähren Theaterpraktiken und das literarische Leben der achtziger Jahre hinreichende Einblicke. Es war *en vogue*, sowohl für adelige als auch bürgerliche Männer, sich literarisch nicht nur in der Lyrik, sondern auch im Drama zu versuchen. Vor allem die Etablierung von Nationaltheatern in den 70er Jahren (Wien, Mannheim, München, Berlin) führte für bürgerliche Autoren zu einer Aufwertung des Dramas als Ausdrucksform. Weil Halem sich den Vorstellungen des Vaters zu beugen hatte, konnte das Theater zum Ort des Ausbruchsversuchs aus bürgerlichen Ordnungsvorstellungen und somit ein Stück Selbstbehauptung werden. Gleichzeitig sicherte die Nobilitierung der Theater, nicht radikal mit dieser bürgerlichen Existenz brechen zu müssen. Halems Dramenpublikation ist ein Indiz für diese Sattelzeit des Theaters. Während die mögliche Aufführung im Rahmen eines Liebhabertheaters noch ganz im Kreis des Hofes angesiedelt ist (halböffentliche Sphäre), ist der Versuch, es in Hamburg unter Schröders Leitung aufführen zu lassen, bereits gänzlich auf die bürgerliche Öffentlichkeit ausgerichtet. Auch hinsichtlich der Stoffwahl dokumentiert Halems Drama die Befindlichkeit einer Sattelzeit. Die Versuche, sich der französischen Vorbilder zu entledigen, zeigten das wachsende Selbstvertrauen bürgerlicher Eliten. Dies kam darin zum Ausdruck, solche Stoffe zu wählen, die der eigenen Geschichte entliehen wurden. Die Entdeckung der eigenen Geschichte ging Hand in Hand mit den Ansprüchen der Nationaltheater. Halems Drama kann daher für diese Sattelzeit als paradigmatisch gelten: es nimmt Teil an der enorm anwachsenden Dramenproduktion, die ihrerseits in den National-Diskurs eingebettet ist.[116]

Bezüglich der äußeren Umstände von Komareks Wallenstein-Fassung lassen sich noch weniger Angaben machen als bei Halem. In der neuesten Ausgabe des „Kosch" findet sich lediglich folgender Eintrag: „Komarek, Johann Nepomuk *1757 Prag, gest. nach 1819 Pilsen; Schauspieler u. später Buchhändler in Pilsen. Dramatiker."[117] Wie für Halem ist auch für

---

[116] Vgl. das 4. Kapitel dieses Buches.

[117] *Deutsches Literatur-Lexikon*, hg. v. Heinz Rupp u. C.L. Lang, 3. Aufl. (1984), Bd. 9, S. 206. Es findet sich kein Eintrag zu Komarek in: *Biographisches Lexikon des Kaiserthums Österreichs*, hg. v. Constant von Wurzbach , 60 Bde. (1856-1891).

Komarek das Wallenstein-Drama ein Erstlingswerk. Im Gegensatz zu Halem gilt für Komarek zumindest eine Aufführung als gesichert:

> [...] und am 10. April 1791 wurde in Pilsen ein fünfactiges Trauerspiel „Albrecht Waldstein, Herzog von Friedland" aufgeführt und erwarb sich ungeheuchelten Beifall [...]. Nachdem das Stück bereits 1789 in Pilsen einzeln gedruckt worden war, erschien es nach der günstigen Aufnahme auf dem Pilsener Theater 1793 zu Leipzig in zweiter, verbesserter Auflage im ersten Bande von Komareks gesammelten Schauspielen.[118]

Im Gegensatz zur Situation bei Halem und Komarek sind wir aufgrund der Briefwechsel mit Körner, Goethe, Wilhelm von Humboldt ausgesprochen gut über den Entstehungsprozeß von Schillers Wallenstein-Trilogie unterrichtet. Auch bezüglich der Aufführungen, sowohl in Weimar als auch in Berlin, sind viele Details in Erfahrung zu bringen, nicht zuletzt dank des Briefwechsels Schillers mit dem Berliner Theaterintendanten, Schauspieler und Autor Iffland.[119] Allerdings sollte man nicht vergessen, daß Schillers Wallenstein-Trilogie bis heute in der Regel nicht in einer vollständigen, sondern in einer gekürzten Bühnenfassung zu sehen war bzw. ist,[120] ein Umstand, den Literaturwissenschaftler bei ihren Auslegungen des Dramas immer wieder tunlichst ignorieren.

Dies ist eine Folge der Hypostasierung eines autonomen Autor-Geniemodells. Demgegenüber den Autor in seiner Vernetzung mit mehreren Diskursen zu zeigen, entwertet mitnichten dessen poetische Leistung, verortet diese aber in einem größeren Kontext. Aus einer bestimmten Sichtweise kulminieren diese beiden konträren Modelle in der Frage, ob Schiller eines der Vorgänger-Dramen gekannt hat und von

---

118 Harzen-Müller, „*Wallenstein*-Dramen und -Aufführungen vor Schiller" (1899), S. 67. Durch eigene Nachforschungen sowohl in der *Theatersammlung* in Wien als auch in der *Sammlung Oscar Fambach* in Bonn ließen sich die genannten Aufführungen nicht verifizieren.

119 Ifflands Selbstdarstellung „Ueber meine theatralische Laufbahn" bricht 1787 zum Zeitpunkt seiner vom König in Berlin bewilligten Intendantur ab, so daß wir aus ihr keine Aussagen über die Zeit der Wallenstein-Inszenierung entnehmen können. August Wilhelm Iffland, „Ueber meine theatralische Laufbahn", in: *Theater von Aug. Wilh. Iffland*, Bd. 24 (1843).

120 Vgl. Eugen Kilian, *Der einteilige Theater-Wallenstein. Ein Beitrag zur Bühnengeschichte von Schillers Wallenstein* (1901).

ihnen in irgendeiner Weise Ideen zur Gestaltung des Stoffes aufgegriffen hat. Bei dieser Art Fragestellung wird der Autor zwar in seinem historischen Kontext gesehen, doch nur, um Autor und Text letztlich umso stärker als Bezugsgrößen zu zementieren. Dankenswerterweise ist dieser Frage vor rund hundert Jahren im positivistischen Zeitalters nachgegangen worden.

Der französische Literaturforscher Arthur Chuquet hat die These vertreten, daß Schiller Halems *Wallenstein* gekannt haben müsse.[121] Diese These belegt Chuquet durch angeblich gleichlautende Textstellen aus beiden Dramen. Der Oldenburger Literaturkenner K. Albrecht wiederum hat die von Chuquet behaupteten Ähnlichkeiten Stelle für Stelle widerlegt.[122] Obwohl Albrecht Chuquets These *ad acta* legt, betont er dennoch, daß „wirklich" „Ähnlichkeiten in der Anlage und dem Inhalte der Dichtungen" vorhanden seien.[123] Zu den Gemeinsamkeiten der beiden Dramen gehöre „das Betreiben der Sterndeuterei, die Nachricht Senis von den ungünstigen Anzeichen, das Zögern der Mörder [...] das auf Sterndeutung und Aberglauben begründete Zutrauen Wallensteins zu Piccolomini."[124] Albrecht folgert sodann: „Diese Ähnlichkeiten beruhen nicht auf Entlehnung, sondern darauf, daß beide dieselben Quellen benutzt haben, oder daß die von ihnen benutzten Quellen dasselbe boten."[125] Albrechts Resümee lautet daher: „Alle von Chuquet und mir oben angegebenen Ähnlichkeiten zwischen Halem und Schiller finden sich bei Abelinus, Khevenhiller oder Schmidt."[126] Albrechts Erklärung hat nur einen Haken: Die Geschichtsdarstellungen, die Schiller für sein Drama heranzog, sind nicht dieselben, die Halem las; konnten es nicht

---

121 Arthur Chuquet, *Paris en 1790. Voyage de Halem* (1896), S. 30-39.
122 K. Albrecht, „Halems und Schillers Wallenstein", in: *Euphorion* 6 (1899), S. 290-295. Die Behauptungen Chuquets sind dermaßen aus der Luft gegriffen, daß sie nur als absurd bezeichnet werden können. Eines von den *weniger* abwegigen Beispielen: „Seit einigen Tagen schleicht der Pater im Lager umher." Halem, *Wallenstein* (1786), S. 73. Schiller: „Die alte Perücke, [= d.i. Questenberg, Gesandter Wiens], / Die man seit gestern herumgehen sieht." (WL 74)
123 Albrecht, ebd., S. 293.
124 Ebd., S. 293f.
125 Ebd., S. 294.
126 Ebd., S. 295.

sein, da sie teilweise erst nach Halems Drama publiziert wurden.[127]
Halem nennt in seiner Vorbemerkung ausdrücklich die von ihm benutzten
Geschichtsdarstellungen: „Meine Quellen waren, außer dem erwähnten
Puffendorf, Bougeant und le Vassor."[128]

Im Vergleich zu dieser Art positivistischer Fragestellung und ihrem
enttäuschenden Resultat ist der Zugang über ein Diskurs-Modell
vielversprechender. Nicht der Autor rückt ins Zentrum des Interesses,
sondern die ihn umgebenden Diskurse und ihre sich verschiebenden
Formationen. In die Dramentexte Halems und Schillers fließen über-
deutlich die gleichen Diskurspartikel ihrer Zeit ein. Der Geniegedanke,
wie er sich beim Titelhelden nachweisen läßt, und Naturmetaphern als
Utopiehorizont sowie patriarchalische Dominanz sind beispielsweise in
beiden Texte gleichermaßen anzutreffen. Außer diesen Diskursen läßt
sich jener Subtext des Historischen vorfinden, der im Vordergrund dieser
Studie steht. Für meinen Kontext ist es daher wichtiger festzustellen, *daß*
die Autoren für ihre Dramen, die Geschichte auf der Bühne darstellen
sollten, ernsthaftes Quellenstudium betrieben, als zu fragen, welche
Quellen sie für ihre jeweiligen Dramen nachschlugen und in welchem
Umfang sie die darin vorfindbaren Geschehnisse in ihre Dramen ein-
bzw. verarbeiteten. Schillers wie Halems ausführliches Quellenstudium
ist hinreichendes Indiz, daß sich der Diskurs zur Geschichte neu
formierte.

Lessings Diktum, daß es die Mühe nicht lohne, „die Geschichtsbücher
erst lange [...] nachzuschlagen"[129], wird von Autoren wie Komarek,
Halem und Schiller in ihr Gegenteil verkehrt: Will man einen historischen Sachverhalt darstellen, wird das Nachschlagen in Geschichtsbüchern zum integralen Bestandteil der Dramenproduktion. Daß die
erwähnten Autoren dabei keine Ausnahme darstellen, manifestiert sich
nirgends deutlicher als an einem so extremen Beispiel wie dem
Mannheimer „Hofgerichtsrath" und Theaterautor Jakob Maier und dessen

---

127 Schiller benutzte für sein Drama u.a. folgende Quellen: Christoph Gottlieb Murr,
     Beiträge zur Geschichte des dreißigjährigen Krieges [...] (Nürnberg, 1790); Johann
     Christian Herchenhahn, *Geschichte Albrechts von Wallenstein, des Friedländers*
     (Altenburg, 1790-1791); M.J. Schmidt, *Geschichte der Deutschen* (Ulm, 1789). Vgl.
     Eugene Moutoux, *Schiller's Use of History in* Fiesco *and in* Wallenstein (1985).
128 Halem, *Wallenstein* (1786), S. 4.
129 Lessing, „Hamburgische Dramaturgie. 19. Stück", in: Lessing, *Werke* (1973), Bd. 4,
     S. 317.

erfolgreichem Werk *Fust von Stromberg. Ein Schauspiel in fünf Auf-*
zügen. Mit den Sitten, Gebräuchen und Rechten seines Jahrhunderts
(1782).[130] Nach Brahms Studie zum deutschen Ritterdrama bietet Maier
erstaunliche 144 Anmerkungen bei 127 Textseiten.[131] Gegen diesen
gelehrigen Geschichtsapparat nimmt sich das als Zitat im Text kenntlich
gemachte und für die Zuschauer als solches hörbare Quellenmaterial in
Komareks *Waldstein* äußerst bescheiden aus. Dort wird das Absetzungspatent gegen Wallenstein, von Kaiser Ferdinand am 15. Februar 1634
unterzeichnet, als Quellentext ausgewiesen.[132] Zwar handelt es sich dabei
nicht um die wortwörtliche Wiedergabe des Dokuments, doch soll es
historische Authentizität simulieren. Im letzten Akt belegt Komarek sogar
die als Zitat gekennzeichneten Worte Deveroux' – im Stück der Mörder
Wallensteins – mit dem Hinweis: „Diese Stelle ist aus Hagels Chronik
der Boehmen vom Wort zu Worte hergesezzt."[133]

Insofern ist es in unserem Kontext nicht weiter von Belang, der in der
Schiller-Forschung sattsam behandelten Frage ein weiteres Mal
nachzugehen, ob Schiller nicht durch die Form den historischen Stoff
getilgt habe.[134] Daß dem so sei, hat zuletzt Dieter Borchmeyer in seiner

---

130 Die *Sammlung Oscar Fambach* weist unter anderem folgende Aufführungsdaten
      nach: Nationaltheater Mannheim 5. 11. 1782 Erstaufführung; bis 1801 19 weitere
      Aufführungen; Bellomos Gesellschaft in Weimar 1 Aufführung; Großmanns Gesell-
      schaft 2 Aufführungen (Frankfurt a.M. und Hannover); Nationaltheater in Berlin 3
      Aufführungen 1799-1800; Hoftheater Karlsruhe 5 Aufführungen zwischen 1816-
      1824.

131 Brahm, *Das deutsche Ritterdrama* (1880), S. 94. Leider konnte ich diese Ausgabe
      nicht einsehen. Bei dem mir vorliegenden Druck von Maiers Schauspiel (Mannheim,
      1791) sind diese Anmerkungen vermutlich deshalb nicht abgedruckt, weil er in der
      insgesamt 271 Bände zählenden Serie *Theatralische Sammlung* erschienen ist, die
      hauptsächlich für die Theaterpraxis bestimmt war und daher ohne den umfang-
      reichen Sekundärtext auskommen konnte.

132 Komarek, *Waldstein* (1789), S. 35-37.

133 Ebd., S. 89.

134 In Bezug auf *Wallenstein* schreibt Hans-Dietrich Dahnke kategorisch: „Die histori-
      schen Studien, die der Dichter nach seiner umfangreichen Darstellung der
      Geschichte des Dreißigjährigen Krieges erneut zu treiben sich gehalten sah, dienten
      nicht dazu, auf diesem Wege nun doch noch die Wahrheit des empirisch-historischen
      Stoffes zu finden [...]. Sie dienten vorrangig der Konstituierung eines poetischen
      Sujets, einer tragischen Fabel, die den ästhetischen Ansprüchen des Dramatikers
      Genüge tun sollte." Ders., „Zum Verhältnis von historischer und poetischer Wahrheit
      in Schillers Konzeptionsbildung und Dramenpraxis" (1988/89), S. 119.

ausführlichen Studie zu *Wallenstein* nochmals behauptet und auch ebenso
schlüssig wie viele vor ihm nachgewiesen.[135] Sowohl Wallensteins
Charakter als auch die Handlung der Trilogie seien dem Formgesetz der
antiken Tragödie angepaßt.[136] Obwohl Schiller bei seiner mühevollen
und langwierigen Arbeit am Wallenstein-Drama darum bemüht ist, der
griechischen Tragödie eine gleichwertige moderne Tragödie entgegen-
zusetzen,[137] findet er immer wieder zurück zum historischen Anspruch,
wie die Nachfrage nach historischem Quellenmaterial und sein Studium
dieser Quellen belegen.[138]

Letzteres Faktum allein verdient unsere Aufmerksamkeit. Halem hat
nicht anders als Schiller Geschichtsbücher und -quellen herangezogen.
Darüber hinaus hat er in seiner „Vorerinnerung" den Anspruch geäußert:
„Kurz, ich glaube, daß der historische Wallenstein ungefaehr der gewesen
ist, den ich darzustellen versucht habe."[139] Halem intendiert, dem historischen Sachverhalt in Dramenform durch seine Quellenarbeit so weit als
möglich gerecht werden zu wollen. Er beansprucht folglich gegenüber
dem historischen Sachverhalt Authentizität. Dieser historische Anspruch
erklärt auch, warum er glaubt verteidigen zu müssen, was sich historisch
nicht belegen läßt.

> Wallensteins Leiche hat, bis vor kurzem, da sie weggefuehret ist, in dem
> von ihm gestifteten Karthäuserkloster zu Gitschin, geruhet. Ich habe den
> Namen in Texla verwandelt, da Gitschin nicht auf dem Wege liegt, auf dem
> ich Wallenstein dahin fuehren wollte.[140]

Damit erfährt Lessings Ratschlag eine direkte Umkehrung: Nicht nur
wird das Nachschlagen in Geschichtsbüchern zum Arbeitsgang beim
Verfassen eines historischen Dramas, sondern mit einem Mal sieht sich

---

135 „Schiller hatte kaum Interesse, in seiner Trilogie ein authentisches Porträt des
     Friedländers zu geben." Dieter Borchmeyer, *Macht und Melancholie* (1988), S. 11.
136 Ebd. Siehe zu dieser These insbesondere Hartmut Reinhardt, „Schillers Wallenstein
     und Aristoteles", in: *Jahrbuch der Deutschen Schillergesellschaft* 20 (1976), S. 278-
     337.
137 Vgl. Schillers Briefe an Goethe vom 4. 4., 5. 5., 2. 10. 1797 u. 27. 2. 1798. *Schillers
     Werke*, NA, Bd. 29, S. 55-57, 72-75, 140-142, 211-212.
138 Vgl. Schiller an Goethe, 13. 11. 1796. Ebd., Bd. 29, S. 4-5; und 4. 12. 1798. Ebd.,
     Bd. 30, S. 8-9. Schiller an Körner, 9. 3. 1797. Ebd., Bd. 29, S. 54-55.
139 Halem, *Wallenstein* (1786), S. 3f.
140 Ebd.. S. 3.

der Autor sogar dazu genötigt, seine poetische Lizenz und die Abweichung von dem historisch belegbarem Material zu rechtfertigen bzw.
darauf hinzuweisen. Für meine These sind „nur" der Anspruch und die
Intention von Bedeutung, weniger die tatsächliche Umsetzung dieses
Anspruchs. Denn Halem fühlte sich zwar bemüßigt, eine Abweichung
von der Geschichte – noch dazu ein so belangloses Detail wie die Orts-
angabe – zu erwähnen, doch macht der Autor keine Anstalten, weitere
Abweichungen vom geschichtlich Überlieferten – wie etwa den frei
erfundenen siebenjährigen Sohn Wallensteins – zu rechtfertigen. Er
nimmt sich beinahe ebenso viel künstlerische Freiheit wie Schiller sie
unmißverständlich für sich in seinem Prolog beansprucht. (Prolog 104 u.
130ff.)

Findet man bei Autoren wie Halem, Komarek, Maier und auch
Schiller erste Anzeichen eines neuen Umgangs mit der Geschichte, so
verdichten sich diese um 1800 zu einem neuen Paradigma, wenn
Kotzebue im Vorwort zu seinen beiden Dramen *Gustav Wasa* und
Bayard (beide 1801) schreibt:

> Nicht als eigentliche Schau= oder Trauerspiele, bitte ich den Leser und
> Beurtheiler diese beiden Werke zu betrachten; sondern als
> historisch=dramatische Gemälde. [...] Meine Absicht war, zu bewirken: daß
> jeder Leser oder Zuschauer, wenn er auch vorher in seinem Leben noch
> nichts von Bayard oder Gustav Wasa gehört hätte, nach Endigung des
> Stückes völlig mit den *wahren* Hauptgegebenheiten des Helden bekannt
> sein solle.[141]

Der Historismus des 19. Jahrhunderts hat seine Sprache gefunden.

---

141 August von Kotzebue, „Gustav Wasa und Bayard", in: *Theater von A. v. Kotzebue*
(1841), Bd. 13, S. 6.

2.5. Wallensteins astrologisches Interesse bei Halem und Schiller

Anders als bei Komarek findet man den Astrologen Senno in Schillers und Halems Dramentexten als *dramatis persona*. Wallenstein stellte ihn vermutlich um 1631/32 an seinem Hof an.[142] Über das Mißverhältnis zwischen diesem Renaissance-Gelehrten und seiner Erwähnung in Geschichtsbüchern schreibt Angelika Geiger:

> Die Gestalt Sennos (in der Literatur als Seny, Seni, Sein, Sepler, Sennus und Zeno zu finden) blieb den Biographen und Geschichtsschreibern Wallensteins bis heute ein ungelöstes Rätsel; eine leicht obskure Figur, deren historischer Lebenslauf im Dunkeln lag. [...] Zieht man dagegen bis heute unbeachtet gebliebene zeitgenössische italienische Personenlexika heran, ergibt sich ein recht nüchternes und wenig geheimnisvolles Bild einer überdurchschnittlichen Persönlichkeit.[143]

Wenn die Astrologie bereits seit Beginn des 17. Jahrhunderts als seriöse Wissenschaft unter Legitimationsdruck geriet und im 18. Jahrhundert gänzlich aus dem wissenschaftlichen Diskurs ausgeschlossen wurde, dann erklärt das u.a., warum Senno eine so obskure Figur blieb bzw. wurde. Die Vermutung liegt nahe, daß Autoren wie Schiller und Halem in diesem Astrologen nicht mehr als eine zu vernachlässigende Skurrilität gesehen haben dürften. Da auch ihnen vermutlich die Astrologie äußerst suspekt schien, hätten sie sich dieser historischen Figur leicht entledigen können. Sie hätten sich – wie von Lessing empfohlen – nicht an die historischen Vorgaben gebunden fühlen müssen. Daß und wie sie es dennoch getan haben, soll nachfolgend erörtert werden. So wie die Diskussion um die Aufrechterhaltung aristotelischer Poetik angesichts historischer Schauspiele, so kann sich der Umgang mit der diffamierten

---

142 Geiger, *Wallensteins Astrologie* (1983), S. 244.

143 Ebd., S. 235. In einem Personenlexikon von Agostino Oldoini (1680), das Geiger in der Übersetzung zitiert, heißt es zu Senno: „In Genua geboren, ca. im Jahre 1600. In allen Wissenschaften sehr beredt und gut ausgerüstet, in vielen Sprachen redend, durchwanderte er weit entfernte Gegenden; er lebte in Deutschland und dort – auch in den astrologischen Weisheiten öffentlicher Lehrer – bot ihm Wallenstein, der Feldherr kaiserlicher Truppen, seine Freundschaft." Ebd., S. 236.

Astrologie als ein weiterer Gradmesser dafür erweisen, inwiefern sich ab
1770 ein Paradigmenwechsel vom taxonomischen zum historisch-genetischen Denken vollzog. Irrelevant ist, ob die Intention historischer
Authentizität nach heutigem Maßstab von den Autoren erfüllt wurde oder
nicht. Denn es wäre nur allzu billig, Komarek, Halem und Schiller
historischer Ungenauigkeiten zu überführen, und sie dann womöglich
deshalb nach der Art Sengles aus dem Kanon „richtiger" historischer
Dramen auszuschließen.

In Halems Wallenstein-Drama erfährt der Leser/Zuschauer gleich in der
Eröffnungsszene, daß Wallenstein sich für Astronomie interessiert und
Seni ihm dabei hilft. „*Questenb.* Der [= Wallenstein] lebt in seinem
Znaim in koeniglicher Ruhe und sieht mit dem Paduaner Seni nach den
Sternen." (I.1, S. 4) Bemerkenswert an dieser Einführung von Wallensteins Vorliebe sind dreierlei „Verfremdungseffekte": Nur implizit und
nicht explizit wird auf Wallensteins Interesse an der Astrologie hingewiesen. Sodann fällt auf, daß Seni nicht ausdrücklich als Astrologe
ausgegeben wird. Vielmehr wird seine Herkunft betont, die es erlaubt, ihn
als exotisch und fremd zu taxieren. Schließlich ist für unsere
Fragestellung relevant, daß der historische Senno nicht aus Padua,
sondern aus Genua stammt, mithin Halem seinen Anspruch auf
historische Echtheit unterläuft, den er in der Vorbemerkung zur
Buchausgabe betont. Die Ungenauigkeit in Bezug auf die Biographie
Sennos ist jedoch nicht Halem anzulasten. Sie bestätigt nicht nur Geigers
Aussage, sondern dokumentiert vor allem die Ausgrenzung alles
Astrologischen. Die Intention Halems, historisch-empirisch vorzugehen
und ein authentisches Drama zu verfassen, dies aber nur mangelhaft
ausführen zu können, weist vielmehr auf den Umstand hin, daß ihm nur
mangelhafte historische Arbeiten vorlagen, die ihrerseits an der
Ausgrenzung der Astrologie krankten.

Nachdem Wallenstein seine saturnisch-introspektiven Gedanken „in
steigender Unruhe" (I.2, S. 20) zum Ausdruck gebracht hat, erhält Seni
seinen ersten Auftritt. Es ist der längste Dialog zwischen Wallenstein und
Seni und der für unsere Argumentation entscheidende. Daher zitiere ich
ihn ausführlich:

(Seni kommt, ein Buch unterm Arm.) / *Wallenst.* Guten Abend, Seni!
Woher so spaet? / *Seni.* Ich daecht' es waere nicht wunderbar, den

Sternenkunder zur Zeit der Sterne zu sehen. Es ist die schoenste Nacht und ich sah – /*Wallenst.* Ach Seni! laß die Sterne! Sie flimmerten einst mir so mild; sie flimmerten Ruh' in dies Herz. Seit ich an ihrer Stirne die Schicksale lese, ist oft mir furchtbar ihr Glanz. / *Seni.* Traurig waer's, wenn Menschenkunde uns den Menschen furchtbar machte. /*Wallenst.* Ja wohl traurig! /*Seni.* Ich daechte, je schaerfer wir schauten, je mehr gewaenne die Liebe zum Menschen. – Und anders waer's bey den Gestirnen? /*Wallenst.* Ach Seni! Wir ahnden so wenig vom Menschen, und wollen forschen in den Sternen? Seni, wirf deinen Nostradamus in's Feuer! Die Hand auf's Herz. Es sind heiße orientalische Schwaermereyen [sic] womit wir uns beschaeftigen. Wenn unsere Wuensche empor – empor streben, so finden wir die Erfuellung in den Sternen. Drueben ueber den Sternen Seni, da sollten wir suchen! /*Seni.* Lassen Sie uns noch ein wenig in der Mitte weilen! Die Gestirne haben so großen Einfluß auf die physische Natur, wie sollten sie's nicht auch auf die geistige haben, die so sehr von der physischen abhaengt? Umringt, wie wir sind, von Wundern, bey denen die Vernunft still stehet, was rechtfertigt hier unsern Unglauben? Es waren große Weise, die das suchten und fanden. – Doch ich kam izt, Herr General, nicht zu demonstriren, sondern zu sagen, was ich sah: Nichts weniger, als das, worauf wir Jahre harrten. / *Wallenst.* Ist's doch als haettest du den Stein der Weisen gefunden, oder Mars mit Jupitern im Bunde gesehn. (I.2, S. 20-22)

Viel mehr Skepsis als Halems Wallenstein bringt auch Adorno nicht gegen die Astrologie auf. Bei der nächtlichen Unterredung läßt Wallenstein Seni und noch mehr die Zuschauer/Leser gleich wissen, was er von der Sternenguckerei hält, nämlich herzlich wenig: „Ach Seni, laß die Sterne!" (S. 21) Er drückt Verdruß am Sternenglauben aus. Wenn Wallenstein als nächstes davon spricht, daß die Sterne ihm einst so viel Herzensruhe spendeten, dann bedient Halem sich des Gefühls-Diskurses, der seit Rousseau die Utopie ursprünglichen und unentfremdeten Menschseins ventilieren half. Auch bei dieser Äußerung wird nicht deutlich, daß er von der Astrologie spricht. Die Sterne sind in dieser Aussage nicht mehr als ein Symbol für einen Zustand innerer Selbstzufriedenheit. Doch sei diese Ruhe in dem Moment unterminiert worden, als er sich der Astrologie hingab. Lehnt Wallenstein mit seinen anfänglichen Worten bloß das Interesse an den Sternen ab, so liefert er gleich darauf drei Gründe nach: Zum einen stellt er eine zeitliche Korrelation her („seit"); zum anderen impliziert er, daß man anhand der

Sterne Aussagen über menschliches Handeln treffen könne; schließlich betont er vor allem seine Angst, wenn er sagt: „Seit ich an ihrer Stirne die Schicksale lese, ist oft mir furchtbar ihr Glanz." (S. 21) Die Angst bezieht er aber nicht auf sein Leben, etwa weil die Sterne ihm böse Vorahnungen geben, sondern er bezieht die Angst direkt auf die vermeintliche Wirkung der Sterne. Der Glaube an die Sterne wird zur Bedrohung und nicht etwa zu einer Vergewisserung seiner selbst. Halems Wallenstein scheint Adorno zu antizipieren, wenn jener die Astrologie als Instrument der Entfremdung kritisiert. Und Halems Wallenstein und Adorno scheinen darin übereinzustimmen, daß die vermeintliche Gefahr der Sternengläubigkeit entweiche, habe man erst einmal ihren ganzen Spuk durchschaut. Es ist daher nur konsequent, wenn Halems Wallenstein sich von den Sternen abwenden will. Seine Abneigung geht soweit, daß er gleich die Arbeiten des bekannten neuzeitlichen Astrologen Nostradamus ins Feuer werfen will, der im übrigen nicht als sein eigener, sondern als Senis Gewährsmann präsentiert wird. Das, was als Irrglaube im rationalen Diskurs stört, soll radikal aus eben diesem Diskurs eliminiert werden. Wovon Halems Zeitgenossen – und Adorno – vielleicht träumen, darf die *dramatis persona* zumindest laut denken. Wallenstein will seinen Blick auf die Erde richten und die menschliche Gesellschaft verstehen lernen, was er als ohnehin schwierig genug einstuft. Die Sterne lenken bei dieser Analyse nur ab: „Ach Seni! Wir ahnden so wenig vom Menschen, und wollen forschen in den Sternen? Seni, wirf deinen Nostradamus in's Feuer!" (S. 21) Wallenstein geht sogar noch einen Schritt weiter, wenn er sein eigenes Interesse desavouiert. Hat er bisher nur seine Skepsis der Astrologie gegenüber zum Ausdruck gebracht und zur Verbannung derselben aufgefordert, so stellt er nun sein eigenes Handeln vollends als eine Schimäre dar, was durch die einleitende Ehrlichkeitsfloskel nur umso mehr verstärkt wird: „Hand auf's Herz. Es sind heiße orientalische Schwaermereyen womit wir uns beschaeftigen." (S. 21) Wallensteins Skepsis seinem Hobby gegenüber, das er sich mit der Anstellung eines Hofastrologen einiges kosten läßt, schlägt um in vermeintliche Selbsterkenntnis seiner angeblichen Schwäche. Es ist, als schäme er sich für sein astrologisches Interesse und als raune ihm Adorno zu, sich von seinem Wahnglauben abzuwenden. Wallenstein durchschaut sein eigenes Handeln bereits als eine Abweichung von jenem rationalen Diskurs, dem er sich „eigentlich" verpflichten sollte. Die zeitliche und gesellschaftliche

Differenz zwischen Halems Wallenstein und Adornos Bannfluch tut sich erst in dem Moment auf, als Wallenstein die Sterne zum Symbol einer vage christlichen Metaphysik stilisiert, die an Verse aus Schillers *Ode an die Freude* (1792) erinnern: „Drueben ueber den Sternen Seni, da sollten wir suchen!"[144]

Während Halems Wallenstein also gänzlich an der Astrologie zweifelt und nicht länger an sie glaubt oder glauben will, ist es dem Astrologen Seni überlassen, seine astrologische Tätigkeit und damit auch Wallensteins Interesse an ihr zu rechtfertigen. Doch wirkt Senis Verteidigung äußerst verzagt, da er sich zunächst nur indirekt über die Sternendeutung äußert: „Traurig waer's, wenn Menschenkunde uns den Menschen furchtbar machte." (S. 21) Dieser Sorge Senis kann man unter anderem entnehmen, daß die Astrologie identisch sein müsse mit Menschenkunde, auch wenn Halem diese Gleichung nicht direkt macht, sondern vielmehr eine Ambiguität evoziert. Man kann nämlich diesen Satz auch so lesen, daß womöglich jede Art von Menschenkunde, d.h. eine intellektuelle Auseinandersetzung mit sozialer Verfaßtheit, dazu führen könnte, dem Menschen die schreckliche Seite seiner selbst zu zeigen, und daß man dadurch nur unnötig verunsichert werde. Diese Ambiguität wird durch Wallensteins Reaktion „Ja wohl traurig!" aufrecht erhalten und nicht entkräftet. Erst als Seni seine Reflexion zur Menschenkunde fortsetzt, weicht die Ambiguität einer positiven Rückversicherung, die sich auf die Gestaltungskraft des Menschen beruft: „Ich daechte, je schaerfer wir schauten, je mehr gewaenne die Liebe zum Menschen. – Und anders waer's bey den Gestirnen?" (S. 21) Erst jetzt erfährt der Zuschauer/Leser, daß die Menschenkunde, von der hier gesprochen wird, vielleicht doch nicht gleichzusetzen ist mit der Sternen-kunde, denn das „je schaerfer wir schauten" ist auf die Menschenkunde zu beziehen, und erst im Nachsatz wird die Ähnlichkeit zwischen Menschen- und Sternenkunde in einer rhetorischen Frage suggeriert. Mit anderen Worten, Senis Verteidigung seiner astrologischen Tätigkeit ist alles andere als forciert. Vielmehr verstärken seine defensiven Einwürfe die Zweifel Wallensteins an der „Schwaermerey".

Erst nach Wallensteins metaphysischem Verweis auf die Sterne darf sich Seni ganz als Astrologe zu erkennen geben: „Die Gestirne haben so

---

144 „Such' ihn überm Sternenzelt, / über Sternen muß er wohnen." In: *Schillers Werke*, NA. Bd. 1. S. 170.

großen Einfluß auf die physische Natur, wie sollten sie's nicht auch auf die geistige haben, die so sehr von der physischen abhaengt?" (S. 21) Erst jetzt gibt Seni eine einleuchtende, d.h. für Leser und Zuschauer nachvollziehbare Antwort bezüglich astrologischer Prämissen, wenn auch nicht in einem Aussage-, sondern einem Fragesatz, nicht in einem direkten Argument, sondern vermittelst einer Korrelation. Seni stellt zwar keinen Syllogismus auf, impliziert ihn aber nach folgender Art: Wenn A nachweislich auf B wirkt, so wirkt A vermutlich auch deshalb auf C, weil C nachweislich von B abhängt. Eine direkte Entsprechung, A wirke auf C, wird also nicht aufgestellt. Die Gestirne müssen nicht notwendigerweise auf die geistige Natur, sprich den Menschen wirken, aber das Gegenteil zu beweisen, dürfte ebenso schwer fallen, lautet Senis Argumentation. Mit diesem und dem dann folgenden Argument nimmt er eine ähnliche Position ein wie Lichtenberg in dem bereits zitierten Aphorismus. Denn Senis nächste rhetorische Frage: „Umringt, wie wir sind, von Wundern, bey denen die Vernunft still stehet, was rechtfertigt hier unsern Unglauben?" legitimiert die astrologische Gläubigkeit wie Lichtenberg *ex negativo*: Wenn sich durch den Verstand nicht alles aufklären lasse, müsse man seinem Glauben an unerklärlich-übernatürliche Kräfte umso mehr nachgeben. Auch jetzt argumentiert Seni nicht zugunsten der Astrologie, sondern verhält sich defensiv. Nur das Eingeständnis der Schwäche der Vernunft scheint so etwas „Unvernünftiges" wie die Astrologie glaubhaft werden zu lassen; ganz im Sinne Lichtenbergs: „aber es *wieder* glauben, zeigt [sic] von Philosophie und Nachdenken."[145] Wiederum historisch in unser Jahrhundert verlängert, kann man aus den Worten Senis – ganz im Sinne Adornos – die Schlußfolgerung ziehen, daß, wenn erst einmal die ganze Verstandeskraft eingesetzt wird und die Ratio das Wunder entzaubert hat, man sich der Sternendeuterei getrost entledigen könne. Implizit wird in Halems *Wallenstein* dazu aufgefordert, man möge soviel wie möglich an Vernunft aufbringen, um der „Schwärmerei" den Garaus zu machen.

Das dritte und letzte Argument, das Seni für die Astrologie ins Feld führt, ist schließlich ein Aussagesatz, jedoch keiner, der die Astrologie begründete, sondern diese nur als historische Praxis ausweist: „Es waren große Weise, die da suchten und fanden." (S. 22) Der vage Verweis auf

---

145 Lichtenberg, „Sudelbücher, Heft E, Nr. 52" (1968), S. 353.

Autoritäten muß ein mit dem Verstand begründbares Argument ersetzen. Und so, als sei Seni schließlich der gesamten Beweisführung überdrüssig, womöglich ahnend, daß die drei Anläufe Wallensteins Zweifel ohnehin nicht ausräumen können, bricht er ab und besinnt sich des „eigentlichen" Grundes für sein Kommen: „Doch ich kam izt, Herr General, nicht zu demonstriren, sondern zu sagen, was ich sah: Nicht weniger, als das, worauf wir Jahre lang harrten." (S. 22)

Was liegt mit dieser Dialogsequenz zwischen Wallenstein und Seni vor? Nichts Geringeres als Halems kaum verhohlene Skepsis gegenüber der Astrologie! Wallensteins Zweifel, ja Unglauben, lassen sich als Halems eigene Einstellung zur Astrologie verstehen. Halem antzipiert quasi Adornosche Argumente. Er hält die Astrologie womöglich für nichts anderes als eine „heiße orientalische Schwaermerey", der man – setzt man erst einmal alle Verstandeskraft ein – besser nicht traut. Man soll sich ihr durch eine andere Hitze, die des Feuers, entledigen. Man müßte sich in der Logik des Dramas nicht nur fragen, warum Wallenstein, wenn er denn so skeptisch ist, überhaupt einen Astrologen eingestellt hat, sondern es mag einem genauso merkwürdig vorkommen, daß selbst der Astrologe derart halbherzige, schwache Argumente für seine Arbeit vorzubringen weiß.

Halem führt mit dieser Dialogsequenz seinen Zuschauern/Lesern vor, wie wenig er von dem astrologischen Interesse des historischen Wallenstein hält; der fiktionale distanziert sich vom historischen Wallenstein. Halem unterscheidet sich in dieser Hinsicht nur wenig von den späteren Biographen Leopold von Ranke, Ricarda Huch, Hellmut Diwald und Golo Mann, denen allerdings das 1852 entdeckte Keplersche Horoskop bekannt ist. Die Biographen verfahren – wie anfangs gezeigt – entweder nach dem Erklärungsmodus des Kontextualismus (Mann und Diwald), des Formalismus (Huch) oder des Organizismus (Ranke). Halems Einführung des Astrologen Seni und dessen allzu vorsichtige Verteidigungsstrategie sowie Wallensteins distanzierende Aussagen zur Astrologie können nach Whites Erklärungsmodi für Geschichtsabläufe als eine Mischung aus kontextuellem und mechanistischem Erklärungsmodus aufgefaßt werden. Einerseits führt Halem Wallensteins Liebhaberei der Sternendeutung und den Astrologen Seni ein und erzeugt dadurch eine Kontextualisierung in der Darstellung seines als historisch authentisch ausgegebenen Schauspiels; andererseits folgt das Gespräch

zwischen dem Astrologen und dem General einem mechanistischen Er-
klärungsschema. Nicht das Interesse an der Astrologie wird dargestellt,
sondern die astrologische Tätigkeit als ein Phänomen, dem soweit wie
möglich Rationalitätsglauben untergeschoben wird.[146] Man glaubt, den
Widerhall von Adornos Diktum von der „Metaphysik der dummen Kerle"
zu hören, wenn Halem seinen Protagonisten sprechen läßt: „Mystisch ist
der Sternentanz. Aber der Menschen Geist geht groeßere Irren!" (I.2, S.
20)

Warum, so muß man fragen, wählt Halem trotz seiner Zweifel an und
Distanzierung von der Astrologie, die er seinen Protagonisten allzu offensichtlich äußern läßt, überhaupt den Astrologen Seni als dramatis
persona? Halems in der Vorbemerkung geäußerte Intention liefert die
Antwort: Sein Anspruch, „daß der historische Wallenstein ungefaehr der
gewesen ist, den ich darzustellen versucht habe" (S. 4), verpflichtet ihn,
selbst dann etwas darzustellen, wenn er inhaltliche Zweifel hegt. Der
Anlaß, Wallensteins astrologisches Interesse im Drama einzuführen,
obwohl Halem das Keplersche Horoskop noch nicht kennen konnte und
außer vagen Angaben bei Pufendorf keine genauen Informationen zu Seni
hatte, läßt sich durch das entstehende historische Bewußtsein erklären,
das sich u.a. durch einen historischen Authentizitätswillen dokumentiert.
Die Distanzsetzung zum historischen Gegenstandsbereich, wie sie im
analysierten Dialog offenkundig wird, scheint mir ein Indiz, daß für
Halem das „Nachschlagen in den Geschichtsbüchern" (Lessing) größt-
mögliche Valenz erhält, selbst dann, wenn das dort Vorgefundene ganz
im Gegensatz zu seinen eigenen Ansichten steht.

Nun ließe sich einwenden, daß in Halems Drama der Astrologe Seni
allein schon deshalb eingeführt werde, weil er in der Tektonik des
Dramas die vom Zuschauer erwartete Spannung steigere. Gegen dieses
Argument spricht allerdings, daß Halem in seinem Wallenstein-Drama
weder die Ausprägung starker Charaktere (insbesondere des Prot-
agonisten) verfolgt, noch eine im Schillerschen Sinne tragische Fabel in
Gang setzt, die darauf abzielt – nach den Worten Goethes – alles
Politisch-Historische zugunsten des Allgemeinmenschlichen zu trans-

---

146 „He [= the Mechanist] considers individual entities to be less important as evidence
than the classes of phenomena to which they can be shown to belong; but these
classes in turn are less important to him than the laws their regularities are presumed
to manifest." White, Metahistory (1973), S. 17.

zendieren.[147] Halems Drama intendiert mit seinen breit angelegten politischen Dialogen zwischen dem Kaiser und seinen Beratern (I.1, III.1 u. III.2) vor allem die Entlastung von der Verratsthese. Insofern übernimmt der Astrologe Seni, und auch Wallensteins Sternenglaube, nur eine sehr untergeordnete Rolle innerhalb des Dramas.[148] Dieses Argument wird auch nicht durch die letzte Szene entkräftet, in der Seni dreimal bedeutungsvoll den Namen seines Auftraggebers nennt, der auch im Moment des bevorstehenden Mordes als „grauhaariger Betrüger" (V.3, S. 126) erneut genannt wird, dabei aber nicht mehr als eine retardierende Funktion im Spannungsaufbau zu übernehmen hat. Halem verwendet Wallensteins Kenntnisse der Astronomie nicht etwa, um ein Motivgeflecht zu knüpfen; zu Beginn des letzten Aktes beispielsweise spricht Wallenstein in Natur- und nicht in Sternmetaphern, was seinem Text ein höheres Maß an poetischer Dichte hätte verleihen können: „Ich sehe Tepla, wie der Wogen bekaempfte Schiffer ein glueckliches Eiland sieht, an das er nicht landen kann." (V.1, S. 109) Weder der Aufbau des Dramas und erst recht nicht Halems für seine Zeit typische Denunzierung der Astrologie hätten die Figur Senis zwingend gemacht. Vielmehr scheint mir der von Foucault und Koselleck genannte Paradigmenwechsel als Erklärung plausibel. Das neuartige historische Authentizitätsgebot bedingt, daß Aussagen zur Astrologie gemacht werden, die jedoch im Dialog, dem Rationalitätsgebot der Zeit Folge leistend, so gut es geht bestritten werden. Der Wille zur historischen Wahrheit rangiert vor dem Willen zur rationalen Wahrheit.

Schiller schreibt an seinen Freund Christian Gottfried Körner im März 1797, nachdem er sich nach dem geplanten Kauf einer Gitarre erkundigt hat und bevor er das Zahnen seines Sohnes Ernst erwähnt: „Weißt Du keine Astrologische [sic] Bücher? Ich bin hier schlecht versehen. Da Du der Astrologie in alten Zeiten so nah gekommen bist, so solltest Du billig soviel davon wißen um einem guten Freunde damit aushelfen zu können."[149] Diese Zeilen liefern einen weiteren Nachweis, daß astrologisches Wissen gegen Ende des 18. Jahrhunderts nur peripher anzutreffen war. Die Astrologie wurde als etwas historisch Überholtes

---

147 Goethe an Schiller, 18. 3. 1799. *Schillers Werke*, NA, Bd. 38.1, S. 54.
148 Seni tritt insgesamt nur dreimal auf.
149 Schiller an Körner, 9. 3. 1797. *Schillers Werke*, NA, Bd. 29, S. 54f.

eingestuft. Wenn auch Schiller hier nur beiläufig im Rahmen seiner Arbeiten und Studien zum Wallenstein-Drama nach Büchern zur Astrologie fragt, so sah er sich doch offen-kundig veranlaßt, der Astrologie nachzugehen, da ihm bekannt war, daß der Titelheld seines Dramas lebhaftes Interesse daran gezeigt hatte.

Ein Jahr zuvor hatte Schiller abermals ein intensives Quellenstudium begonnen,[150] nachdem er bereits fünf Jahre vorher die *Geschichte des Dreißigjährigen Krieges* als eine Art Fronarbeit absolviert und sodann finanziell erfolgreich im *Historischen Calender für Damen* publiziert hatte. Aber erst im Oktober 1798, also gut anderthalb Jahre nach der zitierten Briefstelle, sollte der erste Teil des Dramas, *Wallensteins Lager*, zusammen mit Kotzebues *Die Corsen* als „Vorspiel" das renovierte Weimarer Hoftheater wiedereröffnen. Einhergehend mit der Quellenlektüre setzte sich Schiller immer wieder mit dem Problem auseinander, daß die „Trockenheit" des Stoffes einer besonderen „poetischen Liberalität" bedürfe.[151] Als Resultat dieser während der historischen Studien geführten poetologischen Überlegungen entschied Schiller sich – nicht zuletzt aufgrund seiner Aristoteles-Lektüre –, die Prosa- durch eine Jambenfassung zu ersetzen, die ihm erlaubte, das Drama eine Tragödie zu nennen.[152] Er wurde jedoch schon bald gewahr, wie sehr das Drama dadurch „ins Breite treibe."[153]

Mit der Jambenfassung entschied sich Schiller gegen die ungebundene, „natürliche", prosaische Rede, die sich zuungunsten des als unnatürlich empfundenen französischen Theaters seit den 70er Jahren auf dem deutschsprachigen Theater durchgesetzt hatte. Schiller verlangte damit nicht nur den Schauspielern eine ungewöhnliche Leistung ab, sondern erwartete auch vom Publikum ein hohes Maß an Offenheit für sein „dramatisches Gedicht". Während die Träger einer ästhetisch avancierten Theaterkritik den innovativen Sonderstatus der Schillerschen Werke allgemein, und den des *Wallenstein* im besonderen, anerkannten, folgte das bürgerliche Publikum diesem Urteil nicht.[154] Zwar galt Schiller

---

150 Schiller an Goethe, 13. 11. 1796. *Schillers Werke*, NA, Bd. 29, S. 5.
151 Schiller an Goethe, 2. 10. 1797. Ebd., S. 140f.
152 Schiller an Körner, 20. 11. 1797. Ebd., S. 158.
153 Schiller an Goethe, 1. 12. 1797. Ebd., S. 162.
154 Vgl. Fischer-Lichte, *Kurze Geschichte des deutschen Theaters* (1993), S. 106. Zu derselben Einschätzung kommt auch Biener: „Die Urteile der Kritik haben keines-

bei seinem Tode als Klassiker, dennoch wurde er von seinen Zuschauern regelmäßig kritisiert.[155] Beim Wallenstein-Drama wurden sowohl die Länge des Werkes als auch dessen Jambenform als theateruntauglich kritisiert. Es verwundert daher nicht weiter, daß es schon bald mehrere Bühnenfassungen des Dramas gab, unter anderem eine Fassung von Schiller selbst, die er für das Hamburger Theater knapp zwei Jahre nach der Buchveröffentlichung des Werkes fertiggestellt hatte.[156]

Wenn hier nach der Funktion der Astrologie im Drama gefragt wird, dann nicht, um Borchmeyers These anzuzweifeln, die lautet:

> Denn wie wir sehen werden, sind mit den Planeten immer auch die antiken Götter gemeint: die Astrologie vermischt ständig die astronomische Beobachtung mit der mythologischen Überlieferung. Aufgrund eben dieser

---

wegs immer die Reaktion der Mehrheit des Publikums artikuliert. Vielmehr tat sich mancherorts eine tiefe Kluft zwischen Literaturkritik und breitem Publikum auf." Maria Elisabeth Biener, *Die kritische Reaktion auf Schillers Dramen zu Lebzeiten des Autors* (1974), S. VIII.

155 Ebd., S. XII. Auch bezüglich des Wallenstein-Dramas gilt, daß sich positive wie negative Kritik die Waage hielten. Vgl. ebd., S. 186ff. Vor allem Steffens Autobiographie von 1841, in der ausführlich über die erste Weimarer Aufführung der *Piccolomini* berichtet wird, nimmt in ihrer Ambivalenz repräsentativen Charakter an. Er erwähnt die verhaltene Reaktion des steifen Honoratiorenpublikums, die im Kontrast stand zu Schillers eigener Begeisterung. Weiter kritisiert Steffen die alles in allem mittelmäßigen Schauspielerleistungen, beschreibt Goethes Lob lediglich als verhalten und meint abschließend, daß „man keine große Neigung [hatte], Schiller sehr günstig zu beurtheilen." Diese Einschätzung stimmt mit dem Brief Falks an Morgenstern vom 9. 1. 1800 überein. In Bezug auf *Piccolomini* und *Wallensteins Tod* heißt es: „Die Zuschauer haben bei der zweiten Vorstellung reihenweise geschlafen." Beide zitiert nach *Sammlung Oscar Fambach*.

156 Vgl. Karl S. Guthke, „Die Hamburger Bühnenfassung des *Wallenstein*", in: *Jahrbuch der Deutschen Schillergesellschaft* 2 (1958), S. S. 68-82; ders., „Der Parteien Gunst und Haß in Hamburg: Schillers Bühnenfassung des Wallenstein", in: *Zeitschrift für deutsche Philologie* 102.2 (1983), S. 181-200. Guthke revidiert im zweiten Aufsatz seine These von 1958, daß Schiller in der Bühnenfassung von 1802 eine andere Auffassung Wallensteins als in der Buchveröffentlichung von 1800 vertreten habe. Nach seiner neuerlichen Lektüre des Dramentextes kommt Guthke hinsichtlich von Schillers Wallenstein-Bild zu dem Schluß: „Wie [der Ur-Wallenstein] enthält auch der Hamburger Text ‚idealistische' und ‚realistische' Züge. Nur sind die Gewichte anders verteilt als 1800: die Waagschale senkt sich der ‚realistischen' Seite zu." Ebd., S. 191.

Mischung – als ‚verstirnter' Mythos – kann sie zum Symbolträger im theatralischen Kosmos Schillers werden.[157]

Borchmeyer, wie auch anderen Interpreten des Dramas, geht es bei der Auslegung des astrologischen Motivs letztlich um die Sicherung der von Schiller intendierten „poetischen Dignität" des „astrologischen Stoffes" innerhalb des Dramentextes.[158]

Doch nicht die poetologische Funktion der Astrologie im Drama, die dem Text ein höheres Maß an Kohärenz verleiht als beispielsweise dem Dramentext Halems, ist hier weiter von Belang, sondern die ebenfalls von Borchmeyer hervorgehobene Tatsache, daß Schillers Studien ihn zu einem Kenner des astrologischen Diskurses des 15. und 16. Jahrhunderts machten.[159] Diese astrologischen Detailkenntnisse Schillers sind nicht zuletzt deshalb in der Forschung bisher übergangen worden, weil sie bei der Fixierung auf eine Textinterpretation als zu vernachlässigende Größe eingestuft werden mußten. Solange man das Drama ausschließlich als einen in sich geschlossenen Text behandelt, muß man weder die Intensität des historischen Quellenstudiums wirklich ernst nehmen noch andere in das Stück einfließende Diskurse, wie die des Historischen oder des Theaters, berücksichtigen.

Wie reagierte Körner auf die Bitte seines Freundes? Bevor er recht ausführliche bibliographische Hinweise gibt, korrigiert er einleitend Schillers Annahme, daß er sich in der Astrologie auskenne: „Wenn Du von der Alchymie oder Theosophie Notizen haben wolltest, könnte ich Dir besser dienen, als mit Astrologie, die ich niemals getrieben habe."[160] Nicht nur Schiller war also mit der Astrologie zunächst nicht vertraut, auch sein belesener Freund Körner gesteht diesbezüglich Unkenntnis ein, wobei er, anders als viele seiner Zeitgenossen, die Astrologie nicht der Einfachheit halber in einen Topf wirft mit anderen „irrationalen"

---

157 Borchmeyer, *Macht und Melancholie* (1988), S. 27.
158 Schiller an Goethe, 7. 4. 1797. Schillers Werke, NA, Bd. 29, S. 58. Vgl. Dennis F. Mahoney, „The Thematic Significance of Astrology in Schiller's *Wallenstein*", in: *Journal of Evolutionary Psychology* 10.3-4 (1989). Mahoney interpretiert das astrologische Motiv, wie es bei Wallenstein und Max anzutreffen ist, als Ausdruck der Sehnsucht nach Frieden und Harmonie. Ebd., S. 390.
159 Vgl. Borchmeyer, ebd., S. 32.
160 Körner an Schiller. 14. 3. 1797. *Schillers Werke*. NA. Bd. 36.1. S. 451.

wissenschaftlichen Diskursen wie beispielsweise der Theosophie oder Alchemie.

Körner beschränkt sich sodann nicht nur auf die rein biblio-graphischen Angaben seiner Nachforschungen, sondern gibt kurze Hinweise und Kommentare zu den genannten Werken. Auf dem Hinter-grund der anfangs in diesem Kapitel gemachten Ausführungen kann es nicht überraschen, wenn in Körners Brief ein insgesamt hilfsbereiter, aber bezüglich der Astrologie distanzierter Ton vorherrscht. So weist er anfangs auf das Buch *Universa Astrologia naturalis variis experimentis comprobata p. autore Antonio Francisco de Bonattis* aus dem Jahre 1687 hin, welches er nur aus einer Rezension kenne, da die Bibliothek in Dresden es nicht besitze. Diese Rezension faßt er sodann für Schiller wie folgt zusammen:

> Er [= de Bonatti] eifert gegen die Ausartungen der Astrologie durch die Träume der Araber [...]. Es gebe allgemeine Einflüße auf das Schicksal ganzer Völker – durch diese werde bey Fürsten, Staatsmännern, Feldherrn oft der besondre Einfluß modificirt. – Was man aus den zufälligen Benennungen der Sternbilder oder aus gewissen Traditionen von der Wirkung der Planeten folgere, gehöre den Arabischen Träumen.[161]

Eine höchst widersprüchliche Aussage, die Schiller da aus dritter Hand mitgeteilt wird. Einerseits distanziert sich angeblich de Bonatti – wie im übrigen auch Kepler selbst[162] – von dem unbedingten Einfluß der Planeten auf die Menschen, andererseits wird aber gleichzeitig genau das beteuert. Selbst in einem Werk wie Bonattis trifft man demnach auf jenes Denken, das der Wallenstein Halems uns nahelegt: „Es sind heiße orien-talische Schwaermereyen womit wir uns beschaeftigen."[163] Das, was nicht sein soll, wird aber dennoch gleichzeitig behauptet.

Des weiteren teilt Körner die Bücher zur Astrologie ein in solche, die sie verteidigen, und solche, „die gegen die Astrologie geschrieben" sind.[164] Schließlich referiert Körner in einem weitgehend sachlichen Ton

---

161 Körner an Schiller, 14. 3. 1797. *Schillers Werke*, NA, Bd. 36.1, S. 451f.
162 Vgl. Diwald, *Wallenstein* (1969), S. 50.
163 Halem, *Wallenstein* (1786), S. 21.
164 „Matthias Corvinus und Ludovicus Sforza hielten viel auf Astrologie. – Pico von Mirandola (Opp. Norembergae 1504f.) schrieb 12 Bücher wider die Astrologie. – Cardanu vertheydigte sie. [...] In Gerhardi Joannis Vossii ,Tractatus de scientis

aus einer *Anleitung zu den curiösen Wissenschaften, nehmlich der Physiognomia* von 1718 über das Verfahren der Astrologie selbst. Körner schließt sein Kurzreferat wie folgt mit einer nüchternen Kritik zur Astrologie ab: „Das Willkührliche ist in diesem Fache beliebt, weil es die Spur eines übermenschlichen Ursprungs zu tragen scheint. Doch sieht man wohl, daß manches aus der Mythologie, Chymie, Zahlenlehre und dergl. entlehnt ist."[165] Ähnlich wie Vickers in seiner Kritik an der Astrologie erhebt auch Körner hier den Vorwurf, daß die Astrologie unterschiedliche Klassifikationssysteme vermische: sie unternehme physikalische Beobachtungen, schreibe ihnen menschlich-mythologische Eigenschaften zu, um sie sodann wiederum auf den Menschen selbst zu beziehen. Körners Hilfestellung in Sachen Astrologie ist trotz seiner verhaltenen Kritik alles in allem sachlich gehalten.

Was Schiller von den in Körners Brief aufgelisteten astrologischen Werken dann tatsächlich zur Kenntnis genommen hat, ist nicht nachweisbar. Wir erfahren in dem Antwortbrief Schillers an seinen Freund vom 7. 4. 1797 lediglich: „Für Deine astrologischen Mittheilungen danke ich Dir sehr, sie sind mir wohl zu statten gekommen."[166] Schiller fährt fort:

> Ich habe unterdeßen einige tolle Produkte aus diesem Fache vom 16ten Seculum in die Hand bekommen, die mich wirklich belustigen. Unter andern ein lateinisch Gespräch aus dem Hebräischen übersetzt zwischen einer Sophia und einem Philo über Liebe, worinn die halbe Mythologie in Verbindung mit der Astrologie vorgetragen wird. Man vergleicht darin die 7 Planeten mit den sieben Eingeweiden, und der Merkur wird sehr sinnreich mit dem Penis, und seine Bewegungen mit den Erectionen verglichen. Auch wird eine Analogie zwischen der Zunge und dem Penis wunderbar ausgeführt.[167]

---

mathematicis' c.38. ist gegen die Astrologie geschrieben." Körner an Schiller, 14. 3. 1797. *Schillers Werke*, NA, Bd. 36.1, S. 452. Giovanni Pico della Mirandola ist der bereits erwähnte einfluß-reiche Renaissancegelehrte, der mit seinen *Disputationes adversus astrologiam divinatricem* (1496) den Diskurs gegen die Astrologie nachhaltig beeinflußt hat. Vgl. Vickers, „Kritische Reaktionen auf die okkulten Wissenschaften in der Renaissance" (1988), S. 169ff.

165 Körner an Schiller, 14. 3. 1797. Ebd., S. 453.
166 Schiller an Körner, 7. 4. 1797. Ebd., Bd. 29, S. 60.
167 Ebd.

Auch bei Schiller begegnen wir der allgemeinen Ablehnung astrologischer Schriften, die als „tolle Producte aus diesem Fache" verspottet werden. Welche Bücher sich Schiller aus der Jenaer Bibliothek entlieh, ist jedoch bis auf das eine, von ihm im übrigen falsch identifizierte Werk,[168] nicht verifizierbar. Bei dem Titel, dessen Verrücktheit Schiller ganz besonders anzieht und aus dem er seinem Freund einen kurzen Auszug mitliefert, handelt es sich um die lateinische Übersetzung von Leone Ebreos *Dialoghi d'amore* (1587), die im 16. Jahrhundert mehrfach aufgelegt und übersetzt wurden.[169] In diesen drei Dialogen, die in dem Postulat der mystischen Vereinigung mit Gott gipfeln, unterhalten sich Philo und Sophia über die Liebe. Diese Quelle hat die positivistische Forschung des 19. Jahrhunderts wegen des hohen Maßes sexueller Tabuisierungen nicht zufällig übergangen.[170] Während Frithjof Stock, der auf den Quellenbezug erstmals nachdrücklich hingewiesen hat, behauptet, daß Schiller im *Wallenstein* „von den *Dialoghi* keinen Gebrauch gemacht"[171] habe, vertritt Borchmeyer auf überzeugende Weise die Position, daß Leones *Dialoghi*-Text nicht nur als Hauptquelle für Schillers astrologische Kenntnisse diente, sondern auch sehr wohl Eingang in das Drama fand.[172] Die Frage, die sich bei Schillers Werk ganz besonders stellt, ist, in *welches* seiner Wallenstein-Dramen. Denn von Anfang an ist Schillers Wallenstein-Drama eher eine fixe Idee (des Autors und der Literaturwissenschaft), denn ein fixierter Text für die Bühne. Für Berlin mußte ebenso ein Bühnenmanuskript erstellt werden, wie für Hamburg (1801) oder Breslau (1802), Mannheim (1802) und

---

168 „Wegen Leones Beinamen Hebraeus nahm Schiller an, daß es sich hier um eine Übertragung aus dem Hebräischen handle." Borchmeyer, *Macht und Melancholie* (1988), S. 55. Vgl. auch den Kommentar in: *Schillers Werke*, NA, Bd. 29, S. 380.

169 Frithjof Stock hat erstmals auf diese Quelle aufmerksam gemacht, auf die Schiller eher zufällig in der Jenaer Bibliothek gestoßen war. Vgl. Stock, „Schillers Lektüre der Dialoghi d'amore von Leone Ebreo", in: *Zeitschrift für deutsche Philologie* 96.4 (1977), S. 539-550; sowie Stock in: *Schillers Werke*, ebd. S. 380f.

170 Vgl. Stock, ebd., S. 548. Borchmeyers Kommentar hierzu: „In der Erstausgabe des Briefwechsels zwischen Schiller und Körner (1847) wurde die zitierte Briefpassage [...] unterdrückt. Noch in der Edition von Karl Goedeke (1874) ist sie unterschlagen." Borchmeyer, ebd., S. 56. Hingegen findet sich der vollständige Wortlaut des Briefes in der Ausgabe von Jonas. *Schillers Briefe. Kritische Gesamtausgabe*, hg. v. Fritz Jonas [1892-1896], Bd. 5, S. 171-173.

171 Stock, ebd., S. 548.

172 Borchmeyer, ebd., S. 55.

schließlich Wien (1814) usw. Das Wallenstein-Drama Schillers ist der
beste Beweis dafür, daß der Text für die Bühne keine stabile Größe ist,
sondern von dem Aushandeln unterschiedlicher Interessen abhängt, wie
der Zensur, Publikumsinteressen, Schauspieler, des konventionalisierten
Normensystems usw. Deshalb kann Borchmeyer auch behaupten:
„Sonderbarerweise hat Stock übersehen, daß sogar eine Stelle aus den
von ihm mitgeteilten Leone-Exzerpten Schillers unmittelbar in den
Wallenstein eingegangen ist, allerdings nicht mehr in die Druckfas-
sung."[173] Stocks Kurzschluß ist jedoch alles andere als „sonderbar"; er ist
typisch für die Praxis der Literaturwissenschaft, das Drama als einen
gedruckten Text anzusehen. Die Literaturwissenschaft, die auf den
Dramentext in Buchform fixiert ist, muß sich gerade mit dem Wallenstein-Drama so schwer tun, weil die Theaterpraxis zum Anlaß und zur
Bedingung der verschiedenen Versionen wurde.

Als Schiller am selben Tag wie an Körner einen Brief an Goethe
verfaßt, legt er folgende Textpassage bei: „Sol est cor ipsius coeli, – /
Luna cerebrum existit coeleste." Diese Stelle ist dann, wie Borchmeyer
hervorhebt, in das spätere Manuskript und den heutigen Druck eingegangen:

> Die Sonne ist das Herz des Himmels, – / der Mond ist das himmlische
> Gestirn, – / Saturn ist des Himmels Milz, / Mars hat am Himmel den Platz
> der Galle und Nieren: – / Venus könnte man nicht ohne Grund des Himmels
> Hoden nennen: Merkur kann zurecht das männliche Glied des Himmels
> genannt werden, bald geht er vorwärts, bald zurück [...].[174]

Borchmeyer führt dann im einzelnen aus, daß Schiller vor allem auf den
zweiten der drei Dialoge Leones zurückgegriffen haben müsse. In diesem
Dialog werden die Planetenkonstellationen und ihre Einflüsse auf den
Menschen dargestellt und sowohl mit der griechisch-römischen Mythologie als auch mit dem menschlichem Körper in Analogie gebracht. Diese
Analogien sind es auch, die Schiller in seinem Brief an Körner als so
verrückt bezeichnet, da sie dem rational-empirischen Verständnis des 18.
Jahrhunderts so wenig standzuhalten vermögen. Vor allem die bei Leone
ausgeführte Jupiter- und Saturn-Symbolik hat nach Borchmeyers

---

173 Borchmeyer, *Macht und Melancholie* (1988), S. 57.
174 Vgl. *Schillers Werke*, NA, Bd. 29, S. 381f.

Einschätzung den Charakter von Schillers Wallenstein als Melancholiker, als „Saturniker wider Willen",[175] ganz maßgeblich beeinflußt.[176]

Wie sehr Schillers Bekanntschaft „mit einigen kabbalistischen und astrologischen Werken"[177] aus dem 16. Jahrhundert auch maßgeblich zur Charakterisierung der Hauptprotagonisten beigetragen hat, zeigt u.a. die folgende, später gestrichene Stelle aus *Wallensteins Tod*:

> *Seni (ist inzwischen herabgekommen)*: In einem Eckhaus, Hoheit! Das bedenke! / Das jeden Segen doppelt kräftig macht. /*Wallenstein*: Und Mond und Sonne im gesechsten Schein, / Das milde mit dem heftgen Licht. So lieb ichs. / Sol ist das Herz, Luna das Hirn des Himmels, / Kühn seis bedacht und feurig seis vollführt.[178]

Diese Stelle, die nochmals den unmittelbaren Bezug zu Leones *Dialoghi* offensichtlich werden läßt, wurde wohl deshalb gestrichen, weil sie ein hohes Maß an astrologischen *termini technici* benutzt und daher dem Publikum/Leser zuviel von einer unbekannten Thematik zumutete.

Schließt man sich der Interpretation Borchmeyers an und sieht einen melancholischen Wallenstein, der als grübelnder, introvertierter Mensch unter dem Stern des Saturn steht und herrscht,[179] so läßt sich zweierlei folgern: Schiller hat sich, obwohl er sich in Briefen an Goethe und Körner von ihr distanzierte, in einem umfangreicheren Maße Kenntnisse der Astrologie angeeignet, als die bisherige Forschung es wahrhaben wollte. Doch läßt sich dieser Aneignungsprozeß nicht *ausschließlich* damit erklären, daß Schiller intendierte, „diesem astrologischen Stoff eine poetische Dignität zu geben."[180]

Dabei ist die unleugbare Poetisierung des astrologischen Stoffes nicht allein eine Eigenart Schillers, sondern entspricht dem schriftstellerischen Aneignungsprozeß, wie er auch bei späteren Wallenstein-Biographen wie Ranke, Huch und Mann zu beobachten ist. Genau wie Schiller mit dem

---

175 Borchmeyer, *Macht und Melancholie* (1988), S. 63.
176 „Von wesentlicher Bedeutung sind jedoch für Schiller ohne Zweifel die mythologischen, astrologischen und humoralpathologischen Variationen des Saturn-Mythos bei Leone gewesen [...]." Ebd., S. 59.
177 Schiller an Goethe, 7. 4. 1797. *Schillers Werke*, NA, Bd. 29, S. 58.
178 Ebd., Bd. 8, S. 442.
179 Vgl. P II. 6, 958-997 und WT I.1, 1-35 und den nach Goethe sogenannten Achsenmonolog WT I.4, 138-222.
180 Schiller an Goethe. 7. 4. 1797. Ebd.

astrologischen Motiv so verfährt, wie es der Tektonik seines Dramas entspricht, ebenso freizügig behandelt beispielsweise Ranke in seiner Biographie Wallensteins astrologisches Interesse. Während die Historiker aufgrund des in ihrer Wissenschaftsdisziplin entwickelten Objektivitätsanspruchs Keplers 1852 entdecktes Wallenstein-Horoskop nicht übergehen *konnten*, wählte Schiller den Rückgriff in einen historisch abgelegenen Diskurs, um sich größere poetische Freiräume zu eröffnen und u.a. dem Protagonisten einen saturnisch-melancholischen Charakter zu verleihen. Doch auch bei Schiller war der historische Rückgriff mehr als nur ein poetisches Verfahren. Denn sein Quellenstudium läßt sich auch als Beleg des sich ändernden historischen Diskurses angeben, in dem die Verpflichtung auf historische Authentizität ein wichtiges Kriterium bildete. Die Historiker des 19. und 20. Jahrhunderts mußten sich aufgrund des historischen Wahrheitsgebots auf Wallensteins Horoskope einlassen, doch Dramatiker wie Halem und Schiller gehörten zu den ersten, die sich verpflichtet fühlten, die Geschichtsbücher nicht einfach zu ignorieren.

Rund eineinhalb Jahre nach den hier angeführten Briefen, zu einer Zeit, in der Schiller mehr als einmal über die Arbeit an dieser immer weiter wachsenden Trilogie stöhnte,[181] schrieb Schiller erneut in Bezug auf das astrologische Motiv an Goethe und Iffland. Schiller wollte Goethes Meinung erfahren, ob das in der heutigen Buchfassung am Anfang von *Wallensteins Tod* gezeigte astrologische Zimmer ausgelassen werden könne oder nicht. Weiter heißt es dann:

> Ich wünschte nun zu wißen, ob Sie dafür halten, daß mein Zweck, der dahin geht, dem Wallenstein durch das Wunderbare einen augenblicklichen Schwung zu geben, auf dem Weg den ich gewählt habe, wirklich erreicht wird, und ob also die Fratze, die ich gebraucht [= die Astrologie], einen gewißen tragischen Gehalt hat, und nicht bloß als lächerlich auffällt. Der Fall ist sehr schwer, und man mag es angreifen wie man will, so wird die Mischung des Thörigten und abgeschmackten [sic] mit dem Ernsthaften und Verständigen immer anstößig bleiben. Auf der andern Seite durfte ich mich von dem Character des Astrologischen nicht entfernen, und *mußte* dem Geist des Zeitalters nahe bleiben [Schillers Hervorhebung!], dem das gewählte Motiv sehr entspricht.[182]

---

181 Schiller an Körner, 15. 6. 1798. *Schillers Werke*, NA, Bd. 29, S. 242.
182 Schiller an Goethe. 4. 12. 1798. *Schillers Werke*. NA. Bd. 30. S. 9.

Während Halem seine Zweifel und das „Abgeschmackte aber Ernsthafte" an der Astrologie innerhalb des Dramas durch die Figuren laut werden läßt, sich aber dennoch verpflichtet fühlt, Seni als *dramatis persona* auftreten zu lassen, wird bei Schiller dieser Balanceakt zwischen Fiktion und Authentizitätsgebot vorab verhandelt, wodurch dem Werk „durch das Wunderbare ein [...] augenblicklicher Schwung" gegeben, d.h. ihm mehr Illusionskraft und innere Geschlossenheit verliehen werden kann. Schiller lebte in einem gewissen Konflikt gegenüber seinem Gegenstand, ohne ihn aber in das Werk hineinzutragen. Vielmehr ist er ganz darum bemüht, die Astrologie so überzeugend wie möglich in sein Werk zu integrieren: „Aber dieß [= das astrologische Zimmer] ist ohne dramatisches Interesse, ist trocken und leer und noch dazu wegen der technischen Ausdrücke dunkel für den Zuschauer. Es macht auf die Einbildungskraft keine Wirkung und würde immer nur eine lächerliche Fratze bleiben."[183] Erst in dem Moment, wo Schiller glaubte, daß es für eine poetische Operation tauglich sei, daß es zur tragischen Spannung beitrage, erst in dem Moment treffen wir Seni am Anfang von *Wallensteins Tod* (WT I.1, 1-37). Seine Funktion ist es, tragische Ironie hervorzuheben, ohne daß die Astrologie selbst vom Zuschauer als „fratzenhaft", d.h. lächerlich aufgefaßt wird.

Schillers und Halems Einstellung gegenüber der astrologischen Problematik ist dieselbe. Bei beiden gewinnt die unbedingte Verpflichtung auf „den Geist des Zeitalters" die Oberhand über einen Gegenstand, der als „thörigt" angesehen wird. Sonderbar ist, daß in der ganzen Forschungsdebatte um Schillers literarische Freiheiten, in denen er die poetische gegenüber der historischen Wahrheit behauptet, eine Briefstelle wie diese übergangen wird. Schillers Postulat, er dürfe sich „von dem Character des Astrologischen nicht entfernen, und *mußte* dem Geist des Zeitalters nahe bleiben", bekommt einen besonderen Aussagewert, wenn die in meiner Untersuchung ausgeführte Perspektive entwickelt wird. Schillers „mußte" wird zu einem sicheren Indiz, daß er sich mehr als einem Diskurs verpflichtet fühlte und jenseits seines poetischen Talentes an einem Diskurs partizipierte, der ein neues Verhältnis gegenüber der Geschichte artikulierte. Diese Verpflichtung gegenüber der Geschichte

---

183 Schiller an Goethe. 4. 12. 1798. *Schillers Werke*. NA. Bd. 30. S. 8.

wurde dabei ebenso ernst genommen, wie die Haltung gegenüber der Astrologie distanziert blieb.

Einige Monate später schrieb Schiller an Iffland in Berlin: „Ich brauche zu dieser astrologischen Fratze noch einige Bücher, die ich erst übermorgen erhalte, und zugleich muß ich wegen Decorirung und Architectur des astrologischen Thurmes mit Göthen noch Rücksprache nehmen, wegen der theatralischen Ausführbarkeit.“[184] Obwohl es für Schiller auch jetzt noch um nicht mehr als „eine astrologische Fratze“ geht und obwohl er sich schon eineinhalb Jahre zuvor astrologische Sachkenntnisse angeeignet hatte, möchte er astrologische Fachbücher hinzuziehen. Die Tatsache, daß Schiller über einen längeren Zeitraum an die Astrologie gedacht hat, widerspricht im übrigen der gängigen Einschätzung, daß die astrologische Problematik im Drama eine „relativ späte, zumal dem Einfluß Goethes zu verdankende“ Zutat sei.[185] Die abermals benutzte Formulierung „astrologische Fratze“ verrät dieselbe ambivalente Grundhaltung wie bei den Wallenstein-Biographen und in Halems Drama. Die eingehende Lektüre hat Schiller also nicht von seiner anfänglichen Skepsis abbringen können. Umso mehr läßt sich daher konstatieren, daß Schiller sich trotz poetischer Freiheit und trotz seiner Bemühungen um eine moderne Tragödienform in einen Diskurs des Historischen verwickelt sah, von dem er sich nicht so einfach lösen konnte, wie es noch dreißig Jahre vorher für Lessing der Fall war, als dieser Dramatikern riet, Geschichtsbücher so gut es gehe zu ignorieren. Schließlich aber zeigt diese Briefstelle auch, wie sehr Schiller sein Drama auf Bühnenwirkung hin anlegte.

Schiller partizpierte demnach an mehreren Diskursen: Zum einen intendierte und realisierte er eine Renaissance poetisch-ästhetischer Maximalforderungen (u.a. ablesbar an der Jambenfassung), wodurch er zum anderen bühnenpraktische Anforderungen ignorieren mußte (Länge des Dramas). Schließlich glaubte er als gestandener Historiograph, nicht der historisch-authentischen Geschichtsvorstellung („dem Geist des Zeitalters“) ausweichen zu können. Dieses drei Diskurse – poetischer, theaterpraktischer und historischer Diskurs – bildeten ein Amalgam, das

---

184 Schiller an Iffland, 24. 12. 1798. *Schillers Werke*, NA, Bd. 30, S. 16f.
185 Borchmeyer, *Macht und Melancholie* (1988), S. 16. Borchmeyer selbst distanziert sich von dieser in der Forschung bisher eingenommenen Haltung.

vor allem an der Rezeption von Schillers Bühnenwerk sichtbar wird, die abschließend kurz skizziert sei.

Johann Falks Bericht nimmt dabei paradigmatischen Charakter an. Er schrieb an Morgenstern über *Wallensteins Lager*:

> Das Ganze ist eine Einleitung zum Wallenstein und in oft ziemlich drolligen Knittelversen abgefaßt. Ueber 48 Personen sind in Thätigkeit. Für das Gesicht ist das Tableau ganz artig. Das alterthümliche Kostüm (Schiller und Goethe hatten hier zum Glück noch einige Uniformen von schwedischen Dragonern aufgefischt, die hier im dreißigjährigen Kriege vor Weimar erschossen wurden), die brennenden Wachtfeuer, die Soldatenknaben [...]. Der Zweck soll sein, den Zuschauer vorläufig mit den Sitten des Wallensteinischen Kriegsheeres bekannt zu machen: allein auf diese Art, wie Schiller es angefangen hat, könnte man noch statt 2 Stunden 2 Monate, ja zwei Jahre fortspielen [...].[186]

Die süffisante bis spöttische Kritik Falks über so viel, lies: zuviel Realismus auf der Bühne lenkt die Aufmerksamkeit darauf, daß Schiller und mit ihm der Theaterleiter Goethe trotz einer idealistischen Tragödienform ein dem Zeitcharakter möglichst getreues Stück auf die Bühne bringen wollten. Es wurde vor allem als ein lebendiges kulturhistorisches Dokument aufgefaßt („mit den Sitten des Wallensteinischen Kriegsheeres bekannt zu machen"). Die klassisch-idealistische Kunstform schien Hand in Hand zu gehen mit einem seit den 70er Jahren sich durchsetzenden Realismus auf der Bühne. Offensichtlich konnte man auch *Die Piccolomini* als ein historisches Drama ansehen und gleichzeitig die idealistische Sprachform Schillers bewundern. Karoline Herder schrieb über die Aufführung in Weimar: „Die Piccolomini sind am 30. Januar mit großem Beifall aufgeführt worden. Die superben Kleidungen (Alles in Atlas) der damaligen Zeit haben dem historischen Stück einen einzigen

---

186 Joh. Dan. Falk an Morgenstern, 7. 11. 1798. Zitiert nach *Sammlung Oscar Fambach*. Erst relativ spät scheint sich Schiller tatsächlich dieses Aspektes und der damit verbundenen Probleme für die Aufführung bewußt geworden zu sein. „Ich habe [...] dieser Tage zum erstenmal das Stück [= *Die Piccolomini*] ganz hintereinander vorgelesen und gefunden, daß vier Stunden nicht zu der Repräsentation hinreichen werden. Im Schrecken über diese Entdeckung habe ich mich gleich hingesetzt und die mögliche Abkürzungen damit vorgenommen [...]." Schiller an Iffland, 31. 12. 1798. *Schillers Werke*, NA, Bd. 30, S. 20. Damit begann Schiller selbst die Geschichte der Kürzungen des Wallenstein-Dramas.

und seltsamen Glanz gegeben; und die schönen, erhabenen Worte des Dichters!"[187] Der tragisch-hohe Ton des Dramas schien der Neuheit eines als historisch-realistisch aufgefaßten Dramas nicht im Wege zu stehen.

Der Einzug des Historischen auf dem Theater und das bisher Gesagte seien abschließend anhand zweier weiterer Dokumente belegt. So heißt es in den *Sächsischen Provinzblättern* in einer Rezension zu einer gekürzten *Wallenstein*-Aufführung im Jahr 1804:

> Es verdient von diesem Künstler rühmlich angemerkt zu werden, daß er, um seine Rolle gut zu spielen und in den Sinn des Verfassers einzudringen vorher mehrere Schriften über Wallenstein und die Geschichte des 30jährigen Krieges studirte; er ließ sich vom Hoftheater zu Weimar mehrere Zeichnungen zu Wallensteins Kostüme kommen, und verwendete auf diese Rolle an nothwendigen Kleinigkeiten mehr denn 16 Rthlr, eine Ausgabe von Bedeutung für einen Schauspieler einer wandernden Gesellschaft.[188]

Schließlich sei auf eine Marginalie aufmerksam gemacht, die der Schauspieler Genast aufzeichnete: „Goethe's Thätigkeit bei der Inscenierung war unermüdlich [...] sogar eine alte Ofenplatte, worauf eine Lagerscene aus dem 17. Jahrhundert sich befand, wurde einem Kneipenwirth in Jena zu diesem Zwecke entführt."[189] So peripher dieses Detail sich ausnimmt, so sehr kristallisiert sich in ihm das neuartige Denken in Bezug auf den Umgang mit der Geschichte: Realistisches Bühnendekor und idealistischer Sprachstil sind in dem Moment kompatibel, wo historische Authentizität als ein dritter Diskurs an Bedeutung gewinnt. Nirgendwo wird dies deutlicher als im Umgang mit Wallensteins Interesse an der Astrologie. Während Halem die „astrologische Fratze" als eine solche innerhalb seines Dramas benennt, bastelt Schiller so lange an ihr herum, bis er meint, eine Symbiose aus historischer Authentizität und poetischer Dignität gefunden zu haben.

---

187 Karoline Herder an Knebel, 2. 2. 1799. *Zitiert nach Sammlung Oscar Fambach.*
188 Sächsische Provinzblätter, Erfurt, 6. 3. 1804. Zitiert nach *Sammlung Oscar Fambach.*
189 Eduard Genast, *Aus dem Tagebuch eines alten Schauspielers* (1862-66), Bd. 2, S. 99.

3. Theaterzensur als Indikator eines Interessenkonfliktes um Geschichtsaneignung

3.1. Zensurkonflikte um die Wallenstein-Dramen

Den Wallenstein-Dramen von Komarek, Halem und Schiller ist gemein, daß sie mit der Zensurpraxis des ausgehenden 18. Jahrhunderts in Berührung kamen. Die nachfolgende Darstellung dieser entweder direkten oder indirekten Zensur macht deutlich, inwiefern die in Buchform vorliegenden Dramentexte von außerästhetischen Kriterien abhingen und sich als ein Ergebnis ausgehandelter Interessen erschließen lassen. Indem ich den Kontext der Zensurpraxis in meine Studie einbeziehe, ziele ich darüber hinaus darauf ab, den konservativen Gehalt dieser historischen Dramen anhand ihrer Aufführungsbedingungen zu hinterfragen.

Bei Halems *Wallenstein* mögliche Konflikte mit der Zensur zu vermuten, mag zunächst überraschen, da aus dem Drama schwerlich eine subversive Intention herausgelesen werden kann. Daß ein Fürst sich bedroht oder belästigt gefühlt hätte, ist unwahrscheinlich und kann nicht belegt werden. Ein Zensurvorgehen aus historisch-politischer Räson scheint insbesondere in den protestantischen Gebieten, in denen Halem aktiv war, unwahrscheinlich, da sie sich – anders als die habsburgischen Länder – keinem Rechtfertigungsdruck in Bezug auf den Mord an Wallenstein ausgesetzt sahen. So könnte Schröders Ablehnung des Halemschen Wallenstein-Dramas wegen möglicher Zensurschwierigkeiten als nichts weiter als ein vorgeschobenes Argument eines ohnehin nicht freundlich beurteilten Dramas erscheinen. Doch ist Schröders Begründung der Zurückweisung mehr als bequeme Rhetorik; vielmehr verweist er auf die prekären Bedingungen des theatralischen Spielraumes, wenn er schreibt:

> Aber für die Aufführung dürfte wohl der schnelle Fortgang der Zeit, die
> häufigen Veränderungen des Schauplatzes, und vor allem der Kardinal
> Carassa nicht seyn; denn in wenig Städten Deutschlands darf man Personen
> dieses Ranges mit nur zweydeutigem Charakter auf den Schauplatz
> bringen.[1]

Schröder argumentiert, daß Halem die Grenzziehung zwischen den
historisch-politischen Akteuren auf der Bühne und den zeitgenössischen politischen Akteuren verwische. Halems Intention, die Geschichte des Generals aus dem Dreißigjährigen Krieg so wahrhaftig
und realistisch wie möglich und auf der Grundlage des vorhandenen
Quellenmaterials darzustellen, testet die Grenzen der Darstellungs-
möglichkeiten. Die sich neu entwickelnde Schauspielästhetik, die sich
dem Prinzip der Naturnachahmung verpflichtet,[2] tut ihr übriges, um
die Darstellung auf der Bühne der außerhalb des Theaters anzu-
gleichen, und damit die eingeforderte Grenzziehung zu unterlaufen.

Schröders Erwartung von Zensurschwierigkeiten ist keineswegs
übertrieben, berücksichtigt man Schillers *Don Carlos*-Bühnenskript,[3]
das der Autor nur ein Jahr nach Halems Werk, 1787, an den
Hamburger Theaterdirektor einreichte. Schiller setzte sich in seinem
Begleitbrief an Schröder, anders als Halem, vorab mit allerhand möglichen Zensureingriffen auseinander, insbesondere bei der Darstellung
hochgestellter Kleriker.

> Ich weiß nicht zu bestimmen, wie weit in Hamburg die Toleranz geht. Ob
> z.B. ein Auftritt des Königs mit dem Großinquisitor statt finden kann.
> Wenn Sie ihn gelesen haben, werden Sie finden, wie viel mit ihm für das
> Stück verloren seyn würde. Weil ich es aber nicht aufs Ungewisse wagen
> wollte, so habe ich diesen Auftritt so angebracht, daß er ohne dem Zusam-

---

1 Zitiert nach *Gerhard Anton Halem's herzogl. Oldenb. Justizraths und ersten Raths
   der Regierung Eutin Selbstbiographie nebst einer Sammlung von Briefen an ihn ...*
   (1840), hg. v. Ludwig v. Halem u. G.F. Strackerjan (1970), Briefteil, S. 28.

2 Vgl. Alexander Košenina, *Anthropologie und Schauspielkunst. Studien zur ,elo-
   quentia corporis' im 18. Jahrhundert* (1995), S. 117-182.

3 Schiller hatte bereits mehrere Bühnenmanuskripte abgeschickt, noch bevor das
   Drama im Druck erschien. Schiller an Schröder, 13. 6. 1787. *Schillers Werke*, NA,
   Bd. 24, S. 99. Das Drama erschien im übrigen als Vorabdruck in der *Rheinischen
   Thalia* 1785-1787, Heft 1-4.

menhang Schaden zu thun, wegbleiben kann. [...] Wenn nur *Kleidung* und *Name* Schwierigkeiten machten so verändern Sie Beides nach Gutbefinden.[4]

Schiller, der seit seinem Erstlingsdrama *Die Räuber* wußte, was Zensur bedeutete, konnte bei der rechtlichen Vielfalt angesichts der deutschen Kleinstaaterei nicht wissen, wie streng die Zensur in dem vermeintlich toleranten Hamburg vorgehen würde. Offensichtlich nahm auch Halem an, daß sein Kardinal Carassa im *Wallenstein* keinerlei moralische oder religiöse Provokation darstellen könne, doch weit gefehlt. Denn Schiller mußte nur wenige Wochen nach seiner Anfrage und seinem Angebot der Selbstzensur Schröder gegenüber konstatieren: „Daß Sie den Großinquisitor weglassen müssen betaure ich sehr. In Ihrem Falle (gesetzt daß Sie ihn bei der Censur durchbringen) würde ich es auch mit einem *nur leidlichen* Schauspieler wagen."[5] Aus diesen beiden Briefen Schillers an Schröder bezüglich einer *Don Carlos*-Aufführung läßt sich indirekt schließen, daß Schröders abschlägiger Bescheid an Halem den Realitäten der Hamburger Theaterzensur entsprach.

Während man bei Halems *Wallenstein* auf indirekte Beweise für die Zensurpraxis angewiesen ist, lassen die Umstände in Bezug auf Komareks Dramentext keinerlei Zweifel aufkommen:

> Albrecht Waldstein / Herzog von Friedland. Ein Trauerspiel in fuenf Akten, / von Johann Nepomuk Komarek. / Mit Bewilligung der k.k. Zensur. / Auf Kosten des Verfassers. / Pilsen, gedruckt bei J.J. Morgensaeuler, 1789.

Gleich auf der ersten Seite der Buchausgabe werden die Eingriffe der Zensur jedem Leser kundgetan, was mutmaßen läßt, daß Komareks Drama ein politisch motivierter Protest eines Böhmen gegen den Habsburger Hof in Wien ist. Ohne diesen Hinweis auf Zensureingriffe

---

4   Schiller an Schröder, 13. 6. 1787. *Schillers Werke*, NA, Bd. 24, S. 99.
5   Schiller an Schröder, 4. 7. 1787, ebd., S. 102. Vgl. Denkschrift Franz Karl Hägelins zur Theaterzensur aus dem Jahr 1795, die die Situation der höfischen Theater in Habsburger Landen reflektiert. Keine Stücke sollten die Zensur passieren, „die irgend eine [sic] darin handelnde Person der katholischen oder auch von der protestantischen Kirche enthielten; dieses vom Pabste [sic] an bis auf den geringsten *Abbé* oder Priester zu verstehen [...]." Zit. nach Carl Glossy, *Zur Geschichte der Wiener Theatercensur* (1896), S. 71. Vgl. ebd., S. 84.

würde man in dem Text beinahe nichts anderes als eine politisch
konservative Grundhaltung erkennen, die bereits ablesbar ist an der
patriotisch gemeinten Bezeichnung Wallensteins im Titel als „Herzog
von Friedland". Beinahe. Denn die Lektüre des gedruckten Textes
läßt die Eingriffe der Zensur auch ohne den ausdrücklichen Hinweis
erkennen, da die Wallenstein-Figur gegen Ende des Stückes – trotz des
zuvor als legitim dargestellten Mordkomplotts gegen ihn – nicht als
die negative Figur porträtiert wird, die sie innerhalb der Logik des
Dramas zu sein hätte. Wallensteins pathetisches Verzeihen[6] steht im
Widerspruch zu den vorher so dringlich gemachten Aufforderungen
zum Mord an einem „untreuen", „stolzen" und „ehrgeizigen"
Feind des habsburgischen Kaiserhofes,[7] als der Wallenstein im Verlauf
des Werkes hauptsächlich dargestellt worden ist. Zwar erscheint auch
jetzt Wallenstein nicht als Märtyrerfigur, doch verleiht der
Vergebungsakt dem Drama eine tragische Note. Dieser Widerspruch
und weitere Ungereimtheiten innerhalb des Dramentextes lassen auf
Zensureingriffe schließen, auch ohne deren ausdrücklichen Verweis
auf dem Titelblatt. Die Zensur deckt das „Subversive" des Textes auf,
die politisch motivierte Aggression gegen das Haus Habsburg; sie wird
damit zum wichtigen Instrument der Textanalyse. Dieses Instrument
zu entwickeln und zu begründen, ist das primäre Ziel dieses Kapitels,
der Bezug zu Komareks Dramentext bleibt das sekundäre.

Schillers Wallenstein-Trilogie konnte nur in Weimar komplett aufgeführt werden. In Berlin konnte *Wallensteins Lager* nicht gespielt werden, aus Gründen, die Iffland nur dem Autor selbst anvertrauen wollte:

> Es scheint mir und schien mehreren bedeütenden [sic] Männern ebenfalls
> bedencklich, in einem militairischen [sic] Staate, ein Stück zu geben, wo
> über die Art und Folgen eines großen stehenden Heeres, so treffende Dinge,
> in so hinreißender Sprache gesagt werden. Es kann gefährlich sein, oder
> doch leicht mißgedeütet [sic] werden, wenn die Möglichkeit, daß eine Armee
> in Maße deliberirt, ob sie sich da oder dorthin schicken laßen soll und will,
> anschaulich dargestellt wird. Was der wackere Wachtmeister, so character-
> istisch über des Königs Szepter sagt, ist, wie die ganze militärische

---

6   „*Waldstein*: (Mit Groeße) ‚Ich vergebe Euch! – Meine Seele ist sich keines
    Lasters bewußt [...]." Komarek, *Waldstein* (1789), S. 91.

7   Ebd., S. 42.

Debatte, bedenklich, wenn ein militärischer König, der erste Zuschauer ist. [...] Das Theater hat keine Censur, ich hüte mich lieber, etwas zu tun, wodurch wir eine bekommen könnten. Bei den Anfragen ob das Vorspiel gegeben würde, habe ich geantwortet, die Kosten wären zu groß. Ich will mich lieber über diesen platten Grund tadeln laßen, als den eigentlichen Grund nennen. Ich ersuche Sie eben deshalb sehr dringend, von dem was ich schreibe nichts zu sagen.[8]

Iffland bekennt sich zur Selbstzensur, nachdem er zusammen mit Vertrauten den – im wörtlichen Sinne – politischen Spielraum auf dem Theater ermessen hat. Wie Schröder gegenüber Halem hilft Iffland, die Grenzziehung zwischen Bühnenwelt und politischer Welt deutlich zu markieren. Gleichzeitig aber will Iffland seine Entscheidung nicht als einen Akt der Zensur verstanden wissen. Das Leugnen und der gleichzeitige Vollzug der Selbstzensur Ifflands verleiht wiederum den Äußerungen Schröders bezüglich seiner Einschätzung von Halems Wallenstein-Drama zusätzliches Gewicht. Denn Schröder unternahm ebenfalls vor einem möglichen Eingriff der Zensur diesen Schritt selbst, indem er die Spielmöglichkeiten auf der Bühne eingrenzte, um politischen Bedingungen außerhalb der Bühne gerecht zu werden.

Wie der Gutachter des Halemschen Dramas sieht auch Iffland die Grenzverwischungen zwischen Bühne und Wirklichkeit als eine Gefahr an, die er durch seinen Zensurakt bannen will. Die ästhetische Forderung und Umsetzung des „natürlichen" Illusionstheaters wird auch jetzt wieder zum Opfer ihres eigenen Erfolges. Wie schon bei der Diskussion von 1787 in den *Ephemeriden der Litteratur und des Theaters* geht es bei der Zensur der Wallenstein-Dramen um die mögliche Aufweichung der Grenzziehung zwischen Bühnenrealismus und sozialer Wirklichkeit, zwischen historischer Darstellung und dem in ihr eingelagerten Gegenwartsbezug. So wie dort der anonyme Apologet der aristotelischen *Poetik* sich besorgt zeigte, daß die historischen Schauspiele einen in die Irre leiteten, da Bühnenwirklichkeit

---

8   Iffland an Schiller, 10. 2. 1799. *Schillers Werke.* NA. Bd. 38.1. S. 34f.

und soziale Wirklichkeit verwischt würden,[9] so meint auch Iffland in
Bezug auf *Wallensteins Lager*:

> Gewiß wünscht das Volck hier keine Revolution, aber die Gränze zwischen
> Civil und Militäir [sic] ist wohl iezt nirgend so berichtigt angenommen,
> daß eine laute Discußion darüber, nicht laute Aeußerungen veranlaßen
> müßte [...].[10]

Die soziale Grenzziehung im preußischen Berlin zwischen der politisch
unmündigen bürgerlichen Klasse und dem Militär als einem
Machtinstrument des Königs ist dem Anschein nach so eindeutig, daß
sie nicht stabiler sein könnte; doch eben nur dem Anschein nach.
Denn gleichzeitig ist das soziale Ordnungsgefüge so labil, daß bereits
eine gespielte militärische Szene wie die in *Wallensteins Lager*, in der
die Brutalitäten des Krieges beim Namen genannt werden, als
Bedrohung eben jener vermeintlich stabilen sozialen Ordnung wirken
könnte. Das Illusionstheater überlistet sich also selbst, indem die
illusionäre Wirklichkeit der Bühne zur Desillusionierung der Wirklichkeit führt. Hier gerät der Bühnentext, obwohl nicht in realistischem
Sprachgestus, sondern in Knittelversen abgefaßt, zum potentiellen
Agens sozialer Wirklichkeitsveränderung, indem die vermeintlich klare
Grenzziehung destabilisiert würde. Der Bühnentext setzt die Selbstzensur frei und macht dadurch nur umso deutlicher, wie unsicher die
Stabilität der feudalen Gesellschaft nach der Französischen Revolution
war.
    Die bisher angeführten direkten oder indirekten Eingriffe der
Zensur verdeutlichen, was mit Greenblatts Repräsentationsbegriff nicht
gemeint ist: ein auf die Bühne beschränktes mimetisches Konzept.
Vielmehr beinhaltet sein Repräsentationsbegriff das Verändern, Übersetzen und Umformen von kulturellen Symbolhandlungen. „Mimesis
is always accompanied by – and indeed is always produced by –
negotiation and exchange."[11] Das Theater spiegelt soziale Normen

---

9   S.-Sch., „Ueber die sogenannten historischen Schauspiele, und ihren Einfluß auf
    die Litteratur", in: *Ephemeriden der Litteratur und des Theaters*, 57. Stück (1787),
    S. 106.
10 Iffland an Schiller, 10. 2. 1799. *Schillers Werke*, NA, Bd. 38.1, S. 35.
11 Stephen Greenblatt, „The Circulation of Social Energy", in: *Shakespearean
    Negotiations* (1988), S. 13.

nicht direkt und kausal wider, sondern es steht im ständigen Austausch mit vielfältigen Diskursen der Gesellschaft, greift diese auf, wandelt sie um in einen ihr eigenen Modus und wird seinerseits zum Agens neuer Diskurse. Die von den Theaterverantwortlichen vorgenommenen Beschneidungen des Spielplans sind markante Beispiele für das von Greenblatt hervorgehobene Element des sozialen Austausch- und Verhandlungsprozesses. Die Briefe Schillers an Schröder von 1787 und Ifflands Briefe an Schiller gute zehn Jahre später sind in der Tat nichts anderes als Dokumente einer Verhandlung zwischen dem Autor einerseits und der internalisierten Herrschaftsnorm auf Seiten des Schauspielintendanten andererseits. Gegenstand der Verhandlung ist ein Ermessen möglicher Darstellung auf dem Theater als einem öffentlichen Ort. Die Darstellung auf dem Theater soll begrenzt werden, so daß die Bühne vom Publikum als Bühne wahrgenommen wird und nicht als eine „moralische Anstalt", die in das politische Geschehen jenseits der Bühne eingreifen will. Was das Theater zeigen darf, muß im Einzelfall immer neu unter den Verantwortlichen ausge- handelt werden. Das Prinzip der Naturnachahmung als ästhetische Neuerung für die Bühne, entwickelt von bürgerlichen Autoren und Schauspielintendanten wie Lessing, Engel, Eckhof und Schröder, wird im Ernstfall in seine Schranken verwiesen. Weder ist der Bühnentext ein fixiertes Textkorpus, noch ist der politische Kontext stabil fixiert. Vielmehr reagiert der politische Kontext auf den Text, wie auch umgekehrt der Text auf den politischen Kontext reagiert. Beide Bereiche bleiben in einem Wechselspiel aufeinander bezogen.

Nicht zuletzt durch die dann vier Jahre später (am 28. November 1803) möglich gewordene Aufführung des *Lagers* wird dieser Zusammenhang aufs Neue beispielhaft bestätigt: „Vor der Schlacht bei Jena [Oktober 1806] mußte *Wallensteins Lager* immer wiederholt werden, weil die Berliner sich im Absingen des Reiterliedes gar nicht genug tun konnten."[12] Mit einem Mal wird aus demselben Text, sofern man sich nicht nur auf die Wortformation des Dramentextes bezieht, ein anderer Text. In den partizipierenden Gesellschafts- gruppen muß ein neues Verhandeln um den gleichen Text eingesetzt haben. Jetzt soll gerade das mimetische Prinzip, das wenige Jahre

---

12 Heinrich H. Houben, *Verbotene Literatur von der klassischen Zeit bis zur Gegenwart* (1965), Bd. 1, S. 548f.

vorher noch als Bedrohung der zementierten Ordnung der Gesellschaft aufgefaßt wurde, über den Bühnenraum hinaus wirken.

Iffland wollte 1799 nicht nur die Aufführung von *Wallensteins
Lager* verhindern. Sein Akt der Selbstzensur geht noch einen Schritt
weiter, wenn er die Gründe für die Verhinderung der Aufführung
nicht öffentlich machen will. Die Selbstzensur wird sogar vor dem
Zensor verschleiert. Dieses Verleugnen der Selbstzensur ist der Preis
dafür, daß der Schauspielerberuf innerhalb nur einer Generation
beträchtlich an sozialem Status gewonnen hatte. Insofern nimmt
Ifflands steile Laufbahn eine zwar ungewöhnliche, aber bezeichnende
Sonderstellung ein. Doch dieser gesellschaftliche Aufstieg geht mit
einem Prozeß enormer Anpassung an die politische Entscheidungs-
gewalt des Beamten- und Hochadels einher. Dazu noch einmal Iffland
in seinem Legitimationsbrief an Schiller:

> Ich ersuche Sie eben deshalb sehr dringend, von dem was ich schreibe nichts
> zu sagen. Man würde entweder der hiesigen Regierung, einen kleinlichen
> Geist zuschreiben, den sie nicht hat, oder mich einer enragirten Aristokratie
> beschuldigen, die ich nicht habe.[13]

So wie Iffland sich nicht eingestehen will, daß er sich zu seinem
eigenen Zensor macht, ebensowenig will er zugeben, daß er es mit
einer repressiven Regierung zu tun hat, obwohl sein Handeln seine
Behauptung aufs beste widerlegt. Diesen Widersprüchen wird dann die
Krone aufgesetzt, wenn er, der seine berufliche Existenz der Gunst der
Aristokratie verdankt, die ihm nachgesagte Abhängigkeit von dieser
als Verleumdung ausgibt, also aus der defensiven in eine offensive
Rhetorik wechselt. Iffland will für sich selbst die Illusion des unabhängigen Schauspielers und Intendanten aufrecht erhalten, obwohl er
in jeder Zeile nur ein ums andere Mal bestätigt, wie hoch der Preis des
sozialen Aufstiegs für den Schauspieldirektor geraten ist.

Nirgends wird diese gegenseitige Abhängigkeit von bürgerlichen
Künstlern und aristokratischen Politikern augenscheinlicher als in der
Theaterarchitektur der neuen Bühnenräume im deutschsprachigen
Raum. Dem Fluchtpunkt der Bühne direkt gegenüber liegt die Loge
des Fürsten bzw. des Königs – „der erste Zuschauer im Theater" (Iff-

---

13   Iffland an Schiller. 10. 2. 1799. *Schillers Werke.* NA. Bd. 38.1. S. 35.

land) –, eine Lage, die ihm und seinem Gefolge die beste Sicht auf die Bühne sichert.[14] Die architektonische Raumaufteilung dokumentiert aufs anschaulichste, wie sehr das bürgerlich-deutsche Theater am Ausgang des 18. Jahrhunderts auf den Adel und dessen Finanzkraft angewiesen war, wie auch umgekehrt der Hof sich zusätzlich zur Oper das deutschsprachige Theater als Arena der Selbstdarstellung auserkoren hatte und sich in seiner Darstellungslust dadurch von ihm abhängig machte.

Daß Schiller seinerseits sich an die Spielregeln der Theaterzensur seiner Zeit hielt,[15] läßt sich nicht nur durch die Briefe an Schröder belegen, sondern auch dadurch, daß er nicht offiziell gegen die Zensur protestierte.[16] Vielmehr versuchte Schiller seine soziale Position als „autonomer" Künstler zu behaupten, indem er um die Aufführung seines umfangreichen Bühnenwerkes in Wien warb. Nur wenige

---

14 Zur Soziologie der Theaterarchitektur merkt Sybille Maurer-Schmoock an: „Bestimmten bei den Schloßtheatern höfische Etikette und soziale Ränge die Teilung in Logen, Parterre und Galerie, so entsprachen die verschiedenen Sitzkategorien der Wanderbühnen und ersten Schauspielhäuser der unterschiedlichen Zahlungskapazität der Theaterbesucher. Auch hier liegt eine soziale Differenzierung zugrunde: vornehmes, adlig-nobles Publikum in den Logen, Bürger im Parterre, die Domestiken auf der Galerie." Sybille Maurer-Schmoock, *Deutsches Theater im 18. Jahrhundert* (1982), S. 76f. Demgegenüber betont Isabel Matthes in ihrer Studie, daß die Theaterbauten ab den 1750er Jahren sich vom Schloß lösten und einem „urbanen Paradigma" wichen. Dennoch kommt auch Matthes zu dem Schluß, daß der höfische Theaterbau nach dem Typus der Tempelbasilika ein Integrationsangebot an das Bürgertum darstellte, das darin seine eigenen Repräsentationsansprüche verwirklicht sah. Vgl. Isabel Matthes, *Der allgemeinen Vereinigung gewidmet. Öffentlicher Theaterbau in Deutschland zwischen Aufklärung und Vormärz* (1995), S. 198.

15 John McCarthy hat den Versuch unternommen, Schillers Auseinandersetzung mit der Zensur umfassend darzustellen. Seine für die Schiller-Forschung allerdings wenig überraschende und exkulpierende Hauptthese lautet: „Because Schiller was predominantly concerned with long-range reform via gradual moral and aesthetic development, he was not overly worried about restrictions to free expression." John McCarthy, „'Morgendämmerung der Wahrheit.' Schiller and Censorship", in: Herbert G. Göpfert u. Erdmann Weyrauch (Hgg.), *‚Unmoralisch an sich …' Zur Zensur im 18. und 19. Jahrhundert* (1988), S. 241.

16 Schiller an Iffland, 18. 2. 1799: „Ihren Gründen gegen die Vorstellung von *Wallensteins Lager* kann ich nichts entgegensetzen. Zwar als ich das Stück schrieb kam mir keine solche Bedenklichkeit; aber ich setze mich jetzt an Ihren Platz und muß Ihnen Recht geben." *Schillers Werke*, NA, Bd. 30, S. 30.

Monate bevor er mit Iffland verhandelte, schrieb er an Kotzebue nach
Wien, um dort um jeden Preis eine theatralische Umsetzung seines
großen Dramas zu bewirken. Kotzebue hatte im Januar 1798 auf dem
Höhepunkt seiner Karriere die Berufung als Direktor des Burgtheaters
angenommen, die er aber nicht länger als ein Jahr versah.[17] Als
künstlerischer Leiter des kaiserlichen Burgtheaters bot er Schiller 50
Dukaten für dessen Wallenstein-Drama, das er versuchen würde, so
unversehrt wie möglich „aus dem Feuer Ofen unserer Censur"[18] auf
die Bühne zu bringen. Schiller antwortete hierauf:

> Mit größtem Vergnügen würde ich bereit seyn, Ihnen das Stück, unter den
> angebotnen Bedingungen [d.i. Kürzung zu einem Stück von 4 Stunden
> Spieldauer] zu überlaßen, es kommt aber hier fürs erste auf die
> Beantwortung der Frage an: „ob man in Wien überhaupt nur erlauben wird,
> Wallensteins Geschichte auf die Bühne zu bringen?" Denn was die
> Ausführung dieses Stoffes selbst betrifft, so verstünde es sich von selbst,
> daß ich alles und jedes, was der Censur nur irgend anstößig darinn seyn
> möchte, sorgfältig ausmerzte. [...] ja es würde mir sogar lieb seyn, wenn die
> Wiener Censur, überzeugt von meinen Grundsätzen [lies: Wallensteins
> vermeintlich kriminelles Handeln] das Mscrpt darnach beurtheilen wollte.
> Und wäre mir zufällig auch etwas entwischt, was auf der Bühne misdeutet
> werden könnte, so würde ich mich ohne alles Bedenken der nöthigen
> Auslassung unterwerfen, so wie ich Ihnen überhaupt plein pouvoir gebe, die
> nothwendigen Veränderungen in dem Stück ohne weitere Rückfrage mit mir
> zu treffen.[19]

Selbst wenn man das legitime Interesse Schillers in Rechnung stellt, mit
seinem in langjähriger Arbeit verfaßten Drama auf dem Theatermarkt
so viel Geld wie möglich zu verdienen, handelt es sich hier doch um
einen Brief, der mehr als nur den Geschäftssinn Schillers offenlegt.
Schiller verleugnet hier sein eigenes Werk in einem starken Maße, was
vor allem deshalb überrascht, weil er so lange an dem Dramentext
gefeilt, weil er so intensiv über eine moderne, angemessene Tragödienform reflektiert und schließlich weil er einen umfangreichen historischen Studienaufwand betrieben hatte, um den politischen Vorgängen
um Wallenstein gerecht zu werden. Mit einem Mal scheint dieser ganze

---

17   Eduard Devrient, *Geschichte der deutschen Schauspielkunst* (1905), S. 251f.
18   Kotzebue an Schiller, 3. 11. 1798. *Schillers Werke*, NA, Bd. 38.1, S. 3.
19   Schiller an Kotzebue, 16. 11. 1798. *Schillers Werke*. NA. Bd. 30. S. 4f.

künstlerische Aufwand angesichts der Möglichkeit einer Aufführung
am Burgtheater zu einer Bagatelle zu schrumpfen. Nicht nur, daß
Schiller bereit ist, seine Trilogie auf nur ein abendfüllendes Stück
zurückzustutzen, was wiederum hieße, das mühsam gewonnene
tektonische Gleichgewicht des Werkes neu zu überarbeiten, sondern er
erklärt sich bereit, sich der Zensur bis zur Selbstaufgabe zu
„unterwerfen". Sein Schreiben suggeriert dem Briefempfänger, daß er
die Zensur sogar begrüße, da er doch von seiner Unschuld vollkom-
men überzeugt sei. Entscheidend ist, daß er sich damit unbewußt als
Schuldiger bekennt, der sich vorab selbst exkulpiert!

Zweierlei läßt sich aus dieser – in der Schiller-Literatur gern über-
gangenen Briefstelle – schließen: Entweder wähnte Schiller in Kotzebue einen von der Zensur bereits instruierten Burgtheaterdirektor, so
daß er es für opportun hielt, einen Akt der Unterwerfung zu
signalisieren, um das Stück auch ja über die Zensurhürden zu hieven.
Schillers extreme Selbstverleugnung wäre dann von Mißtrauen
gegenüber Kotzebue motiviert. Dagegen spricht zumindest, daß
Kotzebue im Brief an Schiller seinerseits Hilfe anbot, Zensurschwierigkeiten soweit als möglich auszuräumen. Oder aber der
Weimarer Autor wollte ganz einfach nicht wahrhaben, daß sein Drama
mit einer *dramatis persona* wie beispielsweise Questenberg auch
einhundertfünfzig Jahre nach den beschriebenen politischen Vorfällen
in Wien noch als Bedrohung des *status quo* wirken konnte.[20] Doch
Schiller mag in dieser Hinsicht tatsächlich die Wiener Zensurbehörde
unterschätzt haben, wenn er seinen potentiellen Henker zum
Komplizen bei der Texterstellung erklärt.

Diese Verhandlungen um eine mögliche Aufführung des Dramas
veranschaulichen, daß Schillers *Wallenstein* nur bedingt ein vom
Künstler autonomer Text ist, sondern stark von den Aufführungs-
modalitäten determiniert wird. Daher erhalten die folgenden Verse aus
dem für die Weimarer Wiedereröffnung geschriebenen *Prolog* einen
neuen Sinn: „Um Herrschaft und Freiheit wird gerungen, / Jetzt darf
die Kunst auf ihrer Schattenbühne / Auch höhern Flug versuchen, ja
sie muß, / Soll nicht des Lebens Bühne sie beschämen" (Prolog 66-

---

20 Vgl. Hägelins restriktive Liste von „Gebrechen des Stoffes in politischer
   Hinsicht wider den Staat" in dessen Denkschrift von 1795, in: Glossy, *Zur
   Geschichte der Theatercensur in Wien* (1896), S. 74-81.

69). Diese Zeilen, gemünzt auf Napoleonische Hoffnungen, lassen sich im Kontext der Briefe an Schröder, Kotzebue und Iffland auch so verstehen, daß das Ringen um künstlerische Freiheit auf der Bühne allzu oft zugunsten der herrschenden Klasse ausging. Schlimmer noch, daß Schiller es womöglich mit dem Ringen nicht ganz so ernst nahm, sobald eine Aufführung möglich erschien. Schiller schwingt sich in Weimar auf zu einem Höhenflug, doch ist es der Flug des Ikarus, dessen Bruchlandung er dann in Wien erlebt. In der Tat ‚beschämt das Leben die Bühne‘, insbesondere dann, wenn der Autor sein eigenes Bühnenwerk verrät, indem er seinen Zensor zum Freund zu erklären versucht.

Wie sehr der Schillersche *Wallenstein*-Text von 1800 mit der Zensur in Konflikt geraten mußte, wird zusätzlich anhand der ersten *Wallenstein*-Fassung von Vogel deutlich, die 1802 in Mannheim erschien.[21] Die Textaussparungen lassen vermuten, daß entweder Vogel sich selbst zensierte oder aber der Zensor tatsächlich eingegriffen hat. Vieles spricht – wie noch zu zeigen sein wird – für die Wahrscheinlichkeit einer Selbstzensur. Denn der stark gekürzte Dramentext weist Streichungen auf, die nicht allein damit erklärt werden können, daß die *Piccolomini* und *Wallensteins Tod* an einem Abend aufführbar sein sollten. Die Aussparungen sind einerseits wegen des Publikums, das bürgerlich-sentimentale Dramen erwartete, vorgenommen worden; andererseits sind sie der Zensur geschuldet. So fällt auf, daß das Wort „Wien" – synonym für die Habsburger – ein Reizwort für die Zensur ausmachen mußte, da es nicht nur an dieser scheinbar harmlosen Stelle Maxens im Gespräch mit dem Gesandten Wiens gestrichen ist:

---

21 [Wilhelm] Vogel, *Wallenstein in fünf Akten* (1802). Zu vermuten ist, daß es sich dabei um den Schauspieler und Dramenautor Wilhelm Vogel (1772-1843) handelt. Diese Vermutung ergibt sich aus der Tatsache, daß erstens am Druckort Mannheim um diese Zeit ein Schauspieler namens Vogel ansässig ist; und zweitens, weil ein Brief eben dieses Schauspielers an Schiller vom 14. 3. 1802 Vogels große Verehrung für den Autor und seine Vertrautheit mit Schillers Werk bezeugt. „Seit Jahren bin ich mit Liebe dem Studium Ihrer Schriften ergeben. Als Schauspieler gebot es meine Pflicht, als privat Mann wollte es meine Neigung, daß ich den *lauten* Vortrag derselben unabläßig übte." *Schillers Werke*, NA, Bd. 39.1, S. 211.

Max: Wer sonst ist schuld daran, als ihr in Wien? (Schiller, P I.4, 561)
Max: Wer sonst ist schuld daran, als ihr? (Vogel-Fassung, I.1, S. 10)

Alle weiteren Stellen, an denen Wien als Synonym für die Politik des habsburgischen Hofes steht, sind ebenfalls gestrichen. So werden etwa die Reflexionen Wallensteins über die kaiserliche Politik in Wien (P II.5 u. P II.7) ebenso ausgelassen wie Questenbergs historisch-politische Darstellung des Krieges (P II.7). Aus dem zaudernd-melancholischen Wallenstein bei Schiller wird in Vogels Bearbeitung ein Mann der Tat, der aber infolge der vielen Kürzungen in den Hintergrund tritt. Stellte „Wien" für die Zensur ein Reizwort dar, das nicht genannt werden konnte/sollte, so gilt gleiches für die Namen der Generäle Wallensteins, deren Pilsener Bankett (P IV) entfällt – und mit ihm der gesamte historische Kausalnexus des Stückes. Auch die astrologischen Passagen Schillers sind gestrichen. Hingegen sind in der Vogel-Fassung alle die Stellen erhalten, die die Liebe zwischen Max und Thekla betreffen, womit der sentimentale Publikumsge-schmack bedient wird.

Daß diese erste, nicht von Schiller autorisierte und auf Abendlänge zusammengestutzte *Wallenstein*-Fassung sich wahrscheinlich aus der Selbstzensur Vogels erklärt, läßt sich nur indirekt aus anderen Quellen erschließen. Denn diese Fassung Vogels geriet auch in die Hände von Schillers engstem Freund Körner. Vogels Fassung, und nicht etwa Schillers Buchfassung, nahm Körner als Basis und Ausgangspunkt, um seinerseits eine neue Version für das Dresdener Theater zu erstellen. Körner schreibt an seinen Freund Schiller:

Vielleicht wirst Du bald hören, daß der Wallenstein in Dresden aufgeführt worden ist. Racknitz gab mir neulich die Bearbeitung von Vogel, die in Mannheim gedruckt worden ist, worin beyde Stücke in eins zusammen-gezogen sind. Er bat mich, ihm meine Gedanken zu sagen, ob das Stück ohne sich zu sehr an Dir zu versündigen, in dieser Gestalt hier aufgeführt werden könne. Ich las es unbefangen, und versuchte es [sic] mich in die Lage eines Dresdner TheaterDirecteurs [sic] zu versetzen, der gegen seine Verhältniße nicht anstoßen, aber auch der guten Sache nicht zu viel vergeben wollte. [...] Vogel hatte aber so unvernünftig abgekürzt, daß ich es nicht dabey lassen konnte. Den Wallenstein selbst muß er für eine Nebenperson gehalten haben, weil er gerade einige sehr wichtige Scenen weggelassen hat. Ich habe mich also selbst darüber gemacht, Vogels Arbeit

zum Grunde gelegt, die nothwendigen Scenen als den ersten Monolog von
Wallenstein, die Scene zwischen ihm und Wrangel, die nachherige mit der
Terzky eingeschaltet, die Eintheilung der Acte geändert, so daß 6. Acte sind,
und alles gestrichen, was gegen den Wiener Hof, oder gegen andre
Rücksichten verstoßen könnte. [...] Jetzt da Dein Werk gedruckt ist, mußt
Du Dir allerley Gestalten gefallen lassen, in die man es nach jedem
besondern Behuf zu zwängen sucht. Racknitz hat meine Arbeit dankbar
angenommen, und an die Behörde gegeben.[22]

Körners Brief an Schiller ist aus mehreren Gründen von Interesse.
Die von mir wahrscheinlich gemachte Selbstzensur bei der Vogel-
Fassung leite ich unter anderem in Analogie zu Körners einge-
standener Selbstzensur ab. Vermutlich hatte auch Vogel die möglichen
Zensurmaßnahmen soweit internalisiert, daß er sie möglichst vorab
umgehen wollte. Körners Brief wie auch die zuvor zitierten Briefstellen
von Schröder, Iffland, Kotzebue und Schiller erhärten außerdem den
Verdacht, daß Selbstzensur zumindest in dem Moment ein
konstitutiver Teil des Dramas wurde, in dem dieses zur Aufführung
gelangen sollte. Der rechtlich ungeschützte Dramentext konnte
offensichtlich die Zensurbehörden nur passieren, solange er nicht als
Vorlage zur Aufführung verwendet werden sollte und damit der
häuslichen Lektüre vorbehalten blieb. Daraus läßt sich zweierlei
schließen: erstens, daß die Zensurbehörde das Publikum, das Dramen
las, als zu vernachlässigende Größe einstufte; und zweitens, damit auf
das engste verknüpft, daß das Drama erst im Kontext seiner
Aufführung an einem öffentlichen Ort sein volles Potential entfalten
konnte. Die Zensur las und interpretierte einen Dramentext hinsichtlich seiner Rezeption im Theater. Der öffentliche Stellenwert des
Theaters und das dargestellte Wort wurden von der Zensur höher ver-
anschlagt als die private Buchlektüre zu Hause.[23]
Körners Brief dokumentiert außerdem, wie fließend die Grenze
zwischen Selbstzensur einerseits und behördlicher Zensur andererseits

---

22 Körner an Schiller, 31. 12. 1802. *Schillers Werke*, NA, Bd. 39.1, S. 355f.
23 Vgl. Košenina, *Anthropologie und Schauspielkunst* (1995), S. 185-294. Im zweiten
    Teil seiner Arbeit interpretiert Košenina sechs Dramentexte der zweiten Hälfte des
    18. Jahrhundert anhand der Schauspielanweisungen. Darin weist er überzeugend
    nach, daß das Potential eines Dramentextes erst unter Berücksichtigung der
    „sekundären" Anweisungen ganz ausgeschöpft wird.

ist. Schon bei der Lektüre las Körner die Vogel-Bearbeitung in Hinsicht auf die lokalen Verhältnisse, um sodann einen Kompromiß zwischen den Bedingungen der örtlichen Bühne und der Autorintention anzusteuern. Dabei fällt auf, daß er trotz seiner Kritik an der Bearbeitung dennoch „Vogels Arbeit zum Grunde gelegt" hat, anstatt den Dramentext des Freundes zum Ausgangspunkt zu wählen. Was die gescholtene „Unvernunft" Vogels betrifft, will Körner nicht wahrhaben, daß Vogel insofern eine an der Vernunft ausgerichtete Bühnenfassung erstellte, als er zum einen die Zensur zu berücksichtigen hatte und zum anderen den sentimentalen Bedürfnissen des Publikums entgegenkommen wollte, kurzum eine pragmatische Lösung suchte. Zwar wertet Körner mit seiner Korrektur der Vogel-Fassung die Wallenstein-Figur wieder auf und läßt den politischen Konflikt stärker zum Vorschein kommen, doch weiß auch er, daß der Wiener Hof ein Tabuthema ist. Auch Körner scheut den Konflikt und respektiert das Tabu. Damit arbeitet auch er der Zensurbehörde vor. Wie stark der Akt der Selbstzensur ist, und damit die Anerkennung der Zensurbedingungen generell, wird schließlich an der Bemerkung deutlich, daß man Körners Fassung dankbar angenommen und an die Zensurbehörde weitergereicht habe.

Die *Wallenstein*-Fassung Vogels und der Brief Körners belegen, daß die Zensur kein nachträglich von außen an dem Text begangener Akt sein muß, sondern daß die Zensur schon im ersten Stadium der Bühnenproduktion – nämlich bei der Erstellung eines Manuskriptes – ein konstitutiver Bestandteil ist: die Zensur wird bei der Erstellung des Bühnentextes zum Koautor.

Die bisherigen Ausführungen belegen, daß alle drei Wallenstein-Dramen entweder indirekt oder, wie im Falle Komareks und Schillers, direkt von der Zensur betroffen waren. Der Konflikt mit der Zensur erstaunt insofern, als in allen drei Dramen – und erst recht in der Vogel-Fassung von Schillers Drama – keine politisch-umstürzlerischen Ideen dargestellt werden; im Gegenteil kann ihnen sogar eine äußerst konservative Aussage attestiert werden. Wie Klaus Weimar zu Recht betont, steht am Ende von Schillers Wallenstein die Aufrechterhaltung der Normalität, die Aufrechterhaltung der „sicher thronenden" Macht, „Die in verjährt geheiligtem Besitz, / In der Gewohnheit

festgegründet ruht" (WT I.4, 195-196). Die Schlußworte des Dramas
belohnen denjenigen mit dem Adelsdiplom (WT V.12, 3867: „Dem
Fürsten Piccolomini"), der den Fall und Mord Wallensteins, seines
ehemaligen Vertrauten, in die Wege leitete. „Was sich abspielt, ist [...]
die Selbstverteidigung der Normalität gegen eine Störung und ihre
Selbstwiederherstellung durch einen ihrer Agenten."[24]
     Was Weimar als Fazit zu Schillers *Wallenstein* zu sagen hat, trifft in
noch stärkerem Maße auch für Komareks Drama zu: „Naturrecht und
Einheit der Treue werden durch die Normalität [d.h. den Macht- und
Geltungsanspruch Habsburgs] als solche negiert, sind aber gerade und
nur als negierte und abwesende der Grund, auf dem die Normalität
beruht und aus dem sich all ihre Geltung herleitet."[25] Beinahe Szene
für Szene wird diese These in Komareks Wallenstein-Drama vorgeführt: das Pochen auf die rechtschaffene Treue, die als deutsche
Tugend gegenüber französiertem Hofintrigantentum ausgespielt
wird, durchzieht das ganze Drama. Beispielsweise dann, wenn Gordon
in der zweiten Szene (I.2, S. 6) Rache an Wallenstein schwört, da ihm
dieser seine Geliebte entrissen habe, dann aber in der nächsten Szene
sich als biederer und treuester Freund erklärt (I.3, S. 7f.), sich etwas
später sogar zu seiner „Verstellung" bekennt (I.6, S. 15), schließlich
seine Verstellung aber mit der Treue gegen den Kaiser rechtfertigt
(I.7, S. 16). Ein ums andere Mal beteuert Gordon genau dasjenige, was
er dann unterläßt. Derjenige, der die Treue am lautesten hochhält,
bricht sie für den Zuschauer am auffälligsten. Damit führt Komarek
dem Zuschauer vor, wie wenig die Normalität der legitimen Macht auf
jenen Prinzipien beruht, die sie permanent für sich in Anspruch
nimmt, aber genauso kontinuierlich durch Lüge und Verrat negiert.
Darüber hinaus machen die wiederholten Treuebeschwörungen in
Komareks Drama nur allzu deutlich, daß zwischen den Äußerungen
des Akteurs und seinem Handeln ein Bruch vorliegt: Worten kann
nicht getraut werden. Für die Interpretation des Textes ist es daher
zwingend, sich nicht ausschließlich an die Worte der Darsteller zu
halten.[26]

---

24   Klaus Weimar, „Die Begründung der Normalität. Zu Schillers *Wallenstein*", in:
     Zeitschrift für deutsche Philologie 109 (1990), S. 115.
25   Ebd., S. 116.
26   Ebd., S. 115.

Auch Halems Drama, obwohl darum bemüht, die im Interesse
Wiens ausgegebene Verratsbehauptung als solche zu entlarven, kann
keineswegs als subversiv bewertet werden. Vielmehr endet das Drama
versöhnlich, wenn Wallensteins Gattin, Therese, ihren Gatten mythisch-
sentimental und selbstaufopfernd verklärt:

> Wallenstein! – Erbarme dich mein! – Laß mich nicht! O laß mich nicht! –
> Hier will ich sterben – Hier. – Gott! welche Ruh' in dem Antlitz – mehr
> Ruhe, als die Welt giebt. – Dort, dort ging sie auf – und ist ihr Strahl – und
> nie geht sie unter. (Der Vorhang fällt.) (V.3, S. 127)

Der politische Mord mündet in eine Mischung von Sturm-und-Drang-
Stakkato und rührseligem Familiendrama.

Warum wie im Fall der drei Wallenstein-Dramen die Zensur hätte
eingreifen können bzw. eingegriffen hat, verliert man leicht aus dem
Blick, wenn man den heute vorliegenden Dramentext nur als Text liest,
d.h. ihn von der Theaterpraxis der damaligen Zeit abkoppelt. So
politisch „harmlos" bzw. ideologisch konservativ wie die Texte heute
auf uns wirken, waren sie offensichtlich damals nicht, sonst hätten die
Zensurbehörden, die Garanten zu bewahrender Normenansprüche,
nicht reagiert. Die Verhinderung der Aufführung des Schillerschen
Wallensteins in Wien ist zwar ein Extrem- und Sonderfall,[27] gleichzeitig aber nimmt sie auch insofern paradigmatische Züge an, als an
ihr besonders deutlich wird, wie sehr sich das Theater als ein
öffentlicher Ort unterschiedlichsten Interessenkonflikten ausgesetzt
sah. Immer wieder bedurfte es neuer Verhandlungen der Beteiligten
(Autoren, Schauspieler, Direktoren, Zensurbehörden und Publikum),
um festzulegen, was und wie etwas auf der Bühne dargestellt werden
durfte oder nicht.[28] Dieses Geflecht der partizipierenden Gruppen und

---

27 „Noch in den zwanziger Jahren des neunzehnten Jahrhunderts bestand in
    Österreich ein allgemeines Verbot, ‚über Waldstein, den Friedländer etwas drucken
    zu lassen."' Houben, *Verbotene Literatur Literatur* (1965), Bd. 1, S. 552.
28 In Bezug auf Schillers Drama gilt dies selbst noch zur Mitte des 19. Jahrhunderts.
    Houben schreibt: „Erst die revolutionären Ereignisse des Jahres 1848 [...]
    brachen auch Schillers Wallenstein auf dem Burgtheater eine Gasse, und
    Wallensteins Lager durfte am 28. September 1848 die erste Gesamtdarstellung der
    Trilogie in unverstümmelter Gestalt eröffnen. Die Wiener waren aber, so
    berichtet Heinrich Laube, durch die achtzigjährige strenge Zensur, die niemals
    einen Priester auf der Bühne geduldet hatte, so eingeschüchtert, daß die

der jeweilige Kontext, den ich anhand von Schillers, Halems und Komareks Wallenstein-Dramen untersucht habe, erklären, warum die Praxis der Theaterzensur ein für die Forschung so schwieriges Problemfeld ausmacht. Daher lohnt es, in einem Exkurs systematisch auf dieses Forschungsdefizit einzugehen. Wie meine Ausführungen aber auch verdeutlicht haben, hilft gerade die Beschäftigung mit der Zensur, die Ambivalenz dieser Dramentexte aufzudecken.

Damit eröffnet sich die erweiterte Fragestellung, ob nicht im Einzelfall den historischen Dramen doch ein anderer Diskurswert zugesprochen werden muß, als sie lediglich auf ihren vermeintlich eindeutig konservativen Aussagegehalt festzulegen. Anders gefragt: Lag in der Tatsache, daß überhaupt ein Bezug zur „vaterländischen" Geschichte hergestellt wurde, wie rudimentär auch immer, mehr politische und soziale Sprengkraft als eine auf den heute im Druck vorliegenden Dramentext fixierte Lektüre eines ungeübten Lesers nahelegen würde? Diese Frage soll nach dem Exkurs zur Erforschung der Theaterzensur abschließend anhand des Dramas *Otto von Wittelsbach* von Joseph Marius Babo paradigmatisch erörtert werden.

3.2.   Exkurs: Ein problematisierender Aufriß der Forschung zur Theaterzensur im 18. Jahrhundert

Erst als die deutsche Literaturwissenschaft sich ab den 60er Jahren der Sozialgeschichte öffnete, begann sie sich auch für Aspekte der Zensur zu interessieren. Wie Dieter Breuer in seinem umfassenden Aufsatz zum Stand der Zensurforschung treffend bemerkt, konzentrierte sie

---

Kapuzinerpredigt sie zunächst erschreckte und eine ‚beängstigende Wirkung' auslöste. [...] Auch nach Laubes Direktionsantritt 1850 erlebte *Wallensteins Lager* noch mancherlei Zensurschicksale." Houben, ebd., S. 553f. Der Kapuziner in *Wallensteins Lager* war bereits Anlaß zum Verbot der Weimarer Inszenierung bei einem Gastspiel im zu Kursachsen gehörenden Lauchstädt. Nach dreimaliger Aufführung wurde eine weitere Aufführung untersagt. Vgl. Heinrich Becker an Schiller, 29. 6. 1800. *Schillers Werke*, NA, Bd. 38.1, S. 279f.

sich dabei auf die Periode des Vormärz.[29] Diese zeitliche Fixierung hatte zur Folge, daß relativ wenige Forschungsergebnisse zur Zensur im 18. Jahrhundert vorliegen, und schon gar keine systematische oder umfassende Darstellung zur Theaterzensur dieser Zeit zu finden ist.[30] Auch Bodo Plachta schlägt in seiner grundlegenden Arbeit zur Zensur im 18. Jahrhundert gewissermaßen einen Bogen um die Theaterzensur, indem er sich darauf beschränkt, bisherige Forschungsergebnisse im Überblick zu referieren und in einer Fußnote zu konstatieren, daß dank der Sonderstellung der Theaterzensur sich „die traditionelle Zensurforschung [...] diesem Phänomen weitgehend verschlossen hat.“[31] Auch in der Einleitung des jüngsten Bandes zur Zensurforschung heißt es: „Die ganze Geschichte der Zensur – trotz deutlicher Fortschritte in den letzten Jahren – ist noch nicht geschrieben.“[32] Und zu ergänzen wäre: nicht einmal die halbe Geschichte der Theaterzensur![33] Die Gründe für die mangelnde Auseinandersetzung mit der Theaterzensur im 18. Jahrhundert sind vielfältig. Vier dieser Gründe seien nachfolgend ausgeführt.

Der relative Mangel an Forschungsergebnissen zur Zensur im 18. Jahrhundert ist vor allem darauf zurückzuführen, daß jegliche Beschäftigung mit der Zensur ein interdisziplinäres Vorgehen verlangt. Bei der Zensur überschneiden sich notwendigerweise unter

---

29 Dieter Breuer, „Stand und Aufgaben der Zensurforschung“, in: Göpfert u. Weyrauch (Hgg.), ‚Unmoralisch an sich ...‘ Zensur im 18. und 19. Jahrhundert (1988), S. 49 u. 58.

30 Diese Beobachtung läßt sich besonders treffend anhand des Bandes von Helmuth Kiesel und Paul Münch nachweisen. Obwohl die sozialhistorische Darstellung zur Litertaturpraxis Vollständigkeit anstrebt, bleibt beim Abschnitt zur Zensur das Theater als öffentliche Instanz so gut wie ganz ausgespart. Vgl. Helmuth Kiesel u. Paul Münch, Gesellschaft und Literatur im 18. Jahrhundert (1977), S. 104-123.

31 Bodo Plachta, Damnatur, Toleratur, Admittitur. Studien und Dokumente zur literarischen Zensur im 18. Jahrhundert (1994), S. 160.

32 John McCarthy, „Einleitung. Zensur und Kultur: ‚Autoren und nicht Autoritäten!‘“, in: John McCarthy et al. (Hgg.), Zensur und Kultur. Zwischen Weimarer Klassik und Weimarer Republik mit einem Ausblick bis heute (1995), S. 11.

33 Lapidar, aber zutreffend vermerkt Silvia Wimmer in einer Fußnote: „Eine Geschichte der Theaterzensur in Deutschland fehlt.“ Dies., Die bayerisch-patriotischen Geschichtsdramen (1999), S. 63.

anderem der kirchenhistorische, juristische, geschichts- und kommuni-
kationswissenschaftliche, soziologische, literatur- und der theaterhistorische Forschungsbereich. Darüber hinaus hat Barbara Becker-
Cantarino mit ihrem Begriff der Geschlechterzensur sowohl den inter-
disziplinären Aspekt durch eine feministische Forschungsperspektive
ergänzt und ausgeweitet als auch auf ein weiteres Defizit in Sachen
Zensurforschung aufmerksam gemacht.[34]

Da die Literaturwissenschaft sich jedoch noch immer allzu gerne
darauf beschränkt, das Drama hauptsächlich als eine fixierte Textgröße
zu behandeln und somit außerliterarische Bedingungen vernachlässigt,
werden entscheidende Fragestellungen ausgeblendet; nicht zuletzt
auch die nach den Zensurbedingungen als konstitutiver Größe des
Dramas. Sieht man hingegen den Dramentext als *einen* Faktor im
Kontext der Aufführungsbedingungen, plaziert ihn also in der
Theaterpraxis des ausgehenden 18. Jahrhunderts, dann avanciert der
von der Literaturwissenschaft favorisierte, gedruckte Dramentext selbst
zu einer kritischen Kategorie, die gleich mehrere neue Fragen aufwirft.
Die Tatsache, daß Dramentexte in der zweiten Hälfte des 18.
Jahrhunderts zunehmend gedruckt wurden,[35] dokumentiert einerseits
die gewachsene Wertschätzung, die das Buch vor allem für das
aufsteigende Bürgertum annahm. Andererseits verweist Reinhart
Meyer auf zweierlei problematische Konsequenzen dieser Aufwertung:

> Im Verlauf von nur 50 Jahren hatte sich das kulturelle Bewußtsein der
> bürgerlichen Intelligenz auf ein Medium verengt: das Buch. Geist,
> Wissenschaft, Intellekt wurden öffentlich und erhielten Existenz erst durch
> die Publikation, wurden kurrent erst über den Buchmarkt. [...] Der Druck
> eines Werkes wurde zum Qualitätsmerkmal. Diese Bedeutung erhielt das
> Buch, weil es das einzige genuin bürgerliche Medium war [...].[36]

---

34 Barbara Becker-Cantarino, „Geschlechterzensur. Zur Literaturproduktion der deut-
    schen Romantik", in: McCarthy et al. (Hgg.), *Zensur und Kultur* (1995), S. 88-
    98.

35 Ein Beleg hierfür ist die in den Jahren 1790-1798 erschienene *Theatralische
    Sammlung* mit insgesamt 271 Bänden, die jeweils zwei bis drei Dramen
    enthalten, und die damit zur umfangreichsten Anthologie dieser Art zählt(e).

36 Reinhart Meyer, „Einleitung", in: *Bibliographia dramatica et dramaticorum*
    (1986), Bd. 1, S. XXVI.

Eine der Konsequenzen, die der Aufschwung der gedruckten Dramentexte mit sich brachte, war nach Meyer, daß „mit ihm die Dominanz
des Textes und seiner Poetizität über das Spiel des Schauspielers
erkämpft [wurde]; oder anders: Er dokumentiert den grandiosen Sieg
der Literaten über das Theater [...]."[37] Für unseren Zusammenhang
entscheidender als diese in der Forschungspraxis der Literaturwissenschaft sich widerspiegelnde Dominanz ist hingegen eine zweite
Konsequenz, auf die Meyer hinweist. Die Reduktion von Literatur und
Kultur auf das Medium Buch hatte des weiteren zur Folge:

> Allem Theaterspiel sollten gedruckte Texte zugrunde gelegt, das Theater
> kontrollierbar, die Texte zensierbar werden. In einem sehr vordergründigen
> Sinn wurden auf diese Weise Autoren- und Verlegerinteressen vertreten,
> denn es war klar, daß das, was nun noch gespielt wurde, nach autorisierten
> Texten gespielt werden mußte.[38]

Im 18. Jahrhundert konnte der gedruckte Dramentext demnach nicht
nur im Interesse der Autoren und Verleger, sondern auch im Interesse
der Zensurbehörden zu einer entscheidenden Dimension werden.
Dieser langfristige Trend, der im 19. Jahrhundert vollends durchgesetzt wurde, setzte in der zweiten Hälfte des 18. Jahrhunderts ein. Denn
solange der Autor und sein gedrucktes Werk nicht den Schutz des
Urheberrechts genossen, solange galt auch die gedruckte Vorlage
nicht als einzige Bezugsgröße für die Bühnen. Vielmehr konnte ein
einmal gedruckter Text je nach Gusto des Schauspieldirektors
umgestellt und bearbeitet werden, ohne daß der Autor in diesen Prozeß
von Rechts wegen hätte eingreifen können.[39] Daher war ein Autor wie
Schiller auch umso mehr bemüht, vor der endgültigen Drucklegung
seine Bühnenmanuskripte an so viele Bühnen wie möglich auf
Honorarbasis zu verkaufen. So gesehen nehmen Schillers Verhandlungen um etwaige Aufführungen der *Wallenstein*-Dramen angesichts
der Zensurschwierigkeiten paradigmatischen Charakter an.

---

37 Meyer, „Einleitung" (1986), S. XXVII.
38 Ebd., S. XXVI.
39 Vgl. z. B. Körners Brief an Schiller vom 31. 12. 1802. „Jetzt da Dein Werk
     gedruckt ist, mußt Du Dir allerley Gestalten gefallen lassen [...]." *Schillers
     Werke.* NA. Bd. 39.1. S. 355f.

Einen exemplarischen Stellenwert erhalten auch die Zensur-
verordnungen für die Wiener Theater. Bekanntlich wurde 1752 unter
der Kaiserin Maria Theresia per Edikt versucht, das Extemporieren
bzw. das Stegreifspiel und den Hanswurst von der Bühne zu
verbannen. Ab 1760 galt als zusätzliche Verschärfung die Einführung
der Vorzensur, nach der alle Bühnenmanuskripte vor ihrer möglichen
Aufführung einer Zensurprüfung unterlagen. Da weder das erste
Zensuredikt von 1752 gegen das freie Sprechen und Spielen noch die
Verschärfung von 1760 die gewünschte Wirkung gezeigt hatte,[40]
kann die neuerliche Verschärfung von 1770 aus Sicht der Staatsräson
nur als konsequent bezeichnet werden. Verantwortlich für dieses
neuerliche Zensuredikt war Joseph von Sonnenfels, der zwar für nur
kurze Zeit,[41] dafür aber umso folgenreicher die Theaterzensur als
Instrument der reformfreudigen Aufklärungspolitik einspannte.[42]

Sonnenfels hatte sich in den 60er Jahren publizistisch für die
Reform der Wiener Schaubühne als einer „Sittenschule der Nation"
eingesetzt, in der das Ästhetische des Theaters in den Dienst einer
vernünftigen Moralethik gestellt wurde. „Die politischen Wirkungs-
möglichkeiten des Theaters wurden kongruent mit den Absichten des
Staates gesehen."[43] Deshalb galt Sonnenfels' ganze Aufmerksamkeit
der unkontrollierbaren extemporierten Komödie, die eben keine
moralische Botschaft des menschlichen Wohlverhaltens zu ihrem
Gegenstand hatte, sondern vielmehr den gesellschaftlichen Moralkodex durch Anzüglichkeiten in Sprache und Mimik zu sprengen
schien. Neben seinem Wirken als eine Art Kulturjournalist verfaßte
Sonnenfels bereits 1765, fünf Jahre bevor er zum „mächtigsten Mann
im Wiener Theaterwesen"[44] wurde, folgende Grundsätze:

> Aus eben dem Grundsatze, daß die Schaubühne eine Schule der Sitten seyn
> soll, ist nicht zuzugeben, daß unflättige Possen, oder anders die Sitten und

---

40 Hilde Haider-Pregler, *Des sittlichen Bürgers Abendschule* (1980), S. 270.

41 Haider-Pregler, „,Sittenschule' der Nation. Joseph Sonnenfels und das Theater",
    in: Helmut Reinalter (Hg.), *Joseph von Sonnenfels* (1988), S. 236.

42 Sonnenfels' Zensuredikt von 1770 wurde 1782 unter Joseph II. auf das gesamte
    habsburgische Reich ausgeweitet und blieb bis 1848 als ein Kerntext der
    Theaterzensurpraxis maßgeblich. Vgl. Haider-Pregler, ebd., S. 232.

43 Ebd., S. 200.

44 Ebd.. S. 230.

den Anstand entehrendes Zeug auf derselben zum Vorschein komme. Es ist
also eine Theatralcensur unumgänglich erforderlich. [...] es sind keine
anderen als censurierte Stücke aufzuführen. Die ungezwungenste Folge
hieraus also ist, die extemporirten Stücke ganz abzuschaffen.[45]

Dieser Programmentwurf zur unbedingten Vorzensur wurde dann
1770 übernommen und genaueren Bestimmungen unterworfen, von
denen die wichtigsten Punkte genannt seien:

> 1^{O} daß derselbe [= Sonnenfels] bey der Censur nichts zulassen solle, was die
> Religion, den Staat oder die guten Sitten im mindesten beleidiget, oder auch
> offenbarer Unsinn, und Grobheit, folglich des Theaters einer Haupt- und
> Residenzstadt unwürdig ist. 2do sind sothaner Censur nicht nur alle neu
> hergebende sondern auch die schon vormals aufgeführte Stücke [sic], sie
> seyen zum Druck, oder zur blossen Vorstellung bestimmt, ohne Ausnahme
> zu unterwerfen [...]. 4to ist, nachdem ohnehin schon, das extemporiren
> verboten worden, den Schauspielern in der Vorstellung alles geflissentliche
> Zusetzen, Abändern, oder aus dem Stegreif, ohne vorgängige gleichmässige
> Billigung der Censur, an das publicum stellende Anreden, auf das schärfste,
> und mit der Bedrohung zu untersagen [...]. 5to wird der Censor insonderheit
> [...] auf die Execution der Stücke die genaueste Aufsicht tragen, damit die
> Sittsamkeit eben so wenig durch Geberden, oder Gebrauchung,
> ohnanständiger in deren zur Censur gegebenen Aufsatz nicht bemerkter
> sogenannter requisiten, oder attributen verlezet werde, als worauf die
> nemliche Strafe, wie auf das extemporiren gesetzt ist.[46]

Aus diesem Dekret läßt sich indirekt schließen, daß das Buch auf Dauer
als die geeignetere Ausgangsbasis für eine verschärfte Theaterzensur
angesehen werden mußte. Denn der einmal schriftlich fixierte und
dann durch den Druck multiplizierte Text bot größere Gewähr, daß
sich der vom Autor geschaffene Dramentext als entscheidende
Kategorie der Dramenproduktion durchsetzen konnte. Zudem wurde

---

45 Joseph v. Sonnenfels, „Sätze aus der Policey-, Handlungs- und Finanzwissen-
    schaft. Zum Leitfaden der akademischen Vorlesungen". Zit. nach Haider-Pregler,
    „‚Sittenschule' der Nation" (1988), S. 197.
46 Handbillet Josephs II. vom 15. 3. 1770. Zit. nach Haider-Pregler, „‚Sittenschule'
    der Nation" (1988), S. 231. Haider-Pregler druckt dieses Edikt neben dem Entwurf
    von Sonnenfels ab. Aus dieser Gegenüberstellung schließt sie auf die Autorschaft
    von Sonnenfels. Außerdem ist das Edikt abgedruckt in: Dies., *Des sittlichen
    Bürgers Abendschule* (1980), S. 346.

damit die Arbeit der Zensur erleichtert, weil die vielen Variablen einer
Theaterproduktion nun durch zumindest eine wichtige „meßbare"
und daher besser kontrollierbare Konstante ersetzt wurden.

So wünschenswert es aus der Sicht der Zensurpraxis also sein
mußte, einen gedruckten Text vorliegen zu haben, für den sich der
Autor verbürgte und nach dem sich Schauspieldirektor und Schauspieler zu richten hatten, so wenig bedeutete die einmal fixierte
Schriftform eine Eliminierung aller anderen Variablen. Denn das
Edikt macht auch deutlich, daß der schriftlich fixierte Spieltext –
entweder als gedrucktes Buch oder handschriftlich als Bühnenmanuskript – noch keine hinreichende Garantie für die Bewahrung
der gewünschten Normenkontrolle ausmachte: Auch die szenische
Umsetzung des Textes unterlag der Zensuraufsicht, da Körpersprache,
Tonfall und Aktion des Schauspielers sowie die Ausstattung der Bühne
einen eigenständigen semiotischen Kontext bilden, der dem schrift-
lichen nur bedingt entnommen werden kann. Diese medienspezifische
Differenzierung seitens der Zensur zeigt, was die Zensurbehörde der
Literaturwissenschaft „voraus hatte", nämlich das Drama im Gesamt-
kontext seiner Aufführungsbedingungen zu sehen. Noch die Wiener
Zensurpraxis unter Franz Karl Hägelin, der von 1772 bis 1805 für die
Theaterzensur in Wien zuständig war, bestätigt diesen medien-
spezifischen Aspekt. Viele Dramentexte konnten zwar unzensiert als
Buch vom Publikum käuflich erworben, oftmals jedoch nicht
gleichzeitig auf der Bühne in derselben Textgestalt gezeigt werden.[47]

Die von Sonnenfels in aufklärerischer Absicht verfolgte Zielsetzung, das Theater als eine moralisch taugliche Lehranstalt unter der
Oberaufsicht des Staates zu instrumentalisieren, gab „den entscheidenden und wesentlichen Anstoß für die spätere Konsolidierung
des Burgtheaters als repräsentatives Staatstheater [...]."[48] Das ist dann
jene Form des Theaters, auf die sich die Literaturwissenschaft in ihrer
Auseinandersetzung mit dem Drama als Printmedium am besten
versteht und die dabei in die hier angedeutete Dialektik des Aufklär-

---

47 Vgl. Franz Hadamowsky, „Ein Jahrhundert Literatur- und Theaterzensur in
    Österreich (1751-1848)", in: Herbert Zeman (Hg.), *Die österreichische Literatur.
    Ihr Profil an der Wende vom 18. zum 19. Jahrhundert (1750-1830)* (1979), Bd. 1,
    S. 292 u. 304.
48 Haider-Pregler, „‚Sittenschule' der Nation" (1988), S. 244.

ungsprozesses übergeht.[49] Der Dialektik von Printmedium und
Theaterpraxis weicht die Philologie dort nicht aus, wo es gilt, Text-
varianten historisch-kritisch zu verifizieren und zu rekonstruieren.
Doch selbst dann geht es ihr vornehmlich darum, den Autorin-
tentionen gerecht zu werden, nicht darum, den Text als eine Kategorie
im Zusammenhang einer Bühnenproduktion zu erfassen, was zur
Konsequenz hat, daß die Theaterzensur als immanenter Bestandteil der
Textproduktion ausgeklammert wird.

Zu der angedeuteten Dialektik sowohl in Bezug auf die Funktion
des Buches als auch hinsichtlich der Nationaltheaterentwicklung
gehört ebenfalls, daß gerade die Aufklärung und die während der
unterschiedlichen Phasen eines reformorientierten Absolutismus
liberalisierte Zensurpraxis erst den Apparat und die Strukturen jener
Zensurpraxis schufen, die dann besonders in der Periode zwischen
1819 und 1848 so effizient werden konnten.[50]

Meine Ausführungen zur Funktion des Buches unterstreichen das
notwendige interdisziplinäre oder zumindest multidisziplinäre
Vorgehen, will man die Selektion, Steuerung und Kontrolle
symbolischer Produktion in der Öffentlichkeit interpretieren. Gerade
weil die Kontrollmechanismen sich nicht ausschließlich in der
formellen Zensur (= staatliche Kontrolle) manifestieren, ist das Zusam-
menwirken unterschiedlicher Fachdisziplinen unerläßlich. Während
getrennt operierende Fachdiskurse in Bezug auf die Theaterzensur
blind bleiben, antizipiert die Zensurpraxis den Idealfall interdisziplinärer Forschung.

Insofern die Zensurforschung eine Schnittmenge vielfältiger Diskurse
bildet, tendiert sie dazu, diachronisch im Längsschnitt und anekdotisch
zu werden, da ihr interdisziplinärer Charakter leicht zu postulieren,

---

49 Eine andere dialektische, hier aber nicht weiter relevante Wirkung der von
    Sonnenfels durchgesetzten Theaterzensur benennt Haider-Pregler, „‚Sittenschule‘
    der Nation" (1988), S. 244: „Auf der anderen Seite bewirkte sein [= Sonnenfels']
    hartnäckiges und kompromißloses Vorgehen gegen jedwede Form des Stegreif-
    spiels wohl dessen völlige Unterdrückung innerhalb der Stadtmauern, erzwang
    jedoch zugleich einen ‚Literarisierungsprozeß' der Altwiener Komödie, die dann
    auf den Vorstadtbühnen einer neuen Blütezeit entgegenging und schließlich mit
    Raimund und Nestroy ihren Rang in der Weltliteratur erobern konnte."
50 Vgl. Breuer, *Geschichte der literarischen Zensur in Deutschland* (1982), S. 140.

aber nur schwer zu realisieren ist. Beispiele hierfür sind die material-
reichen und auch 90 Jahre später noch grundlegenden Arbeiten zur
Zensur von Heinrich Hubert Houben,[51] die Breuer zu Recht lobt, ohne
ihre Mängel zu verschweigen:

> Der geplante 3. Band kam nicht mehr zustande. Houben verstand es,
> Archivfund und anschauliche exemplarische Darstellung zu verbinden. Eine
> theoretisch-systematische Klärung des Zensurphänomens im Rahmen der
> politischen Geschichte oder einer Sozialgeschichte der Literatur lag ihm
> fern. [...] Die Summe der Einzelfälle ergibt freilich noch kein klares Bild
> von Literaturgeschichte als Zensurgeschichte, zumal er sich auf die Zeit seit
> 1750 beschränkt.[52]

Breuer selbst versuchte dieses bei Houben beklagte Manko in seiner
eigenen *Geschichte der literarischen Zensur in Deutschland* aufzuheben. Doch auch er liefert ähnlich wie Houben einen Längsschnitt
der literarischen Zensur und stellt wie Houben die Zensurforschung
hauptsächlich aus der Perspektive der Rechtsverhältnisse bzw. der
formellen Zensur dar.[53] Außerdem greift er wie Houben immer wieder
auf paradigmatische Einzelfälle zurück, die zwar hinsichtlich der
Darstellung keinen anekdotischen Charakter annehmen, doch mit der
Anekdote gemein haben, daß sie eingestreut und verstreut wirken. Im
Unterschied zu Houben bringt Breuer ein stärkeres Maß an theoretischer Reflexion mit, zumal er in der Einleitung sein Forschungs-
vorhaben klar ein- und sich von anderen möglichen Aspekten der
Zensurforschung deutlich abgrenzt.[54] Zu dieser Abgrenzung gehört

---

51 Houben, *Verbotene Literatur von der klassischen Zeit bis zur Gegenwart* (1924-
     1928/1965). Ebenfalls nachgedruckt wurde: *Der ewige Zensor. Längs- und
     Querschnitte durch die Geschichte der Buch- und Theaterzensur* (1926/1978).
52 Breuer, „Stand und Aufgaben der Zensurforschung" (1988), S. 42f. Trotz seiner
     Kritik betont Breuer, daß „Houbens Arbeiten [...] in der zünftigen Literatur-
     wissenschaft immerhin so viel bewirkt [haben], daß die Fachbibliographien und
     Sachwörterbücher mehr oder weniger ausführlich auch die Rubrik bzw. das
     Stichwort *Zensur* aufnahmen." Ebd., S. 43.
53 Vgl. Houben, *Verbotene Literatur* (1965), Bd. 1, S. 5. Breuer: „Es gibt viele
     Zugänge zur deutschen Literaturgeschichte. Der hier gewählte Zugang über die
     Rechtsverhältnisse ist gewiß nicht der uninteressanteste [...]." Breuer,
     Geschichte der literarischen Zensur in Deutschland (1982), S. 7.
54 Ebd.. S. 13-22.

unter anderem auch, daß Breuer die Theaterzensur nicht systematisch berücksichtigt, sondern nur gelegentlich streift. Gerade diese Aussparung bestätigt indirekt erneut, wie komplex die Problematik der Theaterzensur ist.

Diese Komplexität mag ein Grund dafür sein, warum zur Theaterzensur keine Arbeit nach deduktiver Methode vorliegt. Denn diese würde einen umfassenden Ansatz voraussetzen, der die Vielschichtigkeit und das Ineinandergreifen von künstlerischen Aspekten des Dramentextes und die vielen Faktoren einer Bühnenproduktion erfaßte. Ein deduktiver Ansatz erforderte eine theoretische Durchdringung und Reflexion des Problems, etwa in der Art, wie sie Ulla Otto mit ihrer soziologischen Analyse zur literarischen Zensur ganz allgemein vorgelegt hat.[55]

Warum ein solcher theoretischer Ansatz so schwierig bleibt, zeigt gerade der systematische Aufriß zum Themenkomplex Zensur, den Klaus Kanzog zum *Reallexikon der Deutschen Literaturgeschichte* beigesteuert hat.[56] Denn selbst der Versuch, das Problem der Zensur so systematisch und theoretisch wie möglich zu durchdringen, kann nicht ohne historische Partikularitäten auskommen. Erst aus den Einzelfällen der Geschichte lassen sich verallgemeinerbare Kriterien ableiten, nach denen sich die Einzelfälle kategorisieren lassen, wie etwa das Kriterium des Zeitpunktes, zu dem die Zensur eingreift; also die Frage danach, ob es sich um eine Vor-, Nach- oder Rezensur handelt. Eine andere Kategorie, nach der sich die aus der Geschichte gewonnenen Zensureingriffe einteilen lassen, ist die des Mediums, das zensiert werden kann: Buch, Presse, Bibliothek, Film oder – wie in unserem Falle – das Theater.[57] Doch erweisen sich diese Oberbegriffe und Kategorien nur als bedingt sinnvoll, da sie sich einzig und allein aus einem historischen Kontext ableiten lassen. Die Theaterzensur teilt beispielsweise Aspekte mit der Filmzensur, ohne jedoch mit dieser

---

55 Ulla Otto, *Die literarische Zensur als Problem der Soziologie der Politik* (1968).

56 Vgl. Klaus Kanzog, „Zensur, literarische", in: *Reallexikon der deutschen Literaturgeschichte* (1984), Bd. 4, S. 998-1049.

57 Die medienspezifische Differenzierung ist in sich bereits problematisch: Denn Theater- und Bibliothekszensur sind ebenso wenig vergleichbar wie Kino- und Filmzensur. Während das Buch und der Film ein Medium darstellen, sind Theater, Bibliothek oder Kino keine Medien, sondern Institutionen, die sich eines spezifischen Mediums annehmen.

identisch zu sein, da das Medium Film einen anderen historischen, technischen und wirtschaftlichen Kontext hat als das Theater. Auch der lexikalische und daher um ein hohes Maß an Systematik bemühte Eintrag Kanzogs bleibt deshalb eine bisweilen diffuse Mischung aus dem jeweils zum Oberbegriff passenden historischen Längsschnitt und theoretischen Überblick.

Die Schwierigkeit einer deduktiven Vorgehensweise erweist sich bereits bei der Begriffsklärung dessen, was Zensur eigentlich ist. Wie John McCarthy richtig konstatiert, fehlt es bis heute an einer Legaldefinition der Zensur.[58] So arbeiten etwa Michael Kienzle und Dirk Mende mit einer sehr weitgefaßten Definition, wenn sie schreiben:

> Zensur ist die mit Machtmitteln versehene Kontrolle menschlicher Äußerungen. Sie führt bei Bedarf zu rechtsförmigen und außerrechtlichen Sanktionen. Beispielsweise zur Behinderung, Verfälschung oder Unterdrückung von Äußerungen vor oder nach ihrer *Publizierung*.[59]

Diese Definition hat zum einen den Nachteil, daß sie jede Art der sozialen Kontrolle umfaßt,[60] also letztlich zu unspezifisch und daher nicht anwendbar ist. Zum anderen ist sie deshalb problematisch, weil man nicht umhin kommt, sie in verschiedene Teil- und Subsysteme auszudifferenzieren, was wiederum sinnvollerweise nur innerhalb eines historischen Kontextes geschehen kann. Wie schon bei Kanzog stellt sich eine kaum auszutarierende Spannung zwischen der Allgemeinheit der Definition und der Partikularität der spezifischen historischen Situation ein. Funktion und Ziel der Zensur werden von den beiden Autoren ebenfalls sehr allgemein definiert:

> Zensur [zielt] auf die Internalisierung von Herrschaftsansprüchen. Zensurmaßnahmen sollen die öffentliche Meinung vor Äußerungen schützen, welche die bestehende Ordnung gefährden könnten: die Herrschafts-, Autoritäts- und vor allem die Eigentumsverhältnisse. [...] Von dieser Vorstellung ausgehend, zielt Zensur auf die Entmündigung der Mehrheit der Bevölkerung. Zensurmaßnahmen sollen die öffentliche Erörterung von

---

58 McCarthy, „Einleitung“, in: McCarthy et al. (Hgg.), *Zensur und Kultur* (1995), S. 5.

59 Michael Kienzle u. Dirk Mende, *Zensur in der BRD. Fakten und Analysen* (1980), S. 231.

60 Breuer, *Geschichte der literarischen Zensur in Deutschland* (1982), S. 9.

Konflikten einschränken, um Autoritäts- und Loyalitätsverluste einzudämmen und rückgängig zu machen.[61]

So richtig eine solche Definition sein kann – wie noch weiter unten zu zeigen sein wird, ist sie anfechtbar bzw. ergänzungsbedürftig –, und so sehr es der Struktur einer jeden Definition entspricht, die Summe von Teilaspekten zu sein, so wenig hilfreich ist eine solche Definition bei der konkreten Umsetzung eines Forschungsprojektes etwa zur Theaterzensur im 18. Jahrhundert. Sie kann bestenfalls einen Rahmen bereitstellen, aber nur sehr begrenzt eine brauchbare Arbeitshypothese freisetzen.

Der zuletzt genannte Gesichtspunkt – die Spannung zwischen deduktivem und induktivem Ansatz, zwischen einer allgemeinen Theorie oder Definition der Zensur und der historischen Partikularität der Zensurpraxis – führt mich zum dritten Aspekt. Selbst wenn man bei der Erforschung der Theaterzensur im 18. Jahrhundert um eine gewisse Systematik und eine theoretische Reflexion bemüht ist, so kann man nicht umhin, die Partikularinteressen der zahlreichen feudalen Staaten wahrzunehmen. Breuer benennt diese Schwierigkeiten einer historisch orientierten Zensurforschung sehr genau, wenn er schreibt:

> Ein Überblick über den Stand der historischen Zensurforschung im Bereich des Mediums Buch wird die Einzelforschung sinnvollerweise nach zwei Gesichtspunkten ordnen: zeitlich und regional. Deutschland ist bis auf die Zeit von 1933-45 niemals ein zentralistischer Einheitsstaat gewesen, sondern ein föderativer Verband relativ selbständiger Territorien unterschiedlichen Rechts mit einer politisch nur beschränkt handlungsfähigen zentralen Ebene. [...] Dabei ist noch zu bedenken, daß die historischen Entwicklungen in den Territorien und auf der zentralen Ebene sich nicht einmal synchron vollzogen haben müssen. [...] Eine Geschichte der Zensur in Deutschland zu schreiben, ist also schon methodisch ein dornenvolles Geschäft.[62]

---

61 Kienzle u. Mende, *Zensur in der BRD* (1980), S. 231.
62 Breuer, „Stand und Aufgaben der Zensurforschung" (1988), S. 49.

Bedenkt man, daß die von Breuer genannten Schwierigkeiten sich auf
die Erforschung der Bücherzensur beziehen, so wird verständlich,
warum die um viele Faktoren komplexere Theaterzensur sich für die
Forschung noch schwieriger ausnimmt. Daß dieses Problem jedoch
nicht nur für die Forschung gilt, sondern sich auch für die
Zeitgenossen im 18. Jahrhundert als ein solches darstellte, zeigt Franz
Karl Hägelins allgemeine Mahnung an den Zensor am Ende seiner
Denkschrift aus dem Jahre 1795: „Jedes Stück ist ein Ganzes, das
zusammenhängt, und die Fälle mannichfaltig, daß man in diesem
Fache nichts genaues für alle Fälle bestimmen kann. Zeit und
Ortsumstände sind überall in Erwegung [sic] zu ziehen [...]."[63]

Breuers Verweis auf die regionalgeschichtliche Forschung deutet
die Kehrseite der besagten Spannung zwischen induktivem und
deduktivem Ansatz an. Denn es liegen zwar zahlreiche Studien auf
regional- und lokalgeschichtlicher Ebene vor,[64] doch sind die meisten
von ihnen positivistisch ausgerichtet, so daß übergeordnete Fragestellungen der Zensur unberücksichtigt bleiben oder völlig in den Hintergrund geraten.[65] Daß die meisten dieser regionalen und lokalen
Studien ihrerseits die Theaterzensur übergehen, hängt nicht zuletzt
davon ab, daß das Theater als öffentlicher Ort von so vielen und
unterschiedlichen Faktoren geprägt wird wie Autoren, Schauspieler,
Dramaturgen, Intendanten, Darstellung, Publikum, politischer und
finanzieller Herrschaft. Wie meine Ausführungen zu den Wallenstein-
Dramen gezeigt haben, ist es keineswegs damit getan, sich allein auf
die legale oder formelle Zensur zu stützen.

Denn es ist eine Sache, Vorschriften der formellen Zensur heranzuziehen, und eine andere, ihre Auswirkungen auf dem Theater
nachzuweisen. So muß beispielsweise Haider-Pregler in Bezug auf das
von Sonnenfels initiierte Zensurdekret eingestehen:

---

63 Zitiert nach Glossy, *Zur Geschichte der Wiener Theatercensur* (1896), S. 99.
64 Breuer bietet detaillierte bibliographische Angaben. Ders., „Stand und Aufgaben
    der Zensurforschung" (1988), S. 48-56.
65 Eines von Plachtas Verdiensten ist es, daß er „an ausgesuchten regionalen,
    institutionellen und durch literarische Erscheinungsformen bestimmten Beispielen einen Epochenüberblick" vermittelt, d.h. partikulare Ergebnisse zu einem
    Ganzen bündelt. Wie schwierig dieses anvisierte Ziel bleibt, ist dem Autor nur
    allzu bewußt. Plachta, *Damnatur, Toleratur, Admittitur* (1994), S. 7.

Sonnenfels waren jedoch nur wenige Monate vergönnt, seine Vorstellungen einer Nationalschaubühne einer praktischen Verwirklichung entgegenzuführen. Signifikante Resultate einer Erneuerung von Spielplan, Darstellungskunst und Publikumsverhalten sind (theaterhistorisch) für die wenigen Monate seiner Machtbefugnis daher kaum feststellbar. Ebenso karg sind die Zeugnisse darüber, wie er angesichts der vorgelegten Spieltexte seinen Zensurstift handhabe.[66]

Gerade wenn man das Drama im Kontext seiner Aufführungsbedingungen sieht und deshalb unter anderem die Zensurpraxis einbezieht, stellt sich die praktische Frage, wie im Einzelfall überhaupt nachzuweisen ist, daß eine solche Zensur stattgefunden hat und nach welchen Gesichtspunkten sie vorgenommen wurde.

Wie vielschichtig die Theaterzensur sein kann, zeigt auf sehr prägnante Weise der kurze Dramentext *Die Martinsgänse* (1798) von Gustav Hagemann (1760-1829 oder 1835), der als ein Nachspiel zur Aufführung gelangte, jene weitverbreitete Theaterpraxis und -gattung, die David John erstmals aufgearbeitet hat.[67]

Hagemanns kurzer Dramentext ist ein Glücksfall im Bereich der Zensurforschung, da er nicht allein im Druck, sondern auch in der Version des Zensors und außerdem als Manuskript des Schauspieldirektors (mit dessen tatsächlichen Auslassungen) vorhanden ist. Aufgrund dieser ungewöhnlichen Quellenlage läßt sich die vorgenommene Zensur relativ mühelos rekonstruieren und entsprechend interpretieren. John über seinen Fund:

> The deletions concentrate on four broad areas of thematic content: the nature and situation of the clergy; progressive thinking as opposed to traditional customs; comment on the nobility; and the role of actors and the theatre.[68]

Der Hauptcharakter des Einakters ist ein protestantischer Pfarrer, der in der Buchversion als sympathisch, bescheiden, hilfreich und gutherzig porträtiert wird. Doch diese guten Eigenschaften des Pfarrers waren als satirische Karikatur seiner Person und seines Berufsstandes gemeint. Die Zensur hat sie auch als solche wahrgenommen

---

66 Haider-Pregler, „‚Sittenschule' der Nation" (1988), S. 236.
67 David G. John, *The German* Nachspiel *in the Eighteenth Century* (1991). Johns Studie enthält die bis dato vollständigste Bibliographie zum Nachspiel.
68 Ebd., S. 279.

und daher ihren Stift angesetzt. Das Resultat nach diesem Zensur-
eingriff beschreibt John wie folgt:

> What is left of the scene after the censor's purge is an idyllic picture of a
> poor and simple pastor, tidy, frugal, and generous to those in need. Gone
> are the satire on country clergymen with their excessive drinking, their large
> noisy families, and slovenly household help [...]; gone the reference to the
> thieves who victimize him and represent a dark side of their society.[69]

Wüßte man nicht um die Arbeit des Zensors und könnte dessen
Eingriffe nicht mit dem gedruckten Text vergleichen, oder würde man
nur den Buchdruck kennen, so entstünde ein völlig anderer
Ausgangspunkt zur Interpretation. Aufgrund seiner kontrastiven
Lektüre kann John jedoch überzeugend nachweisen, daß Yüksel
Pazarkayas ältere Einschätzung zum Einakter des 18. Jahrhunderts als
überholt gelten muß. Letzterer vertritt die These: „Die Zeit- und
Gesellschaftskritik kommt [...] im Einakter nur am Rande vor, nicht als
Stoff oder gar zur Handlung ausgebaut."[70] John korrigiert diese
These u.a. aufgrund seines außergewöhnlichen Textfundes und
kommt zu folgendem Resümee:

> This chapter demonstrates one fact above all: what we might read today in
> published texts or even manuscripts tells us only part of the story of
> dramatic works two centuries ago. Previous chapters showed that the actor's
> own freedom to interpret a role, be it through extemporization, external
> direction, or individual technique, in many cases carried that role far beyond
> what stood in the script. Now the act of censorship must be added as a
> second major influence on the text. Clearly, for these two reasons, the
> modern reader must always be vigilant against interpretation and under-
> standing based solely on the written word.[71]

Johns Plädoyer, die Zensur als Faktor bei der Erstellung eines
Dramentextes zu verstehen, hat mich im Falle von Komareks *Waldstein*
dazu veranlaßt, den vorzensierten Dramentext nicht ausschließlich auf
seinen im Druck überlieferten autoritär-konservativen Gehalt festzulegen, sondern die Zensur als konstitutives Element der Interpretation

---

69   John, *The German* Nachspiel (1991), S. 281.
70   Yüksel Pazarkaya, *Die Dramaturgie des Einakters* (1973), S. 120.
71   John, ebd., S. 286f.

zu berücksichtigen. Der zensierte Dramentext Komareks legt nahe, daß trotz seines autoritären Geschichtsbildes der Rückgriff auf die Geschichte aus der Sicht des Zensors einen Normverstoß bedeutete. Zu vermuten ist daher, daß dem Schauspieltext in seiner unzensierten Form eine subversive Intention eingeschrieben war, die ursächlich mit Komareks Geschichtsaneignung zusammenhängt.

Das von John exemplarisch gezeigte Vorgehen einer kontrastiven Lektüre von zensiertem Text versus Autorentext löst unter anderem zwei Punkte jener „zukünftigen Aufgaben einer spezifisch literatur-wissenschaftlichen Zensurforschung"[72] ein, von denen Kanzog spricht. Zum einen sei es „nur auf der Basis eines im Zusammenhang lesbar gemachten Text-Syntagmas von Zensureingriffen [...] möglich, Reizworte systematisch zu erfassen und die Suchbilder der Zensoren zu rekonstruieren", zum anderen erleichtern

> Zensurvarianten [...] die Interpretation des vom Autor intendierten Textes, da sie als Bedeutungsmarkierungen angesehen werden können. Sie verweisen auf die im Text enthaltenen Analogiebeziehungen zu außertextuellen Fakten, lassen geltende Sprachregelungen erkennen und machen auf die Tabuisierung bestimmter Themen aufmerksam.[73]

Das zentrale Problem bei der Umsetzung dieser Anforderungen ist jedoch insbesondere für die Theaterzensur des 18. Jahrhunderts die mangelhafte Quellenlage. Wie können tatsächlich vorgenommene Zensureingriffe mit den Dramentexten der Autoren oder den Bühnenmanuskripten (Soufflierbüchern) verglichen werden? Diese praktischen Hindernisse werden nicht zuletzt daran ablesbar, daß Kanzog seine Forschungsansprüche ausschließlich an den Werken von Autoren des 19. Jahrhunderts (Grillparzer, Nestroy, Heine, Hauptmann und Wedekind) exemplarisch einlöst, für die eine wesentlich bessere Dokumentationsgrundlage besteht. Ausnahmen wie der Einakter Gustav Hagemanns oder die weiter oben angeführte *Wallenstein*-Fassung von Vogel bestätigen nur die Regel.

---

72 Kanzog, „Textkritische Probleme der literarischen Zensur", in: Herbert G. Göpfert u. Erdmann Weyrauch (Hgg.), ‚*Unmoralisch an sich ...' Zur Zensur im 18. und 19. Jahrhundert* (1988), S. 324.
73 Ebd., S. 320.

Der vierte und letzte Grund für die Vernachlässigung der Theaterzensur im 18. Jahrhundert seitens der Literaturwissenschaft scheint mir
der ursächlichste zu sein. Solange man das 18. Jahrhundert ausschließlich mit dem positiven Leitbegriff der Aufklärung etikettiert
und solange man den progressiven Gehalt der Aufklärung – beispielsweise naturrechtliche Freiheitsforderungen – als bestimmendes Merkmal zur Epochenkennzeichnung betont, solange muß man auch
diejenigen Prozesse aus den Augen verlieren, die konträr zu diesen
Vorgängen verliefen. Als Folge stellt sich dann ein, daß man die
Zensur als etwas für diese Epoche eher Uncharakteristisches,
Atypisches oder als Ausnahmesituation wahrnimmt und einordnet.
Dieser generelle Eindruck kann unter anderem dadurch genährt
werden, daß sich die Zensur in religiösen Fragen unter den
aufgeklärteren Herrschern wie Friedrich II. oder Joseph II. in der Tat
teilweise lockerte und größere Toleranz gewährt wurde als im 17. und
frühen 18. Jahrhundert.[74] Dabei übersieht man dann leicht, daß sich
das Interesse der staatlichen Zensur um diese Zeit auf politische
Äußerungen verlagerte,[75] und daß für die literarische Zensur nach wie
vor galt, was Breuer konstatiert: „Das 18. Jahrhundert ist ebenso ein
Jahrhundert der literarischen Zensur und der unablässigen Versuche

---

74   Dennoch zeigt Kants Abhandlung *Der Streit der Fakultäten* (1798), wie relativ
     diese religiöse Toleranz blieb, solange sie an die Willkür eines Königs oder eines
     Fürsten gebunden war. Im *Streit der Fakultäten* verteidigt Kant das Recht auf
     Religionskritik innerhalb des akademischen Diskurses, nachdem ihm unter
     Friedrich Wilhelm II. wegen seiner Schrift *Religion innerhalb der Grenzen der
     Vernunft* Zensurandrohungen gemacht worden waren. Im übrigen resümiert Breuer
     die Zensurpolitik Friedrichs II. in Preußen kritisch: „Der gute Ruf Preußens in
     Zensurfragen ist auch ein Ergebnis der gezielten Presse- und Informationspolitik
     dieses Königs." Breuer, *Geschichte der literarischen Zensur in Deutschland*
     (1982), S. 93. Vgl. zur „Zensur in Preußen": Plachta, *Damnatur, Toleratur,
     Admittitur* (1994), S. 84-104.
75   „Eine Verlagerung des Schwerpunktes der Überwachung von religiösen auf
     politische Schriften zeigt sich erst in der zweiten Hälfte des 18. Jahrhunderts."
     Ulrich Eisenhardt, „Wandlungen von Zweck und Methoden der Zensur im 18. und
     19. Jahrhundert", in: Göpfert u. Weyrauch (Hgg.), *,Unmoralisch an sich ...' Zur
     Zensur im 18. und 19. Jahrhundert* (1988), S. 18. Für Plachta ist das „wohl
     wichtigste Ergebnis der Zensurgeschichte" im 18. Jahrhundert „die Säkulari-
     sierung der Zensurzuständigkeiten, der sich auch die geistlichen Territorien des
     Alten Reichs nicht entziehen konnten." Ebd.. S. 8.

der Autoren, die Zensur zu umgehen, wie das 16. und 17. Jahrhundert."[76] Gerade weil die Forderungen nach Lockerung und Aufhebung der Zensur als ein Teilprogramm der Aufklärung angesehen werden müssen, gerät in der Forschung die tatsächliche Zensurpraxis häufig als etwas in den Blick, das zwar noch vorhanden, aber eben nicht mehr symptomatisch für die allgemeine Bewegung der Aufklärung ist. Doch weist Breuer an dieser Stelle zu Recht auf einen Aspekt der „Dialektik der Aufklärung" hin:

> Das Jahrzehnt Josephs II., 1780-1790, ist in der Zensurgeschichte der deutschen Territorien eine Periode des relativ ungehinderten geistigen Austausches und auch darin typisch für das 18. Jahrhundert. Aber Zensurfreiheit gab es selbst in dieser Zeit nicht, und ein aufgeklärter Literat als Zensor [= Aloys Blumauer] ist zwar besser als ein unaufgeklärter, aber immer noch ein Zensor.[77]

Ein anderer dialektischer Aspekt der Aufklärung wurde von mir bereits erwähnt: Während der Reformphasen wurde im Geiste der Aufklärung und im Namen der Vernunft die Zensurpraxis durch eine rationellere Bürokratie in erheblichem Maße effizienter gestaltet. Diese auf größere Wirksamkeit ausgerichtete Bürokratie konnte sich gerade in dem Moment gegen den liberalen Reformgeist auswirken, in dem sie bei Regierungsantritt eines Friedrich Wilhelm II. (Preußen), Leopold II. (Österreich) oder Karl Theodor (Bayern) in vollem Umfang in die Pflicht genommen wurde, um die Toleranzgrenzen so eng wie möglich zu ziehen.[78]

---

76 Breuer, *Geschichte der literarischen Zensur in Deutschland* (1982), S. 87.
77 Ebd., S. 112.
78 Ein weiteres Beispiel für die Zensur als dialektischen Umschlag der Aufklärung ist die Vernichtung der großen Klosterbibliothek Rottenbuch in Bayern, die im Zuge der Verstaatlichung geistlichen Grundeigentums 1803 stattfand. Der größte Teil der umfangreichen Bibliothekssammlung wurde an einen Papiermüller verkauft, nachdem man in aller Eile einen Teil der wertvollen Bestände gerettet hatte. Breuer kommt zu dem Urteil: „Rottenbuch ist nur ein Beispiel für die zahlreichen Opfer dieser Kulturrevolution, die im Namen der Aufklärung ins Werk gesetzt wurde, mit einer Intoleranz, die sich von der des vorausgehenden kirchlich orientierten Regimes nur durch die größere Rationalität und Systematik der Ausmerzung mißliebiger Literatur unterschied." Ebd., S. 12.

Mit der lange Zeit tradierten Vorstellung von der Aufklärung als einem Diskurs, der die repressiven feudalen Strukturen subversiv aushebelte und Liberalität erst eigentlich in Gang setzte, konnte man die Zensur auch als etwas stigmatisieren, das man in liberalen und aufgeklärten Gesellschaften endgültig überwunden glaubte oder als etwas, das es endgültig zu überwinden galt und das sich – folgt man nur hartnäckig genug den Prinzipien der Vernunft oder denen eines herrschaftsfreien Dialogs – abschaffen ließ. Doch schon Houben stellt ebenso lapidar wie kategorisch fest: „Bücherverbote sind so alt wie das Buch selbst, sie werden erst mit ihm sterben."[79] Und auch Breuer lenkt seine Aufmerksamkeit auf einen für die moderne Liberalität irritierenden Aspekt: „[...] die Zensur sollte nicht als ein Ausnahmefall betrachtet werden, sondern als ein konstitutives Element bei der Produktion von literarischen Äußerungen."[80] Ebenso pointiert formuliert Michael Holquist das Ende einer in der Fortschrittslinie der Aufklärung gesehenen Perspektive: „To be for or against censorship as such is to assume a freedom no one has. Censorship *is*. One can only discriminate among its more and less repressive effects."[81] Verfolgt man diesen Gedanken konsequent zu Ende, führt er zu Sue C. Jansens polemischem Standpunkt:

> Enlightened discourse can say nothing new about censorship. When it raises the issue at all, it is in a pejorative context. Censorship is a devil term. It refers „back to" a Dark Age in Western history. It refers „down to" reactionary elements (unenlightened or foreign elements). In short, Enlightened discourse views censorship as something others do: a regressive practice of un-Enlightened (non-Liberal) societies.[82]

Stattdessen nimmt Jansen an, daß Zensur ein für alle Gesellschaften nachweisbares und unvermeidliches Phänomen ist.[83] Sie versteht

---

79   Houben, *Verbotene Literatur* (1965), Bd. I, S. 5.
80   Breuer, *Geschichte der literarischen Zensur in Deutschland* (1982), S. 13.
81   Michael Holquist, „Introduction. Corrupt Originals: The Paradox of Censorship",
      in: *Publications of the Modern Language Association* 106 (1994), S. 16.
82   Sue Curry Jansen, *Censorship. The Knot That Binds Power and Knowledge*
      (1988), S. 4.
83   „Studies in communications, anthropology, sociology and economics support
      the claim that censorship is an enduring feature of human communities." Ebd., S.
      181.

Zensur im Gegensatz zu Breuer nicht allein als eine Instanz und einen Prozeß zur Sanktionierung von Normen, sondern arbeitet mit dem Foucaultschen Begriffspaar Macht und Wissen.[84] Diese beiden Diskurse sieht Jansen als untrennbare Einheit, und ihre Dialektik, die nicht im Hegelschen oder Marxschen Sinne progressiv aufhebbar ist, versteht sie wie folgt:

> Power secures knowledge, but knowledge also secures power. Systems of power-knowledge contain both emancipatory and repressive elements. They do not just set limits on human freedom, they also make it possible.[85]

Was Houben als Ergebnis seiner historischen Aufarbeitung zur Zensur lakonisch zusammenfaßt und was Breuer als einen gesellschaftlichen Konflikt der konstanten Normenkontrolle ansieht, nämlich daß Zensur ein konstitutives Merkmal der Literatur und keine unverzeihliche Abweichung vom Sollzustand ausmacht, weitet Jansen zu einem theoretischen Konzept aus, in dem die Zensur ein unvermeidliches Regulativ ist zwischen denen, die Wissen haben, und denen, die Macht verkörpern.

> Like the census, censorship is a form of surveillance: a mechanism for gathering intelligence that the powerful can use to tighten control over people or ideas that threaten to disrupt established systems of order.[86]

Obwohl diese Definition traditionell klingt, weicht Jansen in ihrem Ansatz grundsätzlich ab von der aus der Aufklärung sich speisenden Auffassung, nach der die Zensur als ein lineares und eindimensonales Erklärungsmodell aufgefaßt wird, das Holquist abschätzig so beschreibt: „The phenomenon [= of censorship] viewed as a one-way street of simple repression is a kind of folk censorship."[87] Dieses lineare Modell gibt Jansen gänzlich auf. Zensur wird vielmehr von Jansen wie Holquist als ein Phänomen gesehen, „in which relations between

---

84 „I regard censorship as a crucial issue in any attempt to specify the constituents of what Foucault has described as the *anatomy of power.*" Jansen, *Censorship* (1988), S. 185.
85 Ebd., S. 7.
86 Ebd., S. 14.
87 Holquist, „Corrupt Originals" (1994), S. 16.

censors and victims appear dynamic and multidirectional [...].“[88]
Obwohl Jansens Definition von Zensur – wie die oben zitierte von
Kienzle/Mende – sehr weit gefaßt ist, läßt sich mit ihr eine neue
Forschungsperspektive gewinnen. Zensur wird nicht als eine
bedauernswerte Abweichung von, sondern als Bestandteil menschlicher
Kommunikation verstanden. Zensur ist nicht dasjenige, was außerhalb
einer geglückten und wünschenswert libertären Gesellschaft anzu-
treffen ist, sondern Zensur wird zur integralen Kategorie menschlicher
Äußerungen und damit auch zum integralen Bestandteil literarischer
Produktion.[89] Zensur kann als ein Subsystem einer paradoxen
Kommunikationssituation gesehen werden.[90] Das Paradox besteht
darin, daß die Zensur erst bewußt macht, was durch sie zum Schweigen
gebracht werden soll.[91]

Dieses dialogische Konzept der Zensurforschung scheint mir
insbesondere für die Theaterzensur des 18. Jahrhunderts geeignet, da
es im lokalen oder regional begrenzten Einzelfall greift, aber dennoch
gleichzeitig über den anekdotischen Charakter hinausgeht, also der
erwähnten Schwächen anderer Definitionen entbehrt. Vielmehr setzt
dieses Konzept eine Forschungsperspektive frei, in der ein Einzelfall
und die theoretische Reflexion eine fruchtbare Spannung eingehen
können.

Der bisherige Gang der Diskussion läßt sich wie folgt bündeln: Die
Theaterzensur ist in der Literaturwissenschaft deshalb ein vernachläs-
sigtes Gebiet, weil sie die Aufführungspraxis als konstitutives Element

---

88   Holquist, „Corrupt Originals" (1994), S. 16.

89   So sieht Jansen die älteren Formen der politischen und religiösen Zensur in
     repressiven Gesellschaften in den freiheitlichen Gesellschaften durch eine Zensur
     der Marktwirtschaft ersetzt. Jansen, *Censorship* (1988), S. 4.

90   Nach Holquist sollte Zensur aufgefaßt werden „as a give-and-take between conten-
     ding parties, the act of censorship displays suggestive parallels with other
     practices in the general area of communication [...]." Holquist, ebd., S. 17.

91   Jansen redet dabei der Zensur keineswegs das Wort, sondern sie plädiert dafür, ein
     selbstreflexives Bewußtsein gegenüber diesem Phänomen zu entwickeln. Sie ist
     gegenüber der Zensur weder affirmativ noch gibt sie sich naiven Hoffnungen hin.
     „My argument is not an argument for censorship. It is an argument for the
     development of a self-conscious and self-critical awareness of what we do."
     Jansen. ebd.. S. 4f.

ausblendet und damit die Theaterzensur logischerweise als ein
außerhalb des Textes angesiedeltes Problem wahrnimmt. Wenn
überhaupt, hat die Literaturwissenschaft die Theaterzensur lange Zeit
entweder nur anekdotisch interessiert oder als Textvarianten in
historisch-kritischen Ausgaben archiviert. Sieht man von rein
forschungspraktischen Problemen ab, so geriet die Theaterzensur auch
deshalb aus dem Blickfeld, weil die Zensur des 18. Jahrhunderts als ein
dem Diskurs der Aufklärung nicht (mehr) gemäßes Merkmal verortet
wurde. Die Aufklärung markierte vielmehr aus dieser Sicht den
Wendepunkt in der langen Geschichte der Zensur: Der aufgeklärte
Diskurs entwickelte ein naturrechtliches Freiheitskonzept für den
Menschen, das die Zensur unter anderem aufgrund von Vernunft-
gesetzen ausschließt (Kant). Wird die Zensur jedoch nicht *außerhalb*
des aufgeklärten Diskurses angesiedelt, sondern als eine auch im 18.
Jahrhundert fortgesetzte Praxis und ihm inhärenter Bestandteil
angesehen; und wird das lineare, hierarchische Ausschlußmodell
zugunsten der Analyse diskursiver Kontrollmechanismen ersetzt, dann
können sich an alten Konflikten neuartige Fragestellungen entzünden.
Dies soll zumindest anhand von Babos Drama *Otto von Wittelsbach*
paradigmatisch erhellt werden.

3.3.   Ein Fallbeispiel zur Theaterzensur: *Otto von Wittelsbach*

Otto von Wittelsbach (1781/82) ist wie *Götz von Berlichingen mit der
eisernen Hand* (1773) eines jener populären Ritterdramen, in denen
die patriarchalische Struktur als ein gefestigtes System dargestellt wird
und bürgerliche Konflikte des 18. Jahrhunderts in die feudale Struktur
der Vergangenheit hinein projiziert und dort verhandelt werden.
Daher ist es, wie beispielsweise bei Komareks Wallenstein-Drama, ein
leichtes, das Theaterstück ideologisch als wertkonservativ zu
decouvrieren. Diese Lesart erweist sich jedoch als vorschnell, wenn
man berücksichtigt, daß der Kurfürst Bayerns, Karl Theodor, 1781
über *Otto von Wittelsbach* nach der zweiten Aufführung eine Zensur

verhängte. Darüber verwundert war auch der Rezensent der *Allgemeinen deutschen Bibliothek*: „Aber man möchte wohl neugierig seyn, zu wissen, warum man Schauspiele, welche Baiern so viel Ehre machen können, habe verbieten wollen."[92] Eben diese Neugierde leitet nachfolgend auch mich. Zu vermuten ist, daß Kurfürst Karl Theodor sich trotz der „Ehre Baierns" von der Darstellung der geschichtlichen Ereignisse bedroht fühlte. Die Zensur des Stückes deutet auf einen Interessenkonflikt, der durch Bezugnahme auf die eigene Geschichte virulent wurde. Daher muß der Geschichtsdarstellung ein größeres Gewicht zugesprochen werden als dies in der Forschung bisher geschehen ist.[93] Für unsere Fragestellung entscheidender ist jedoch, daß die nachfolgende Interpretation der Zensur von Babos *Otto von Wittelsbach* einen weiteren Beleg für das komplexe Entstehen eines neuartigen Geschichtsdiskurses liefert.

Nur wenige biographische Daten lassen sich über Joseph Marius von Babo (1756-1822) finden, und die sind auch noch widersprüchlich.[94] Babo wurde 1756 als eines von acht Kindern geboren. Sein Vater war ein aus Bayern stammender Kurtrierer Hauptmann in Ehrenbreitstein bei Koblenz, wo er seinen Sohn auf einem Jesuitenkolleg ausbilden ließ. Mit fünfzehn trat Babo bereits als „dramatischer Dichter auf."[95] Als Achtzehnjähriger stellte man ihn 1774 in Mannheim als Theatersekretär ein. Vier Jahre später, nachdem Kurfürst Karl Theodor mit seinem Hof nach München umgezogen war und dort im alten Opernhaus eine Nationalbühne einrichtete, dürfte Babo vermutlich „seinen Sekretärsposten beibehalten" haben.[96] Ab 1799 leitete er als Kommis-

---

92 [Anonym], *Allgemeine Deutsche Bibliothek* (1784), 59.1, S. 114.

93 Vgl. Otto Brahm, *Das deutsche Ritterdrama des achtzehnten Jahrhunderts* (1880); Markus Krause, *Das Trivialdrama der Goethezeit 1780-1805. Produktion und Rezeption* (1982).

94 Ich folge weitestgehend der Dissertation von Wilhelm Trappl, *Joseph Marius Babo* (1970), S. 6-18. Diese positivistische Arbeit räumt leider nicht hinreichend die widersprüchlichen Angaben in den einschlägigen Lexika aus. Die ungenauen Angaben zu Babos Biographie lassen sich u.a. damit erklären, daß „fast alle Acten über ihn [...] bei dem Münchener Theaterbrand von 1823 verloren gegangen [sind]." *ADB*, Bd. 1, S. 727. Vgl. Trappl, ebd., S. 6.

95 *ADB*, Bd. 1, S. 726.

96 Trappl, ebd., S. 11.

sar das Hoftheater, wobei er sich darauf konzentrierte, die Kosten des subventionierten Hauses zu senken und zu kontrollieren.[97] Er leitete „das Theater aus der Ferne vom grünen Tisch aus [...] und [behandelte] den Regisseur und Direktor Beck ‚subaltern' [...].“[98] Sein frühes und kontinuierliches Interesse für das Theater dokumentiert sich aber nicht nur in seiner Eigenschaft als Theaterverwalter, sondern vielmehr in seiner Tätigkeit als Dramatiker. Zu seinen Dramen gehören *Das Lustlager* (1779), *Die Römer in Deutschland* (1780), *Dagobert, König der Franken* (1779), *Otto von Wittelsbach* (1782), *Bürgerglück* (1792), *Genua und Rache* (1804) und *Albrechts Rache für Agnes* (1808). Neben der Verwaltungsarbeit am Theater und der Arbeit als Dramenautor sammelte Babo außerdem Berufserfahrung an der neu gegründeten Militärakademie, deren Direktor er schließlich wurde.[99] Für unseren Zusammenhang sind zwei knappe Hinweise auf Babos sonstige Tätigkeiten von besonderem Interesse: Er war Mitherausgeber der Zeitschrift *Der dramatische Censor* (1782-1783), und spätestens ab 1793 übernahm er als ein weiteres Amt die Aufgaben eines Bücherzensors.[100] Er starb 1822 in München.

Obwohl diese biographischen Angaben nicht umfangreich sind, lassen sich doch wichtige Hinweise entnehmen. Babo wuchs in einem katholischen Milieu auf und blieb diesem Zeit seines Lebens verbunden, zumindest was die politische, kulturelle und geographische Umgebung betrifft. Weder entstammte er einer armen noch einer besonders wohlhabenden Familie. Er kann dem Beamtenadel zugeordnet werden, und er zählt nach Goethes Definition zum Mittelstand, welcher aufgrund seiner Bildungsmöglichkeiten aufklärerisches Gedankengut absorbierte und förderte. Auffällig ist, daß Babo sich schon in so frühen Jahren dem Theater verbunden fühlte. Auffallen muß diese Tatsache deshalb, weil das Theater zu

---

97 Babo an Dalberg, 6. 7. 1799. Zitiert nach *NDB*, Bd. 1 (1952), S. 481.
98 Ebd., S. 481.
99 Aufgrund widersprüchlicher Angaben, lassen sich keine genauen Jahresangaben machen. Vgl. Trappl, *Joseph Marius Babo* (1970), S. 12-13.
100 Wimmer, *Die bayerisch-patriotischen Geschichtsdramen* (1999), S. 50. Ich folge bei der Zeitangabe für Babos Zensorenamt Wimmers quellenkritisch gründ-licher Arbeit, obwohl Trappl hierfür 1799 angibt. Trappl, ebd., S. 14. Kosch nennt 1797. Daß Babos Drama *Otto von Wittelsbach* selbst der Zensur unterlag, wird weder in den biographischen Lexika erwähnt, noch von Trappl behandelt.

diesem Zeitpunkt noch nicht jenen prestigebesetzten Sozialstatus innehatte, den es für den Mittelstand im Laufe der nächsten Jahre durch die Entstehung der Nationaltheater langsam gewinnen sollte. Aus Babos frühem Interesse am Theater ziehe ich den Schluß, daß er mit aufklärerisch-reformerischem Gedankengut und mit den Möglichkeiten des Theaters in der Schule vertraut gemacht wurde. Da er ein Jesuitenkolleg besuchte, ist die Wahrscheinlichkeit sehr groß, daß er als Schüler entweder Theateraufführungen beiwohnte oder sogar selbst daran beteiligt war.[101] Daß das Theater für Babo schon früh zum Ort der Selbstfindung wurde, erinnert an literarische Figuren wie Wilhelm Meister oder auch Anton Reiser. Doch im Gegensatz zu Goethes Romanfigur und Karl Philipp Moritz' *alter ego* Anton Reiser wendet sich Babo nicht im Laufe der Jahre nach einem Prozeß der Desillusionierung vom Theater ab, sondern im Gegenteil: er gewinnt durch das Theater seine berufliche Identität. In dem Moment, wo der Adel die Nationaltheater aufbaute und stehende Bühnen für das deutschsprachige Theater zu subventionieren bereit war, konnte Babo sich offensichtlich durch die Tätigkeit am Theater – zunächst als Sekretär und Bühnenautor, später dann als Intendant – eine hinreichende soziale Reputation verschaffen und sichern.

Die im Lexikoneintrag der *Neuen Deutschen Biographie* betonte bühnenpraktische Ferne während seiner Intendanz des Münchener Hoftheaters darf man getrost ignorieren, da Babo in früheren Jahren mit seinen eigenen Dramen beim Publikum recht beliebt war und somit als Dramenautor offensichtlich bühnennah denken konnte. Vor allem seinem historischen Drama *Otto von Wittelsbach* (23. 11. 1781 uraufgeführt, Erstdruck 1782) war großer Erfolg beschieden.[102] 1782 wurde es in Bonn, Dresden, Leipzig, Berlin; 1783 in Hamburg; 1787 in Braunschweig und 1802 in Mannheim jeweils mehrfach aufge-

---

101 Soll man Hugh McCabes Schätzungen Glauben schenken, wurden seit dem 17. Jahrhundert an Jesuitenkollegs im Rahmen der Rhetorikausbildung an die 100.000 Dramen verfaßt. McCabe, *An Introduction to the Jesuit Theatre* (1929/1983), S. 47.

102 Sein erstes Drama *Die Römer in Deutschland* (1780) – mit dem Untertitel *dramatisches Heldengedicht* – steht noch ganz in der Tradition der französischen Tragödie, d.h. der geschichtliche Bezug bleibt dekorativ. Das Erstlingswerk trug ihm einen Preis des Hamburger Theaters ein.

führt.[103] Auch sein – nach Krause prototypisches – Familiendrama *Bürgerglück* (1792) fand seitens des Publikums reichlichen Zuspruch.[104] Krause hebt sowohl das Typische als auch Besondere dieses Dramas wie folgt hervor:

> Wenn dieses Drama mit dem so bezeichnenden Titel auch das Credo in besonderer Eindringlichkeit und Eindeutigkeit predigt, so hebt es sich doch in wenigstens *einer* Beziehung von der Masse der bürgerlichen Schauspiele ab: Seine Helden sind nicht Kaufleute, Hofräte oder Pensionäre, sondern *Handwerker*, die sich zu ihrem Beruf und Stand bekennen. [...] hier werden gerade ihre Berechtigung und ihr Nutzen für das Wohl des Staates als zentrales Motiv thematisiert.[105]

„Das Wohl des Staates als zentrales Motiv" des Dramas läßt Babos politische Ideen in die Nähe eines merkantilistischen Absolutismus rücken, der insofern sein Selbstverständnis der Aufklärung verdankte, als man gerade den Auf- und Ausbau des Staates nach rationalen und möglichst rationellen Prinzipien verbessern wollte. Die Rechte des Einzelnen treten dabei jedoch ganz zugunsten des feudalen Staatssystems zurück. Vom Bürger werden Subordination und Nichteinmischung in politische Geschäfte erwartet, während der Staat dem Bürger keinerlei weiteren rechtlichen Garantien zu geben hat. Des Bürgers wirtschaftliches Interesse kommt auch dem Staat zugute, der seinerseits das wirtschaftliche Interesse seiner Untertanen mit Hilfe einer merkantilistischen Wirtschaftspolitik zu schützen versucht.[106] Die

---

103 Veronica C. Richel, *The German Stage, 1767-1890. A Directory of Playwrights and Plays* (1987), S. 8. Außerdem sind die Angaben der *Sammlung Oscar Fambach* entnommen. Beide Quellen beanspruchen keine Vollständigkeit. Zur Rezeption vgl. Wimmer, *Die bayerisch-patriotischen Geschichtsdramen* (1999), S. 189-191.

104 „Babos Drama, das, wie man sehen wird, in vielerlei Hinsicht als typisches bürgerliches Schauspiel gelten kann, ist auch insofern ein guter Vertreter dieses Genres, als es fast ohne Handlung, zumindest ohne größere Verwicklungen auszukommen vermag." Krause, *Das Trivialdrama der Goethezeit* (1982), S. 411. Richel nennt neun Städte als Aufführungsorte. Richel, ebd., S. 7.

105 Krause, ebd., S. 413.

106 In Österreich war beispielsweise der Nachdruck von Büchern ausdrücklich vom Staat erlaubt, da er darin eine weitere Einnahmequelle sowohl für sich als auch für seine Untertanen sah. Kiesel u. Münch, *Gesellschaft und Literatur im 18. Jahrhundert* (1977), S. 133.

Propagierung genuin bürgerlicher Werte wie Fleiß, Ehrbarkeit, Gottes-
furcht, Bescheidenheit läßt sich vom Staat als Förderung eines
wünschenswerten Verhaltenskodex interpretieren, der die Sozial-
struktur der feudal-hierarchischen Gesellschaft unangetastet läßt.
Unmündigkeit und nicht Mündigkeit wird zur bürgerlichen Hand-
lungsmaxime erklärt. Von den vielen Sentenzen in Babos *Bürgerglück*
bringt die folgende diesen Sachverhalt unmißverständlich zum
Ausdruck:

> Sie [= die beiden Brüder im Drama] werden ihr Vaterland mit Geld und guten
> Bürgern bereichern helfen; sie werden Gott fürchten, ihren König lieben,
> und durch ihr Beyspiel Sittlichkeit und bürgerliche Tugend verbreiten. Wer
> von uns kann sich rühmen, mehr zu tun?[107]

Daß der Münchener Hof einem Autor, der seine Dramenfiguren solche
Sätze verkünden läßt, Vertrauen schenkte, kann nicht weiter
verwundern. Ganz im Gegenteil: wir können Babo als einen Repräsentanten eben dieser Regierungs- und Hofkreise ansehen. Zumindest
brauchte der Hof von Babo keine grundsätzliche Kritik erwarten,
zumal er anti-illuminatischen Zirkeln angehörte.[108] Deshalb konnte
man ihm auch in der Kulturpolitik so viel Verantwortung (Lehr-
auftrag, Leitung des Theaters, Bücherzensor) übertragen. Besonders
die Berufung zum Bücherzensor veranschaulicht, daß man seitens des
Hofes eine grundsätzliche Übereinstimmung in politischen, religiösen
und kulturellen Belangen bei Babo voraussetzte bzw. erwarten konnte.
Daß Babo seinerseits keinerlei Probleme gehabt haben dürfte, das Amt
eines Bücherzensors zu versehen, können wir aus seinem anonym
erschienenen Beitrag in der von ihm mitherausgegebenen Zeitschrift
Der dramatische Censor entnehmen. Dort schrieb Babo, es sei

> [...] hoechst nothwendig, ueber vaterlaendische Schauspiele eine
> aufgeklaerte, im Staatssysteme wohl unterrichtete Censur aufzustellen.[109]

---

107 Joseph Marius Babo, *Bürgerglück. Lustspiel in drei Aufzügen* (1792), S. 65.
108 Vgl. Wimmer, Die bayerisch-patriotischen Geschichtsdramen (1999), S. 33 u.
146. [Babo], Ueber Freymaurer. Erste Warnung [...], (1784). Vgl. W. Daniel
Wilson, *Unterirdische Gänge. Goethe, Freimaurerei und Politik* (1999), S. 222.
109 [Babo], „Allgemeine Begriffe von einer Nationalschaubuehne", in: *Der
dramatische Censor* (1782), 1. Heft, S. 27. Bei der Identifizierung des Verfassers

Diese programmatische Erklärung Babos ist in dreierlei Hinsicht von Bedeutung. Zum einen zeigt sie, daß Babo sich selbst und seine Ideen ganz im Sinne der Aufklärung sieht. Insofern müssen auch seine plakativen Sentenzen in *Bürgerglück* den Zeitgenossen nicht unbedingt als das erschienen sein, was sie für uns heute sind: ein auf die Unmündigkeit des Einzelnen hinauslaufender Verhaltenskodex. Vielmehr scheinen die dort ausgesprochenen Normen kompatibel zu sein mit einem moderat aufklärerischen Selbstverständnis des Publikums. Wie in dem Drama *Bürgerglück* wird auch in der Theaterzeitschrift die Aufklärung allein in Bezug auf die Organisation des Staates und der Gesellschaft gesehen und nicht etwa als der vom Individuum zu vollziehende Lernprozeß mit dem Ziel, sich aus der Unselbständigkeit blinder Tradition und/oder religiöser Praktiken zu befreien.

Zum anderen bestätigt Babos Plädoyer für die Zensur, was bereits weiter oben zur Theaterzensur im Zusammenhang der diesbezüglichen Forschungsunterlassungen gesagt wurde: Was die Forschung nicht als dialektische Einheit sehen will, bereitet einem Mann wie Babo keinerlei Schwierigkeiten, nämlich die Zensur als ein wesentliches Instrument einer beschränkten Aufklärung zu begreifen. Babo teilt diese Auffassung mit einem um die Wirkung des Theaters besorgten Kameralisten und Theaterliebhaber wie Joseph von Sonnenfels in Wien. Auch Sonnenfels stufte – wie wir gesehen haben – das Theater als ein Medium ein, das im Interesse eines aufgeklärten Staatssystems von Nutzen sein kann. Gerade wegen der potentiellen Wirkung des Theaters plädiert er für die Theaterzensur und arbeitet später die entsprechende Verordnung aus, um das Theater zur Propagierung des gewünschten Normensystems effektiver einsetzen zu können.

Weder Sonnenfels noch Babo bilden mit ihrer Ansicht, daß Zensur im Namen der Aufklärung einzusetzen sei, eine Ausnahme. Auch der für Bayern so wichtige Publizist, Historiker und Weltgeistliche Lorenz

---

folge ich Krause, *Das Trivialdrama der Goethezeit* (1982), S. 376. Paul Legband hingegen gibt den Verleger Strobel als Verfasser des Aufsatzes an: Ders., *Münchener Bühne und Litteratur im achtzehnten Jahrhundert* (1904), S. 413. Hermann Friess wiederum läßt offen, wer der Verfasser des Aufsatzes ist. Friess, *Theaterzensur, Theaterpolizei und das Volksspiel in Bayern zur Zeit der Aufklärung* (1937), S. 177.

Westenrieder (1748-1829), „der bayerische Sonnenfels,"[110] kann wie
Babo als ein Repräsentant der bayerischen Aufklärung angesehen
werden. Breuer beschreibt Westenrieders aufklärerische Intentionen,
die denen Babos verwandt sind, wie folgt:

> Als angesehener Gelehrter (bayerische Geschichte, Geographie, Statistik,
> Landwirtschaft) und als Herausgeber literarischer Zeitschriften und Verfasser
> von Romanen, Dramen, literaturtheoretischen Schriften, Theaterrezensent
> und Herausgeber eines für ein breites Publikum gedachten Historischen
> Kalenders (1787-1816) betreibt er, schließlich Sekretär der Bayerischen
> Akademie der Wissenschaften, unverdrossen und ohne Furcht vor den
> Illuminatenschnüfflern das schwierige Geschäft der Aufklärung, stets
> bestrebt, auch die unteren Bevölkerungsschichten zu erreichen, ein Geist-
> licher wie noch fast die gesamte kurbayerische Intelligenz dieser Zeit.[111]

Westenrieder veröffentlichte 1782, also nur kurze Zeit nach Babos
Otto von Wittelsbach, einen utopischen Roman *Der Traum in drei
Nächten*. In diesem Roman wird München im Jahre 2082 als eine
menschenwürdige Stadt beschrieben, in der die literarische Zensur
nicht abgeschafft, sondern nach aufklärerischen Gesichtspunkten
organisiert ist. Westenrieder beschreibt den literarischen Markt in Fluß-
und Naturmetaphern. Die Zensur lehnt er dort ab, wo zu viele und
willkürliche Zensureingriffe zur Folge haben, daß die Gedanken „in
Schlamm und Morast" versinken. Weiter heißt es:

> Eben das geschieht, wenn der Strom zu allen Zeiten und in allen Orten
> einen gleichmäßigen, immer stillfertigen Gang nimmt; denn er wird da und
> dort etwas Unrath an sich nehmen, immer langsamer fortkommen; bald
> schädliche Dünste, giftige Insekten nähren, und endlich still stehen.[112]

Hingegen kann Westenrieder sich nicht vorstellen, einen literarischen
Markt vorzufinden, der ganz und gar nach dem Freiheitsprinzip
strukturiert wäre. Denn in der Logik der Flußmetapher bedeutet dies:

---

110 Friess, *Theaterzensur, Theaterpolizei und das Volksspiel in Bayern zur Zeit der
     Aufklärung* (1937), S. 170.
111 Breuer, *Geschichte der literarischen Zensur in Deutschland* (1982), S. 122.
112 Lorenz Westenrieder, „Der Traum in drei Nächten", zitiert nach Breuer, ebd., S.
     123.

> [...] aber pfeilschnelle Bewegungen, ich meine, hinreißende Werke voll
> gewaltsamer Beredsamkeit, können, in Betracht, daß sie oft durch alle
> Schranken reißen, und große Verheerungen anrichten, eben so gefährlich
> werden [...].[113]

Deshalb könne man nicht gänzlich auf die Zensur verzichten. Im
Unterschied zu einem repressiven Staat geschehe die Zensur jetzt aber
allein im Geiste der Aufklärung, d.h. in Ausnahmefällen und auch
dann nur, um der „Wahrheit" zu dienen. Einem Gremium von „sechs
weisen Männern" wird die Aufgabe der Reglementierung des Bücher-
marktes überantwortet.

> Ehe wir die Freiheit, von der ich sagte, los ließen, wählte sich der Staat
> sechs weise Männer, welche mitten im Laufe, und Wind und Gebraus bei
> dem Ruder sitzen, und das große Geschäft lenken sollten. Sie versprachen
> die Frevler und Sophisten unter den Schriftstellern zu züchtigen, nicht mit
> Strafen oder erniedrigenden Mißhandlungen; sondern dadurch, daß sie ihnen
> bessere Schriften, worin die Wahrheit mit ihren, ihr angehörigen und
> überzeugenden Gründen erschien, entgegenstellten [...]. Mit einem Wort:
> wer es sonst nicht gethan hätte, war jetzt gezwungen, unsträflich zu
> handeln; man las, man schrieb, man untersuchte, Alles bewegte sich; und
> siehe – die Aufklärung war zugegen.[114]

Für Westenrieder stellt sich nicht die Frage, ob die Zensur abgeschafft,
sondern wie sie am besten gehandhabt werden solle. Fast meint man,
Jansens und Holquists Auffassung, die Zensur sei dialogisch und
diskursiv zu begreifen, werde antizipiert. Allerdings unterscheiden sich
die wissenschaftlichen Positionen von Jansen und Holquist von
Westenrieders politischem Plädoyer insofern, daß sie durch den
Foucaultschen Diskurs-Begriff andere als staatliche Herrschaftsformen
und andere als hierarchische Diskursmechanismen berücksichtigen.
Wie bei Babo ist es auch bei Westenrieder hingegen allein der Staat,
der über das Herrschaftsmonopol verfügt, um im Interesse und zum
Vorteil seiner Untertanen handeln zu können. Die autokratische
Legalzensur wird ins Utopische gewendet, wenn Westenrieder meint,
daß man durch Überzeugung und durch einen vermeintlich rational

---

113 Westenrieder, „Der Traum in drei Nächten", zitiert nach Breuer, *Geschichte der*
    literarischen Zensur in Deutschland (1982), S 123.
114 Ebd.

geleiteten Dialog zu einer aufgeklärten Kontrolle der öffentlichen
Sphäre finden könne.

Vorerst ist zusammenzufassen, daß Männer wie Babo und Westenrieder entscheidende kulturpolitische Ämter versahen, sich selbst als
moderat-aufgeklärte Männer verstanden und gleichzeitig die Zensur
als ein sinnvolles Instrument im Dienste der Aufklärung befür-
worteten.[115]

Als dritter und für unseren Zusammenhang wichtigster Aspekt von
Babos programmatischer Äußerung ist festzustellen, daß er sich für die
Zensur vaterländischer Dramen einsetzt. Diese anonym publizierte
Forderung ist nicht nur deshalb verwunderlich, weil Babo kurz zuvor
selbst sein eigenes „vaterländisches" Drama *Otto von Wittelsbach*
verfaßt und damit einen beträchtlichen Bühnenerfolg erzielt hatte,
sondern weil er sich für die Zensur einsetzte, *nachdem* sein Drama
vom bayerischen Kurfürsten zensiert worden war. Sah er sich daher zu
der Stellungnahme genötigt? Was aber machte dieses konservative
Bühnenwerk so aufrührerisch und subversiv? Die nachfolgende
interpretatorische Zusammenfassung der Handlung wird bei der
Beantwortung dieser Fragen weiterhelfen.[116]

---

115 Friess beurteilt Westenrieders Position als Zensor wenig schmeichelhaft, obwohl
er ihn zu entlasten versucht: „Im Theater sah er ein erstklassiges Bildungsmittel,
ein wichtiges Instrument des Staates, um auf die Untertanen einwirken zu können.
So kühn Westenrieder in einzelnen Vorstößen gegen Gebrechen der Zeit zu Werke
ging ohne zurückzuschrecken vor kaum verhüllten Anklagen [...], er zeigte als
Zensor manchmal eine erstaunliche Zeitgebundenheit in seinem Urteil. Auch er
war ein Kind der streng katholischen Atmosphäre des kurfürstlichen Bayern im
18. Jahrhundert und konnte nur als solches handeln." Friess, *Theaterzensur,
Theaterpolizei und das Volksspiel in Bayern zur Zeit der Aufklärung* (1937), S.
171.

116 Babos Drama liegt mir „nur" in der Bühnenfassung Steinsbergs vor: [Karl]
R[itter] von Steinsberg, *Otto von Wittelsbach. Für's Theater eingerichtet*
(1783). Wimmer verzeichnet insgesamt 20 Drucke des Dramas. Wimmer, *Die
bayerisch-patriotischen Geschichtsdramen* (1999), S. IXf. Steinsbergs
Bearbeitung, die nach dem bühnenästhetischen Kriterium der zu steigernden
Spannung vorgenommen wurde, beschränkt sich hauptsächlich auf die Tektonik
des Werkes: Babos III. Akt streckt Steinsberg zu zweien, während er den IV. und
V. Akt zu einem zusammenstreicht. Zusätzlich hat er „die Sprache des Dichters
hier und da [verkürzt], um nur die Leidenschaften reden zu lassen." Ebd., S. Xf.

Otto von Wittelsbach, Pfalzgraf von Bayern, treuester und vorbildlicher Vasall des Kaisers Philipp von Schwaben, mißbilligt noch am Tag der Hochzeit die Ehe zwischen seinem Vetter Ludwig, Herzog von Bayern, und Ludmilla, Verwandte Ottokars von Böhmen, „des erklärten Widersachers von Kaiser Philipp!" (I.1, S. 3) Die „unverstellte" und „wahrhaftige" Liebe der beiden soll der machtpolitischen Ranküne übergeordnet sein.[117] Im Gegensatz zu anderen historischen Dramen wie etwa Törrings *Agnes Bernauerin* (1782) oder *Kaspar der Thorringer* (1785) entwickelt sich der nachfolgende Konflikt jedoch nicht als ein Ständekonflikt. Bei Babo agiert ausschließlich der Adel auf der Bühne. Dennoch sind folgende Motive und die Handlung schon angestimmt: Liebesheirat versus politische Machtinteressen.

Der Konflikt lädt sich in dem Moment weiter auf, als Otto sich ganz als Anhänger Philipps ausweist: „Ich liebe mein Vaterland, meinen Stamm und Philipp." (I.5, S. 17) Diese triadische Identitätszuschreibung Ottos wird gestört. Der Zuschauer hat bereits erfahren, daß der Kaiser seine älteste Tochter Kunegunde Ottokar von Böhmen zur Braut geben will (I.5, S. 14), demnach Ottokar und Philipp ein politisches Bündnis eingehen. Otto von Wittelsbach aber kann in den Böhmen nichts anderes als seine Feinde sehen, gegen die er zu Felde gezogen ist.[118] In einer Aussprache mit dem böhmischen Gesandten Wenzel muß der ungläubig bleibende Otto erfahren, daß Ludmilla und Wenzel das neuerliche politische Bündnis zwischen Philipp und Ottokar in die Wege leiteten und es bereits beschlossene Sache sei (I.8). Gegen Ende des ersten Aktes steht Otto als der einzige opferbereite und treue Ritter da, während er sich von falschen Höflingen und Intriganten umzingelt sieht: „Meine Pflicht und mein Wort fesselt mich an diesen Hof, der von Schurken wimmelt." (I.12, S. 29) Die zeitgenössische Hofkritik der bürgerlichen Familien- und Geschichtsdramen wird hier vom Adel selbst vorgetragen. Das Haus Wittelsbach wird synonym gesetzt mit dem durch Otto repräsentierten wahrhaftigen Ritter- und Fürstenkodex (I.12, S. 30).

---

117 „*Ludmilla*: Was ich bin, bin ich nur durch die Liebe, und durch sie kann ich zu nichts werden." Babo/Steinsberg, *Otto von Wittelsbach* (1783), I.4, S. 10.

118 „*Otto*: „Noch blutet die Wunde, die der Böhmen Heer meinem Vaterlande schlug." Ebd., I.5, S. 16.

Wie im bürgerlichen Trauerspiel wird auch in Geschichtsdramen ein erhöhter Liebesbeweis seitens des Patriarchen eingesetzt, um so die Pflichtbindung der Töchter an den Vater emotional aufzuladen. Die zum Ausdruck gebrachte Liebe wird so gleichzeitig zur Drohgebärde.[119] Umso verfügbarer geraten die Töchter, wenn es darum geht, sie als politische Tauschobjekte einzusetzen. Dieses Tauschgeschäft wird denn auch im Falle von Babos Drama durch die weiteren Ereignisse fortgeschrieben. Philipp will seine jüngste Tochter Beatrix aus politischen Zwecken verheiraten. Der Braunschweiger Herzog Otto soll ihr Ehemann werden und als Gegenleistung seine Ansprüche auf die Kaiserkrone aufgeben (II.3, S. 36). Gleichzeitig stellt sich heraus, daß Philipp Otto von Wittelsbach seine Kaiserkrone verdankt. Als Freundschafts- und Dankesbeweis versprach Philipp ihm deshalb einst die Eheschließung mit Kunegunde, die inzwischen dem Erzfeind Ottos versprochen ist. So muß sich Otto selbst durch seinen besten Freund getäuscht sehen (II.10, S. 47). Die jüngste Tochter Philipps, Beatrix, wiederum sieht sich verpflichtet, ihre Liebesgefühle für den „offnen, biedern, edeln" (II.12, S. 51) Wittelsbacher zugunsten des Braunschweiger Herzogs aufzugeben. Otto muß also erleben, daß seine politischen Dienste an Philipp, die er einst aufgrund des Ritter- und Freundschaftskodexes ehrenhaft ausübte, mißbraucht werden, da Philipp seinerseits seine Machtposition durch die heiratspolitische Verbindung mit zweien seiner ehemaligen Feinde ausbauen will. Otto, der sich in der Aussprache mit Philipp seiner vergangenen Taten rühmt, bittet schließlich in immer schärferem Ton seinerseits um die Hand der jüngsten Tochter Beatrix.[120] Wie in den Wallenstein-Dramen kreist damit auch dieses Drama um die Treue bzw. den Treuebruch und die vermeintliche Normalität der Vergangenheit, die es wiederherzustellen gilt. Schließlich droht Otto, den Kaiser als einen wortbrüchigen Mann zu verklagen.[121] Im Gegensatz zum Wallenstein-Stoff liegt die „Normalität" nicht beim Kaiserhaus, sondern beim

---

119 „*Philipp*: Ich liebe dich, sey auch klug [...]!" Babo/Steinsberg, *Otto von Wittelsbach* (1783), II.4, S. 37.

120 „*Otto*: Haltet euer Wort, und handelt nicht so mit mir; ich bin ein teutscher Mann!" Ebd., II.15, S. 57.

121 „*Otto*: Ich will ihn bey dem Kaiser, als einen wortbruechigen Mann verklagen!" Ebd., II.15, S. 58.

Fürstenhaus Wittelsbach, das als gerecht und aus moralisch einwandfreien Motiven handelnd vorgeführt wird. Der großmütige Charakter des Wittelsbachers zeigt sich auch darin, daß er um des Reichsfriedens willen nachgibt und, statt die Klage zu verfolgen, einen Botenauftrag an den Polenkönig annimmt. Allerdings zeigt Otto sich auch deshalb dazu bereit, weil ihm abermals eine Frau in Aussicht gestellt wird – dieses Mal ist es die Tochter des Polenkönigs.

Der Konflikt zwischen Philipp und Otto verschärft sich im Verlauf des dritten Aktes, als Otto durch das Aufbrechen eines für den Polenkönig bestimmten Briefes erfährt, daß der Kaiser ihn abermals betrogen hat. In dem Brief warnt der Kaiser den Polenkönig davor, Otto „keine eigne Macht anzuvertrauen, viel weniger die Hand seiner weltberühmten schönen Tochter [...]." (III.6, S. 78) Damit steht abermals der Wortbruch im Zusammenhang mit einem Heiratsversprechen. Die wiederholten Demütigungen und erfahrenen Wortbrüche bringen Otto zu der im Ritterdrama einzig legitimen Möglichkeit der Konfliktlösung: Rache.[122]

Im Mittelpunkt des vierten Aktes steht ein Ritterturnier in Bamberg, wo sich Kaiser Philipp aufhält. Zum Turnier erscheint Otto als zunächst unbekannter Ritter, der den Kaiser selbst zum Kampf herausfordert (IV.4). Während Otto in voller Pracht als der Prototyp eines Ritters dargestellt wird, zeigt sich der Kaiser immer mehr als das negative Gegenstück; er täuscht Unwohlsein vor, um dadurch der ritterlichen Turnierherausforderung auszuweichen. Die Spannung des bevorstehenden Ritterkampfes wird durch die Gespräche der Töchter und deren Besorgnis um ihren Vater gesteigert. Die Spannung wird erst dann gebrochen, als Otto sich bei einer festlichen Rittertafel als der Herausforderer des Kaisers zu erkennen gibt (IV.8, S. 96). Der politische Konflikt spitzt sich zunächst im Wortwechsel zu: „*Philipp*: Wahnsinniger! So zu deinem Kaiser! *Otto*: Fluch dem deutschen Manne, der seinen Kaiser nicht verehrt! Aber meynt ihr, ihr trügt des großen Karls Schwert, um der Fürsten heilige Ehre zu kränken? [...] *Philipp*: [...] widerruft diese Lüge!" (IV.11, S. 105) Die für die deutsche Geschichte so bestimmende Spannung zwischen partikularen Fürsteninteressen und Reichsidee wird personifiziert und moralisch

---

122 „*Otto*: Ich brauche keiner fremden Hülfe zu meiner Rache, bin mir selbst genug."
Ebd., III.6. S. 81.

aufgeladen. Die Besinnung auf den ersten deutschen Kaiser, Karl den Großen, gilt als Maßstab und Rechtfertigung für Ottos eigenes Handeln gegen den derzeitigen Kaiser. Die Aussprache endet blutig: In einem Gemetzel, teichoskopisch umgesetzt, bringt Otto schließlich Philipp um: „*Otto*: Kaiser = = mörder – – (zeigt sein blutiges Schwert)" (IV.12, S. 106). Dramatisch endet das Stück hier. Doch verlangt ein politischer Mord, noch dazu an der Inkarnation des Normensystems, am Kaiser begangen, einen legitimierenden Akt.

Den Kaisermörder zu entlasten, darin besteht die Funktion des letzten und kürzesten Aufzugs. Das Ungeheuerliche eines auf der Bühne dargestellten Kaisermordes wird daran ablesbar, daß es dazu drei verschiedener Rechtfertigungsstrategien bedarf. Zunächst beruft sich Otto auf ein metaphysisches Recht: „Ich aber heiße nicht Kaisermörder vor Gott!" (V.1, S. 108) In abgewandelter Form versucht er, den verwerflichen Mord moralisch zu entkräften und die gegen ihn verhängte Reichsacht aus menschlich-individueller Sicht zu entwerten, indem er sich auf sein persönliches Gewissen beruft (V.2, S. 111). Die nächste Strategie, die vollendete Tat abzumildern, wird dadurch in Szene gesetzt, daß Otto als der reuige und bußfertige Sünder gezeigt wird, der sich mit der Reichsacht zufrieden gibt und sie als gerechtes Schicksal akzeptiert. Noch im Bußakt erfüllt Otto sein ritterliches Verhalten vorbildlich. Mit einer dritten Strategie aber wird die vergangene Normalität wieder hergestellt, indem man Otto berichtet, daß Philipp ihm kurz vor dem Sterben vergeben hätte: „[...] er verzieh' euch herzlich, nannte euch seinen edeln Freund, und so starb er." (V.3, S. 117) Doch selbst dieser reichlich unwahrscheinliche Vergebungsakt tilgt mitnichten die große Schuld eines Kaisermörders. Erst durch Ottos Tod kann sein Mord voll gesühnt werden. Sein Tod wird heroisch verklärt, indem bayerisch-patriotisches Pathos massiv zur Schau gestellt wird. Obwohl die ritterlich-bayerischen Freunde versuchen, Otto auf seinem Schloß zu schützen, gelingt es den Feinden Ottos das Schloß zu umstellen. Nachdem sie es in Brand gesetzt haben und Ottos Tod unausweichlich wird, gibt er sich zwar geschlagen, doch nicht ohne patriotischen Stolz: „Mein Haus! mein Name! mein Vaterland Bayern! ich scheide von euch!" (V.9, S. 123) Waren bis dahin das Haus Wittelsbach und Bayern identisch mit Otto, so werden jetzt gegen Ende Person und Haus als zwei unabhängige Größen gezeigt, von denen vor allem das Haus Wittelsbach verklärt wird. Schließlich stirbt Otto durch Ritterhand „und sein letztes Wort war Bayern." (V.10, S. 124)

Im Gegensatz zum Wallenstein-Stoff wird am Ende die Normalität, auch hier als Unantastbarkeit des Kaiserhauses definiert, dadurch wiederhergestellt, daß der Mörder heldenhafte Einsicht, Reue und Buße bis in den Tod zeigt. Ottos demonstrative Reue wiederum läßt seine von Beginn an gezeigte vorbildliche Ritterschaft desto glaubhafter aussehen. So wird nicht nur die durch Treuebruch gefährdete Weltordnung wiederhergestellt, auch der Ritterkodex bleibt intakt.

Angesichts dieses vor Bayernpathos triefenden vaterländischen Dramas schließt man sich zu Recht verwundert der Frage des Rezensenten in der *Allgemeinen Deutschen Bibliothek* an: „Aber man möchte wohl neugierig seyn, zu wissen, warum man Schauspiele, welche Baiern so viel Ehre machen können, habe verbieten wollen."[123] Diese Neugierde soll nachfolgend gestillt werden.

Ein Rezensent der *Litteratur- und Theaterzeitung* beschrieb den Vorgang in München wie folgt:

> Dieses Trauerspiel, welches zu Ende des vorigen Jahres [23. 11. u. 25. 11. 1781] auf die Münchener Schaubühne gebracht wurde, hat daselbst ein sonderbares Schicksal erlebt. Es wurde auf lautes Verlangen des Publikums – was in München noch nie geschah – zweymal nacheinander aufgeführt; der Kurfürst sah die erste Vorstellung, duldete die zweyte; nach dieser aber wurde die fernere Aufführung und der Druck in Baiern von höchster Stelle untersagt.[124]

Der von Kurfürst Karl Theodor am 26. November unterzeichnete Verweis an das zuständige Zensurkollegium lautet in der von seinem Kanzler ausgearbeiteten Zensurverfügung wie folgt:[125]

---

123 [Anonym], *Allgemeine Deutsche Bibliothek* (1784), 59.1, S. 114.
124 [Anonym], *Litteratur- und Theaterzeitung* (1782), Bd. 1, S. 15. Zitiert nach *Sammlung Oscar Fambach*.
125 Die jüngste Studie zu diesem Thema korrigiert einige Ungereimtheiten in den beiden älteren Arbeiten von Legband und Friess. Vgl. Wimmer, *Die bayerisch-patriotischen Geschichtsdramen* (1999), S. 157ff.

Da dem Censur-Collegio nicht nur das, was wider die Religion und gute Sitten laufet, sondern auch was Seine Churfürstliche Durchlaucht selbst, Dero Churhaus und andere Staaten betrifft, in der Censur passiren zu lassen allschon vorhin verbothen ist, so fällt nur desto befrembdlicher, das man aus der bairischen Histori solche Thaten, welche dem Churhaus zu keiner Ehre gereichen, mithin mehr in die Vergessenheit als Gedächtnus gebracht werden sollen, hervorsucht und nicht nur hier auf das öffentliche Theater bringt, sondern auch durch approbirten Druck authoritate publica zu verbreiten hilfft. Gleichwie nun dieser Ursach halber die weitere exhibition des erst gestern widerum auffgeführten Ottens von Wittelsbach nebst dem Druck und Verlag dieses Schauspiels inhibiert worden ist, so bleibt solches dem Censur-Collegio mit dem Auftrag unverhalten, das man sich hinfüro mit der Censur nach der allschon ertheilten Vorschrift überhaupt, sonderbar aber in Sachen, welche das Churhaus oder den Staat angehen, genau zu achten, sofort ohne höchstem Vorwissen und Willen nichts dergleichen passiren zu lassen, wie nicht weniger in ansehen anderer in und ausser Deutschland regierenden hohen Häuser all mögliche Behutsamkeit zu gebrauchen und unangenehme Anstössigkeiten dadurch zu vermeiden.[126]

Dieser Zensurerlaß ist in mehrfacher Hinsicht aufschlußreich. Nicht nur vermittelt er einen Eindruck der Gründe und inhaltlichen Auseinandersetzung damit, warum und was zensiert werden sollte, sondern er gibt auch einen Einblick in die Ausübung der Zensur und gerät damit zum Lehrstück über die Schwierigkeiten, der Komplexität der Theaterzensur im 18. Jahrhundert gerecht zu werden. An diesem Erlaß wird unmißverständlich deutlich, daß es keine einheitliche, sondern eine oft willkürliche Zensurpraxis gab.

Das Zensurkollegium handelte sich eine Rüge und einen Verweis ein, weil es sich nicht an ältere bestehende Vorschriften gehalten habe.[127] Daraus läßt sich ableiten, daß es zwar der direkten Anweisung des Kurfürsten unterstand, aber dennoch relativ unabhängig von ihm handeln konnte; offensichtlich bedurften die Zensurvorschriften der Auslegung durch eben jenes Gremium. Die Zensoren müssen demnach in dem Drama keinen für das kurfürstliche Bayern gefährdenden Akt erkannt haben, während sich der Kurfürst selbst

---

126 Zitiert nach *Sammlung Oscar Fambach*.

127 Aus der Verteidigungsschrift des Zensurkollegiums an den Kurfürsten vom 1. 12. 1781 geht hervor, daß die Zensurvorschriften vom 27. 10. 1778 gemeint sind. Vgl. Wimmer, *Die bayerisch-patriotischen Geschichtsdramen* (1999), S. 34-63.

durch die Darstellung in seinem Status quo bedroht sah. Insofern kopiert Westenrieder in seinem utopischen Roman die in Bayern mehr schlecht als recht existierenden Zensurinstanzen.

Durch die Einsetzung eines mehrköpfigen Zensurkollegiums wurde das Eingreifen der Zensur von vornherein zum interpretatorischen Unternehmen und somit ineffizient gestaltet. Das Zensurdekret führt vor, daß das Drama keine eindeutige Interpretation zuläßt, und belegt vor allem, daß zunächst einmal die Zensoren zensiert wurden. Das Kollegium sei nicht der Regelung gefolgt, die besagt, daß alle Stücke, die das kurfürstliche Haus oder andere politische Staaten erwähnen, *prinzipiell* für den Hof kompromittierend wirken können. So wie beispielsweise das bloße Auftreten eines Kardinals in Halems *Wallenstein* in Hamburg Schwierigkeiten hätte bereiten können oder Schillers Großinquisitor im *Don Carlos* dort tatsächlich nicht auf der Bühne dargestellt werden durfte oder Vogel für seine *Wallenstein*-Fassung der Schillerschen Tetralogie alle politischen Reizwörter strich, so wird auch unter Karl Theodors Regierung in Bayern jegliche Art politischer Referenz auf der Bühne als potentiell destabilisierend eingeschätzt. Die im Publikum bewirkte „Gärung", auch evoziert durch die mimetisch-realistische Darstellung politischer Vorgänge auf der Bühne, ist den Verfassern der Zensuredikte suspekt. Sie gilt es, durch Verbot zu unterbinden.

Des weiteren fällt an dem Erlaß auf, daß jegliche Art der Verbreitung des Dramas *Otto von Wittelsbach* untersagt wird: Es dürfe weder gedruckt noch auf der Bühne gespielt werden. Es wird also nachträglich ein Totalverbot verhängt. Doch erstreckt sich dieses Totalverbot nicht nur auf dieses eine Drama Babos, sondern potentiell auf alle Dramen, die die Geschichte Bayerns zum Gegenstand haben.[128] Die Darstellung der Geschichte wird von vornherein als Gefahr geortet. Alle Dramen dieser Art sollen nicht nur dem Zensurkollegium vorgelegt, sondern künftig auch an die Hofkanzlei weitergeleitet werden. Es bleibt nicht beim einmaligen Verweis an das

---

128 Westenrieder hatte in seiner Zeitschrift *Baierische Beyträge* 1779 einen literarischen Wettbewerb für vaterländische Dramen ausgeschrieben. Die Ausschreibung revidierte er 1781 mit der Mahnung, daß nur solche Dramen von Interesse seien, die die „Denkungsart" vergangener Zeiten würdigten. Wimmer, *Die bayerisch-patriotischen Geschichtsdramen* (1999), S. 87.

Zensurkollegium; seine vermeintliche Nachlässigkeit hat seine politische Degradierung zur Folge. Der Darstellung historischer Ereignisse, die jenseits der reinen Chronologie die Form einer Interpretation vergangener Ereignisse auf dem Theater annimmt, wird damit ein äußerst hoher Stellenwert in der Aufrechterhaltung des repressiven politischen Hofes um Karl Theodor zuerkannt. Die Geschichtsdarstellung als Genre erhält durch die Negation im Verbots-dekret eine enorme Aufwertung.

Trotz dieser Zensurmaßnahme wurden keineswegs alle vater-ländischen Dramen in Bayern verboten,[129] noch verschwand Babos Drama aus dem öffentlichen Bewußtsein Bayerns. Glaubt man den Worten Babos als Rezensent, wurde es weiterhin als Buch rezipiert: „Agnes Bernauerinn, und Otto von Wittelsbach sind noch immer die Lieblingsstücke ausländischer Bühnen und des baierischen Lesepublikums."[130] Wie schon bei meinen Ausführungen zu den Wallenstein-Dramen und im Exkurs zur Theaterzensur wird hier erneut deutlich, wie komplex sich die Theaterzensur im Einzelfall ausnimmt und daß auf jeden Fall zwischen der Dokumentation formeller Zensurmaßnahmen und tatsächlicher Rezeption zu unter-scheiden ist.

Doch selbst der kurfürstliche Erlaß, der auf Eindeutigkeit drängt, nimmt sich ambivalenter, ja widersprüchlicher aus, als es zunächst den Anschein hat. Denn es wird unterschieden zwischen solchen Dramen, die dem Kurfürstenhaus zur Ehre gereichen, und solchen, die die bayerische Geschichte nicht ins genehme Rampenlicht stellen. Gleichzeitig aber wird im Einleitungssatz mit dem Verweis auf bestehende Vorschriften jede Art mimetischer Darstellung politischer und religiöser Repräsentanten auf der Bühne untersagt. Nur einen Satz weiter wird sodann indirekt zugestanden, daß die Darstellung des Fürstenhauses generell möglich ist, sofern sie mit der Geschichts-interpretation des Hauses Wittelsbach übereinstimmt. Kritisiert wird also das eine Mal die Wahl des Geschichtsstoffes selbst und das andere Mal der Modus der intendierten Darstellung auf der Bühne.

---

129 Wimmer, *Die bayerisch-patriotischen Geschichtsdramen* (1999), S. 159 u. 221.
130 [Joseph Marius Babo], „Allgemeine Begriffe von einer Nationalschaubuehne", in: *Der dramatische Censor* (1782), 1. Heft, S. 20.

Es gilt demnach, daß nur bestimmte historische Vorgänge keine Erwähnung und keine Darstellung finden sollen. In dem Fall wird also nicht die einem Drama eigene Umsetzung von Geschichte angegriffen, sondern der Akt des Erinnerns an einen spezifischen historischen Zusammenhang, wobei das Drama und seine Aufführung im öffentlichen Raum und das Buch als zwei besonders gefährliche und daher zu kontrollierende Medien eingestuft werden. Die vermeintliche Gefahr, die vom Erinnerungsakt ausgeht, liegt in der Annahme begründet, daß die Identität des Kurfürstenhauses mit seiner Vergangenheit vorauszusetzen sei. Würde diese Sinneinheit von Vergangenheit und Gegenwart nicht von Seiten des regierenden Herrschers hergestellt, dann könnte auch von der Darstellung der Geschichte keine subjektive Bedrohung ausgehen. Der Kurfürst leistet also gerade dadurch einem identitätsstiftenden Geschichtszusammenhang Vorschub, daß er bestimmte historische Ereignisse von der Geschichtsdarstellung auf der Bühne ausgeklammert sehen möchte. Die Negation in Form der Vorabzensur setzt notwendigerweise eine Einschätzung über das zu Negierende voraus. Die Darstellung historischer Zusammenhänge birgt demnach potentiell eine Gefahr und ist gleichzeitig potentiell zur Identitätsstiftung geeignet.

Obwohl per Dekret der Versuch unternommen wurde, unliebsame Geschichtsdramen zu verbieten, kann man davon ausgehen, daß die Zuschauer durch die nachträgliche Zensurmaßnahme gegen Babos *Otto von Wittelsbach* erst recht verstärkt auf das politische Potential des Dramas aufmerksam gemacht wurden. Dafür spricht nicht zuletzt die Ignorierung des Druckverbotes; die Zensur bewirkte, das Verbotene im Bewußtsein anwesend zu halten. Die weitere Lektüre des Dramas dürfte somit gerade wegen des Verbots der Aufführung vaterländischer Geschichtsdramen zur Dynamisierung des historischen Bewußtseins beigetragen haben.

Diese allgemeine Interpretation der spezifischen Situation um Babos *Otto von Wittelsbach* kann als Paradigma dienen, wie ein lokaler Vorfall durch eine übergeordnete Fragestellung ein weitergehendes Interesse erfährt. Folgte man hingegen Silvia Wimmers historischer Arbeit, sähe man in dem Vorfall nicht nur einen rein zeitlich (80er Jahre) und örtlich (München bzw. Bayern) begrenzten Konflikt zwischen dem Zensurkollegium und dem Kurfürsten, sondern der

Konflikt ließe sich durch die Erklärung erhellen, daß Karl Theodor, durch einen Erbfolgekrieg seit 1779 als Oberpfälzer in Bayern, äußerst unbeliebt war.[131] Diese Differenzierung zwischen dem Haus Wittelsbach und Bayern einerseits und dem legitimen Erbnachfolger andererseits hilft den im Dekret angesprochenen Konflikt zu erklären, doch bleibt diese Perspektive beschränkt auf die im Exkurs erwähnte Lokal- bzw. Regionalgeschichte.

Bindet man den Zensurfall *Otto von Wittelsbach* hingegen in den weitergehenden Kontext historischen Bewußtseinswandels ein, dann fällt auf, daß Dramen wie Törrings *Agnes Bernauerin*, Halems *Wallenstein* und Babos *Otto von Wittelsbach* zwar viele Motive und Elemente aus den bürgerlichen Familiendramen aufnahmen, daß sie aber vor allem dazu beitrugen, die Darstellung eines historischen Zusammenhangs als einen eigenen, neuartigen Bedeutungshorizont aufzuladen. Sich ihrer ideologischen Eindeutigkeit zu versichern, mag einer ersten oberflächlichen Lektüre genügen, doch mahnt die Zensur von Babos Drama eine eingehendere Interpretationsleistung an. Wie sonst ließe sich erklären, daß der bayerische Kurfürst im Falle des *Otto von Wittelsbach* eine ganz andere Interpretation vornahm als das Publikum und die Zensoren seines Zensurkollegiums? Dieser in den Geschichtsdramen auszumachende neuartige Bedeutungshorizont muß mehr gewesen sein als das ästhetisch Neuartige der Werke, die vertrackte Handlung und die Lautstärke, die die Zeitgenossen und Romantiker wie August Wilhelm Schlegel gerne beklagten.[132] Vielmehr sehe ich in der Mischung aus neuen ästhetischen Mitteln, der Wahl des Geschichtsstoffes und dem Versuch, historische Zusammenhänge aus der eigenen, regionalen Geschichte als neue Identifikationsmittel zu erproben, eine neuartige Dynamisierung der Geschichte. Das Theater wurde zu einem öffentlichen Ort, der u.a. auch ein neues Verhältnis zur Geschichte förderte. Nur so wird verständlich, warum Babos *Otto von Wittelsbach* oder Komareks *Waldstein* einer so scharfen Zensur unterworfen wurden.

---

131 Wimmer, *Die bayerisch-patriotischen Geschichtsdramen* (1999), S. 9-12 bzw. 214f.

132 Vgl. unter anderem Goethes ironische Beschreibung der Ritterdramen in *Wilhelm Meisters Lehrjahre*, 2. Buch, 10. Kaptitel.

Diese Schlußfolgerungen werden auch durch den bereits zitierten anonymen Rezensenten nahegelegt, wenn er die Wirkung des *Wittelsbach*-Dramas im Theater wie folgt beschreibt:

> Die Empfindungen der Baiern wurden bey mancher Situation ihres Otto bis zum höchsten Enthusiasmus getrieben. Es war kein vorüberfliegender Eindruck, sondern er ließ eine Gährung unter dem Volke, die – – doch es ist verboten.[133]

Daß die „Gärung" unter dem Theaterpublikum offensichtlich nicht im Interesse des Kurfürsten gewesen ist, liegt auf der Hand. Daß gleichzeitig aber das Zensurkollegium glaubte, nicht aktiv werden zu müssen, läßt nur den einen Schluß zu, daß beide politischen Instanzen sehr unterschiedliche Vorstellungen davon gehabt haben müssen, welche Geschichtsaneignung zulässig und welche unzulässig war. So wenig ein Drama wie *Otto von Wittelsbach* hinsichtlich der Handlung und Charaktere, des Sprachgestus und der Kostümierung etc. einer eindeutigen historistischen Ästhetik entsprach, so wenig kann das Historische im Stück nur als dekoratives Beiwerk bewertet werden. Die dargestellte Geschichte wies sowohl in die Vergangenheit als auch in die Gegenwart und Zukunft.

Daß das Zensurkollegium in der Tat eine andere Auffassung vertrat als der Kurfürst, geht noch aus einem weiteren Dokument hervor. Denn aufgrund der Rüge, die sich das Zensurkollegium wegen angeblicher Verletzung seiner Pflichten eingehandelt hatte, sah sich das Gremium dazu veranlaßt, sich gegenüber dem Kurfürsten zu rechtfertigen. Dabei verstanden es die Gremiumsmitglieder nicht nur, sich von allen ihnen entgegen gebrachten Vorwürfen freizuhalten, sondern sie legten auch einige Chuzpe an den Tag, zusätzliche Verantwortung für die Aufgaben der Theaterzensur von sich fernzuhalten. Nach der entsprechend devoten Einleitung heißt es mit einiger Selbstbehauptung:

> Niemal[s] wurden uns dergleichen Werke [= Dramen] zur Censur gegeben, niemal[s] wurden sie von uns censirt, und hätte auch nach dem gnädigsten Rescript vom 27. Oktober 1778 ohne landesherrl. Bestätigung nicht

---

133 [Anonym], *Litteratur- und Theaterzeitung* (1782), Bd. 1, S. 15. Zitiert nach *Sammlung Oscar Fambach*.

geschehen können. Der Druck derselben geschah ohne unser Wissen, und die Sorge wider die Verbreitung der anstösslich ohne Erlaubnis gedruckten Werke ist kein Gegenstand der Censur, sondern der Policey. Hierzu gehören die Jurisdiction und ein untergebenes Personal; beyde mangeln uns, und bey dieser Lage können wir nur für censirte Werke haftcn. Dass *Otto von Wittelsbach* auf der Schaubühne dargestellt und wiederholt wurde, war nicht in unserer Macht zu hindern. Niemal[s] ward die Sorge über die Schaubühne dem Censur-Collegium vertraut, und jeder Schritt wäre ein Eingriff in die Rechte der Policey gewesen, dessen wir uns weder anmassen wollten, noch konnten.[134]

Man gewinnt den Eindruck, daß das Zensurkollegium nicht sonderlich daran interessiert war, sich der Meinung des Kurfürsten anzuschließen und sich gegen Babos *Otto von Wittelsbach* auszusprechen. Vielmehr liest sich der Rechtfertigungsbrief wie ein Oppositionsversuch gegen die Politik des Kurfürsten. Nachdem die Zensoren vom obersten Zensor gerügt worden waren, wehrte sich das Zensurkollegium seinerseits mit allen Mitteln gegen den Akt der verschärften Bevormundung. Die rhetorischen Mittel, die dabei eingesetzt werden, sind zwar die des subalternen, devoten Kanzleistils; doch werden diese rhetorischen Mittel in Schweijkscher Manier unterlaufen: Die Zensoren geben vor, nichts von der Drucklegung des Dramas gewußt zu haben, und die Verhinderung der Verbreitung liege wiederum jenseits ihres verfügbaren Handlungsspielraums. Für die Theaterzensur, deren Existenz sie schlichtweg leugnen und die es offiziell nicht zu geben scheint, hält sich das Zensurkollegium nicht für befugt und delegiert sie deshalb weiter. Die Theaterzensur sei – wie auch die Verbreitung und Publikation der Bücher – Sache der Polizei und nicht etwa des Gremiums. In einem hierarchisch ausgerichteten Feudalsystem wählte das Gremium den klügsten Ausweg: Sie leugnen die Verantwortung, indem sie diese an Dritte abwälzen. Auf der Basis dieses Rechtfertigungsbriefes und weiterer Protokollakten kommt Hermann Friess in seiner Bewertung der Theaterzensur im München der 80er Jahre zu dem Urteil: „[E]s hat damals keine Zensur über das

---

134 Das Zensurkollegium an den Kurfürsten Karl Theodor, 1. 12. 1781. Zitiert nach *Sammlung Oscar Fambach*.

eigentliche Berufstheater bis 1791 bestanden [...]."[135] Ganz allgemein
gelte vielmehr:

> In der Theorie also war das Zensurinstrument schon in den achtziger Jahren
> befähigt, eine wichtige Rolle zu spielen, das theatralische Leben in
> besondere Bahnen zu lenken; in der Praxis teilten sich untergeordnete
> Polizeibehörden und mehr oder weniger willkürlich entscheidende, höchst
> höfische Stellen in die Überwachung des Theaters.[136]

Sowohl der Eingriff des Kurfürsten als auch die Abwehr des Zensur-
gremiums sind nach Friess' Deutung demnach ein Sonderfall und
nicht die Norm der Zensurpraxis.[137] Was die tatsächliche Exekution
der Zensur angeht, ist an das schon weiter oben Gesagte zu erinnern,
daß die Zensurverfügung das Eine und die tatsächliche Umsetzung der
Anordnung das Andere ausmacht. So scharf die Zensurverfügung des
Kurfürsten bezüglich der historischen Stücke auch war, so wenig
mußte sie notwendigerweise in der Theaterpraxis greifen. Zumindest
macht Friess darauf aufmerksam, daß man sich „in der Provinz [...]
nicht allzuviel um die Verordnung gekümmert" hat.[138] Als Beleg für
diese Behauptung läßt sich ein Memorandum des damaligen
Theaterleiters Graf von Seeau an den Finanzminister anführen. Seeau
schrieb 1790:

> Das Verbot vatterländischer Stücke, zum beyspiel Kaspar Thorringer, Agnes
> Pernauerin, Otto von Wittelsbach, Hainz von Stain und andere mehr, die
> doch in allen Provinzstädten Bayerns, selbsten hier bey Faberbräu, und
> endlich in Mannheim selbsten aufgeführt worden sind, hat meiner kritischen
> Lage vollends das Siegl des Verlusts aufgedrückt [...].[139]

---

135 Friess, *Theaterzensur, Theaterpolizei und das Volksspiel in Bayern zur Zeit der Aufklärung* (1937), S. 174.
136 Ebd., S. 182.
137 Diese These läßt sich auch durch Wimmers Studie untermauern. Wimmer, *Die bayerisch-patriotischen Geschichtsdramen* (1999), S. 219-222.
138 Friess, ebd., S. 183.
139 Zitiert nach Friess, ebd., S. 183. Friess korrigiert – an selber Stelle –, daß im Gegensatz zu Seeaus Aussagen Dalberg in Mannheim sich weitestgehend den Münchener Wünschen fügte, „soweit die sogenannten ,vaterländischen Stücke' aus der altbayerischen Geschichte genommen waren."

Diese Verlusterklärung bestätigt den im Forschungs-Exkurs betonten
Aspekt, daß zwischen Legalzensur bzw. Zensurdekret und Aufführungspraxis zu differenzieren, mithin die Zensurpraxis immer in
ihrer diskursiven Vielschichtigkeit zu berücksichtigen ist. In Bezug auf
das bayerische Zensurkollegium der 80er Jahre mahnt Friess diesen
Aspekt an, wenn er schreibt:

> Es ist eine Ungerechtigkeit, das Zensurkollegium der achtziger Jahre immer
> schon als das Werkzeug der einsetzenden Reaktion zu betrachten [...]. Wer
> die Liste der neun Männer durchgeht, muß anerkennen, daß es keine
> verkalkten Bürokraten waren, keine weißgezopften, kleinlichen Beamten,
> sondern jüngere Menschen, die in der vordersten Front standen, die neuen
> Ideen [= der Aufklärung] weiterzutreiben. Karl Theodor hatte sie ernannt und
> damit zunächst die Tendenzen seines Vorgängers weiter verfolgt.[140]

Zu diesen Männern gehörte unter anderem eben jener Lorenz Westenrieder, der sich in seinem utopischen Roman für eine Zensur im Sinne
aufklärerischer Ideen ausspricht. Die von mir eingeforderte Differenzierung zwischen legalen Zensurmaßnahmen und Zensurpraxis erweist
sich besonders angesichts der Opposition von Seiten der Zensoren
gegen die oberste Zensurinstanz als berechtigt. Gerade die zwiespältige
Ausrichtung dieses Gremiums, seine generell freundliche Beurteilung
von Zensurmaßnahmen und seine spezifische Verweigerung von
Zensurmaßnahmen gegen das Geschichtsdrama von Babo, läßt Jansens
kritische Einstellung gegenüber einer liberalen Vorstellung von
Zensur plausibel erscheinen.

Babos *Otto von Wittelsbach* bietet aber nicht nur ein besonders
gutes Beispiel, um einen diskursiven Ansatz im Umgang mit Fragen
der Zensur vorzuführen, sondern ist auch deshalb so prägnant, weil es
hinsichtlich der inhaltlichen Auseinandersetzung nicht weniger
vielschichtig ist. Trotz seiner vermeintlich eindeutigen ideologischen
Ausrichtung wirkte es subversiv. Während der Kurfürst bereits die
historische Dimensionierung seines Hauses als Affront deutete und
aufgrund der begeisterten Aufnahme beim Publikum revolutionäres
Potential witterte, fanden die Zensoren nichts Anstößiges an einem
vaterländisches Drama wie *Otto von Wittelsbach*. Kein geringerer als

---

140 Friess, *Theaterzensur, Theaterpolizei und das Volksspiel in Bayern zur Zeit der
    Aufklärung* (1937), S. 171.

Westenrieder war es, der 1779 in der von ihm herausgegebenen Zeitschrift *Baierische Beyträge*, ein Preisausschreiben für bayerische Historiendramen aussetzte. Diese historischen Dramen sollten seiner Ansicht nach „unser so manchmal kaltes, feiges, gedankenloses Zeitalter zeigen, wer wir waren, und seyn könnten."[141] Westenrieder stellt hier einen Konnex her zwischen gesellschaftsbezogener Gegenwartskritik und Geschichtsdarstellung einerseits sowie Geschichtsdarstellung als utopischem Potential andererseits. Der Kurfürst stellte in Bezug auf Babos *Otto von Wittelsbach* einen ähnlichen Konnex her – nur unter umgekehrten Vorzeichen. Während Westenrieder auf eine positive Geschichtsaneignung hofft, fürchtet sie der Kurfürst. Beide aber verknüpfen die Gegenwart mit der Vergangenheit, wie auch umgekehrt die Vergangenheit in Bezug auf die Gegenwart gesehen wird: Aus beiden Blickrichtungen wird ein genetischer Sinnzusammenhang von Gegenwart und Vergangenheit insinuiert.

Daher sehe ich in diesem Sinnzusammenhang eine Dynamisierung eines neuartigen Geschichtsbewußtseins. Das Geschichtsbewußtsein wird Teil eines öffentlichen Diskurses, der auch auf der Bühne stattfindet. Geschichtsdramen wie *Otto von Wittelsbach* oder die drei Wallenstein-Dramen tragen dazu bei, aus Geschichten eine Geschichte herauszuschälen, eine Identität aufzubauen, die sich der Vergangenheit bedient. Dies zeigt sich insbesondere dort, wo diese geleistete Geschichtsidentität unterschiedlich bewertet wird. Während der Kurfürst im Falle von Babos Drama in dem präsentierten Geschichtsbild eine Gefahr für sich und seinen Hof wittert, sind es das Publikum und auch das Zensurkollegium, die in der Geschichtsdarstellung ein sowohl für die Gegenwart als auch für die Zukunft aktivierbares Leitbild wahrnehmen.

Liest man den Dramentext auf sein konservativ-patriarchalisches Weltbild oder auf seine ahistorische Inhaltsvermittlung, die gemessen wird an einem historistischen Weltbild des Rankeschen „wie es eigentlich gewesen", oder auf seine ästhetischen Unzulänglichkeiten hin (sentimentales Rührstück mit zuviel lärmender Handlung), dann gerät allerdings der hier geschilderte Zusammenhang einer neuartigen

---

141 Lorenz [von] Westenrieder, „An unsere lieben Landsleute", in: *Baierische Beyträge zur schönen und nützlichen Literatur*, 1. Jg., 2. Bd. (1779), S. 1122. Zitiert nach *Sammlung Oscar Fambach*.

Sehweise in Bezug auf die Geschichte aus dem Blickfeld. Dementsprechend bleibt unklar, warum ein Drama wie Babos *Otto von
Wittelsbach* überhaupt der Zensur unterliegen konnte. Der Zensur-
vorgang wird dann bestenfalls zu einer Fußnote.[142]

Auch in umgekehrter Richtung liegt eine Gefahr. Wimmers
gründliche Studie zur Zensur der bayerisch-patriotischen Geschichtsdramen leidet an dem in meinem Exkurs benannten Problem, daß die
historische Aufarbeitung eines lokalen bzw. regionalen Kontextes sich
schwer tut, eine übergeordnete Fragestellung zu entwickeln. Die Stärke
der detaillierten historischen Aufarbeitung der Quellen schlägt um in
ihre Schwäche. In diesem Fall besteht letztere darin, daß u.a. die
Zensur von Babos Drama *Otto von Wittelsbach* ausschließlich als
Konflikt rivalisierender Parteien, als Konflikt zwischen dem in Bayern
unbeliebten Kurpfälzer Karl Theodor, der seine Herrschaft „nur" aus
einem Erbfolgekrieg legitimieren konnte, und einer pro-Wittels-
bachisch orientierten Öffentlichkeit erklärbar wird. Daß dieser
Konflikt in der Tat ausgetragen wurde, hat die Interpretation der
Zensurrüge und der Verteidigungsschrift des Zensurkollegiums
deutlich gemacht. Doch hat die Analyse auch gezeigt, daß das
Spezifische dieses Falles in eine übergeordnete Fragestellung
aufgehoben werden kann, und damit zu allgemeineren Einsichten zur
Theaterzensur im 18. Jahrhundert ebenso verhilft wie sie das Entstehen
eines neuen Geschichtsbewußtseins belegt.

Die unterschiedlichen Zensurmaßnahmen gegen Babos *Otto von
Wittelsbach* und die Wallenstein-Dramen haben zweierlei gezeigt: Zum
einen ist die Theaterzensur ein äußerst komplexer Vorgang – sowohl
hinsichtlich ihrer (historischen) Praxis als auch der Erforschung dieser
Praxis. Sich bei der Erforschung nicht in einer spezifischen Situation
zu verlieren bzw. auf summierende Listung historischer Einzelfälle zu
beschränken, gelingt vor allem dann, wenn anstelle eines linear-
hierarchischen ein dialogisches Modell, anstelle der Fokussierung auf
die Legalzensur der gesamte Kontext tritt, d.h. die Komplexität der
Theaterzensur von vornherein berücksichtigt wird. Zum anderen
weisen die Dramen auf einen Kern hin, der in ihrer ästhetischen

---

142 Dies ist der Fall bei Krause, *Das Trivialdrama der Goethezeit* (1982), S. 208 u.
   375.

Interpretation und Wertung bzw. inhaltlichen Kritik verloren geht: Die Dramen partizipierten mit ihrer Darstellung von Geschichte aktiv an einem im Entstehen befindlichen Geschichtsdiskurs. Gerade die Praktiken der Theaterzensur bringen diesen Geschichtsdiskurs zum Vorschein. Daß man die inhaltliche Aufladung der Geschichte problematisch als konservative, rückwärtsgewandte Utopie deuten kann, soll abschließend ausführlicher erörtert werden.

4. Zum Vaterlands- und Nationaldiskurs auf dem Theater und in historischen Dramen

Babos *Otto von Wittelsbach* (1781/82) zeigt paradigmatisch nicht nur eine qualitativ neuartige Zuwendung zu und den Umgang mit der Geschichte, sondern diese Form des Geschichtsdiskurses amalgamiert, wie der Untertitel „Ein vaterländisches Trauerspiel" ankündigt, mit dem Vaterlandsdiskurs. Läßt sich aber auch eine Verknüpfung dieser beiden Diskurse bei den Wallenstein-Dramen finden, jenen historischen Dramen, die sich nicht dezidiert als vaterländisch ausweisen? Diese Fragestellung zielt auf einen umfassenderen Komplex ab, der, ebenfalls als Frage formuliert, so lautet: Existiert ein Kausalnexus zwischen dem Geschichts- und Vaterlandsdiskurs? Bedingen sich beide Diskurse gegenseitig und falls ja, inwiefern? Oder sind vielmehr zu verzeichnende Überlagerungen zwischen den beiden Diskursen zufälliger Art? Diesen Fragen werde ich im abschließenden Kapitel paradigmatisch anhand der Wallenstein-Dramen und Babos *Otto von Wittelsbach* nachgehen und sie zu beantworten versuchen.

Während im ersten Kapitel die Astrologie in den Wallenstein-Dramen Halems und Schillers zum Gradmesser für den Umgang der Autoren mit der als wichtig erachteten historischen Wahrheit und damit als Indikator eines neuartigen Geschichtsdiskurses evident wurde, wählte ich im zweiten Kapitel die Theaterzensur als signifikanten Bereich bezüglich einer Dynamisierung historischer Denk- und Sprechweisen. In beiden Fällen stellte sich heraus, daß der jeweilige Nachweis eines sich ab 1770 formierenden Geschichtsdiskurses bisher u.a. deshalb nicht in den Blick der Literaturwissenschaft geraten ist, weil man entweder einen Aspekt (hier: Astrologie) ignoriert hat oder dem Gegenstand (hier: Theaterzensur) aus dargestellten Gründen ausgewichen ist. In beiden Fällen deckte die übergeordnete Fragestellung nach dem Geschichtsdiskurs bisherige Defizite in der Literaturwissenschaft auf, wobei gerade diese Defizite auf aussagekräftige Parameter des neuen Diskurses über Geschichte hinwiesen.

Anders verhält es sich bei der abschließenden Fragestellung, dem Zusammenhang zwischen historischen Dramen und dem Vaterlands- oder Nationaldiskurs im ausgehenden 18. Jahrhundert. Denn seit dem Fall der Berliner Mauer 1989 und, als Folgeerscheinungen, seit der neuen Bundesrepublik Deutschland 1990, dem Zerfall des Sowjetimperiums (1990), den Kriegen auf dem Balkan (ab 1991) und seit der Wende zu einer supranationalen Europäischen Union (Einführung des Euro als gemeinschaftlicher Währung 1999/2002) feiert der Nationalismus politisch – und nicht ausschließlich in Europa – fröhliche Urständ und wird synchron von Historikern, Politologen, Soziologen und Literaturwissenschaftlern in Deutschland (wieder) entdeckt, erörtert und erklärt. Dabei konnte man auf grundlegende Forschungen der 1980er Jahre vor allem aus den anglo-amerikanischen Ländern zurückgreifen, in denen sich mit dem Begriff des Nationalismus unbefangener umgehen ließ und läßt als in Deutschland, wo er in Folge seiner Pervertierung von 1933-1945 – nicht nur im akademischen Diskurs – lange Zeit tabuisiert blieb. Inzwischen liegt jedoch auch von deutschsprachigen Wissenschaftlern eine umfangreiche Forschungsliteratur zum deutschen Nationalismus allgemein und zum 18. Jahrhundert im besonderen vor.[1]

Daher ist es umso überraschender, daß man sich trotz dieser umfangreichen Forschung in der Germanistik bisher in Bezug auf den Nationaldiskurs nicht für historische Dramen interessiert hat; selbst für diejenigen nicht, die sich ausdrücklich als vaterländische Dramen ausgeben. Die

---

1   Wichtigste Überblicke zum Forschungsstand, neue Thesen und umfangreiche bibliographische Angaben zum Vaterlands- und Nationaldiskurs im 18. Jahrhundert bieten: Martin Blitz, *Aus Liebe zum Vaterland. Die Deutsche Nation im 18. Jahrhundert* (2000); Nicholas Vazsonyi (Hg.), *Searching for Common Ground. Diskurse zur deutschen Identität 1750-1871* (2000); Jörg Echternkamp, *Der Aufstieg des deutschen Nationalismus 1770-1840* (1998); Eckhardt Hellmuth u. Reinhard Stauber (Hgg.), „Nationalismus vor dem Nationalismus?" in: *Aufklärung* 10.2 (1998); Hans Peter Herrmann, Hans-Martin Blitz u. Susanna Moßmann, *Machtphantasie Deutschland. Nationalismus, Männlichkeit und Fremdenhaß im Vaterlandsdiskurs deutscher Schriftsteller des 18. Jahrhunderts* (1996); Hans Peter Herrmann, „'Wer Rom nicht hassen kann, kann nicht Deutschland lieben'. Deutscher Nationalismus im 18. Jahrhundert", in: *Korrespondenzen* (1999), S. 1-23. Unentbehrliche Arbeiten zum Forschungsstand in Bezug auf den Nationalismus allgemein sind: Ruth Wodak et al. (Hgg.), *Zur diskursiven Konstruktion nationaler Identität* (1998), S. 17-40; Dieter Langewiesche, „Nation, Nationalismus, Nationalstaat: Forschungsstand und Forschungsperspektiven", in: *Neue Politische Literatur* 40 (1995), S. 190-236.

Ausnahme bestätigt nur die Regel. Die sogenannten Herrmann- oder auch Arminius-Dramen des 18. Jahrhunderts, beginnend mit Johann Elias Schlegels *Herrmann. Ein Trauerspiel* (1743) und Justus Mösers *Arminius* (1749) über Klopstocks drei *Bardieten für die Schaubühne* (1769-1787) bis hin zu Heinrich von Kleists *Herrmannsschlacht. Ein Drama* (1808), zogen in den letzten Jahren erneut das Interesse der Germanistik auf sich.[2] Zwar werden diese Dichtungen vornehmlich auf ihren Zusammenhang mit dem Nationaldiskurs hin untersucht. Aber es gilt auch hier, daß sowohl die Theaterpraxis ausgespart bleibt als auch, daß sie von den übrigen vaterländischen und historischen Dramen isoliert gesehen werden. Daher beanspruche ich mit dem letzten Kapitel, die von mir herangezogenen Dramen mit dem Kontext der derzeitigen Forschung zum Vaterlands- und Nationaldiskurs zu vernetzen. Anders als bei den zwei vorausgegangenen Kapiteln versteht sich daher dieses als Ergänzung zur jüngsten Forschung, die ich nachfolgend kurz skizziere, um meinen Arbeitsansatz erkennbar zu machen.

4.1.   Neuere Forschungsansätze zum Vaterlands- und Nationaldiskurs

Die jüngste Forschung zum Nationalismus ermöglicht mir einen produktiven Zugang zu den eingangs aufgeworfenen Fragen, da ich auf drei ihrer wichtigsten Ergebnisse als Prämissen zurückgreifen kann. Die erste Prämisse ist ganz allgemein in Bezug auf das Phänomen des Nationalismus gefaßt und besagt, daß ein Diskurs über Nation inhaltlich wie zeitlich der Gründung von Nationen vorausgeht bzw. diese erst hervorbringt: „[I]t is nationalism that engenders nations and not the other way around."[3] Die zweite Prämisse ist zeit- und raumspezifisch, indem sie ausschließlich auf den Nationaldiskurs des 18. Jahrhunderts in

---

2   Vgl. Herrmann, „'Ich bin fürs Vaterland zu sterben auch bereit'. Patriotismus oder Nationalismus im 18. Jahrhundert? Lesenotizen zu den deutschen Arminiusdramen", in: ders. et al., *Machtphantasie Deutschland* (1996), S. 32-65; Blitz, *Aus Liebe zum Vaterland* (2000), S. 91-143.

3   Ernest Gellner, *Nations and Nationalism* (1983), S. 55.

Deutschland abzielt und diesen als äußerst ambivalent charakterisiert, insofern in ihm friedlich-kosmopolitische und aggressive Elemente koexistierten. Für diese Koexistenz widersprüchlicher Aspekte hat sich in der Forschung inzwischen der Begriff der „Janusköpfigkeit" etabliert.[4]

Die erste Prämisse läßt sich auf Benedict Anderson und Ernest Gellner zurückführen und hat – trotz ihrer prägnanten Kürze – sehr weitreichende Konsequenzen.[5] Nichts weniger wird für null und nichtig erklärt als die Vorstellung von einer analog zur Natur verlaufenden historisch notwendigen Entwicklung zu einem Nationalstaat. Damit entfällt auch der essentielle Nationalbegriff, der sagt, daß sich unterschiedliche soziale Klassen in ihrer Nation aufgehoben sehen und ihr quasi metaphysische Eigenschaften zuschreiben. Dem entgegengesetzt wird die Perspektive einer diskursiv konstruierten nationalen Identität. Das Reden über die Nation gerät in das Blickfeld, wo eine solche weder am politischen Handlungshorizont erkennbar noch in einer staatlichen Verfassung sichtbar ist. Es wird keine quasi natürliche Entwicklung zum Nationalstaat retrospektiv er- oder gar verklärt, sondern die vielfachen Funktionen eines Nationalverständnisses werden anhand von diskursiven Äußerungen als ein zunächst mentales Konstrukt untersucht.

Demnach folgt aus dieser Prämisse als methodischer Ansatz eine Diskursanalyse, die – bei allen Divergenzen– auf mindestens drei Elementen basiert. Erstens interessieren bei einem diskursiven Ansatz vornehmlich die Äußerungen selbst und bleiben nicht auf ihre textspezifische Herkunft begrenzt: Briefe, Gedichte, Essays, Traktate, Zeitungsberichte, Romane oder Dramen können unabhängig von ihrer Textgenese und -sorte in Bezug auf den Untersuchungsgegenstand befragt werden.

---

4   Vgl. Wolfgang Hardtwig, *Nationalismus und Bürgerkultur in Deutschland 1500-1914* (1994), S. 12f. Diesen Terminus greift vor allem Hans Peter Herrmann als gelungene Zuspitzung seiner eigenen Forschungsarbeiten auf. Vgl. Herrmann, „'Wer Rom nicht hassen kann, kann nicht Deutschland lieben'." (1999), S. 6 u. 22; Blitz, *Aus Liebe zum Vaterland* (2000), S. 12 u. 399-408; Langewiesche, „Nation, Nationalismus, Nationalstaat" (1995), S. 192 u. 195. Nahezu jeder der zitierten Forscher sichert sich durch semantische Vorleistungen ab. So auch ich. Da ich die These von der „Janusköpfigkeit" des Nationalismus im 18. Jahrhundert übernehme, verwende ich die Begriffe Nationalismus, Patriotismus und Vaterland wertneutral, da in sie unterschiedliche Positionen des Nationaldiskurses eingeschrieben werden, die es im einzelnen zu qualifizieren gilt.

5   Vgl. Benedict Anderson, *Imagined Communities* (1991), S. 3-7.

Damit aufs engste verknüpft, ergibt sich – zweitens – das Interesse am überindividuellen Aspekt, d.h. die Äußerungen einzelner Personen interessieren nicht um dieser Personen willen, sondern das besetzte Thema als Teil und Mittel des Diskurses bildet den Fluchtpunkt des Interesses. Einzelne Aussagen werden hauptsächlich als „Spielzüge" innerhalb eines Sprachfeldes beobachtet, anstatt die „richtige" Bedeutung der einzelnen Aussagen selbst verstehen zu wollen und sie isoliert auf ihre „Eigentlichkeit" hin auszudeuten. Daraus ergibt sich des weiteren, daß sich widersprechende Äußerungen entweder einer Person oder aber divergierender Gruppen nicht semantisch reduziert werden, sondern umgekehrt die Vielfalt der Positionen und ihrer Relationen zueinander deutlich gemacht werden. Anstatt inkommensurable Äußerungen und Interessen zu nivellieren, werden Widersprüche freigelegt. Drittens bleiben die Äußerungen insofern personen- bzw. gruppengebunden, als die Akteure in ihren Äußerungen immer auch ein Begehren nach Macht mitschwingen lassen, ihre Äußerungen also auf das Eigeninteresse und Machtbegehren hin befragt werden können.[6]

Diese drei Elemente einer diskursiven Analyse lassen sich auch bezüglich des Nationaldiskurses in Deutschland im 18. Jahrhundert in der neueren Forschung ausmachen: die Ausweitung der Textsorten zugunsten unterschiedlicher Äußerungen; das Interesse an ihnen jenseits persönlicher Spezifika ebenso wie das Widersprüchliche der Aussagen; und schließlich das Begehren nach Macht. Hans Peter Herrmann erfaßt die ersten beiden Aspekte, wenn er schreibt: „Nationales Denken im 18. Jahrhundert: das ist ein noch ziemlich vager, noch recht frei flottierender Diskurszusammenhang, in den sehr unterschiedliche Positionen eingetragen werden können."[7] Trotz dieses ‚freien Flottierens' läßt sich dieser Diskurszusammenhang hinsichtlich seiner Akteure und Ideen eingrenzen. In der zweiten Hälfte des 18. Jahrhunderts besetzte eine intellektuelle Elite die Idee einer größeren Identitätseinheit, der Nation, qualitativ neu.[8] Diese Gruppe überwiegend junger Intellektueller entwickelte, männlich kodierte Wunsch- und Abwehrenergien', „setzte die Nation erstmals als höchsten und einzigen Wert", wodurch ihr eigenes Begehren als

---

6 Vgl. Michel Foucault, *Die Ordnung des Diskurses* (1992), S. 11.
7 Herrmann, „Einleitung", in: ders. et al., *Machtphantasie Deutschland* (1996), S. 18.
8 Vgl. Bernhard Giesen, *Die Intellektuellen und die Nation* (1993), S. 25; Herrmann, „'Wer Rom nicht hassen kann, kann nicht Deutschland lieben'." (1999), S. 22.

Ausdruck von Unsicherheit in den Nationaldiskurs einfloß.[9] Für eine
politisch ohnmächtige Gruppe konnte das Reden von der Nation zum Vehikel machtpolitischer Wunschprojektionen werden, die sich mehr oder
minder aggressiv gegen die kulturelle Dominanz Frankreichs und gegen
die Feudalgesellschaft richteten. Gleichzeitig aber kursierten kosmopo-
litische Ideen, die anstatt aggressive Abwehrmechanismen gegen andere
Nationen zu propagieren, einen auf friedliche Koexistenz bedachten
Wettbewerb unterschiedlicher Kulturen entwarfen.[10] Die Gleichzeitigkeit
und Widersprüchlichkeit dieser zwei Ausrichtungen des Nationaldiskurses im 18. Jahrhundert sind es, die der inzwischen etablierte Begriff der
„Janusköpfigkeit" benennt.[11]

Schließlich greife ich auf einen weiteren in der Forschung vorgenommenen Perspektivenwechsel und die daraus resultierende These als dritte
Prämisse zurück. Man hat sich in den letzten Jahren verstärkt dem
deutschen Nationaldiskurs vor und unabhängig von der Französischen
Revolution zugewendet. Dadurch wurden die historiographischen Konventionen, die Ideen von einer deutschen Nation als Folge der Ereignisse
ab 1789 oder aber die Napoleonische Besetzung Preußens 1806 als die
Geburtsstunde des Nationalismus in Deutschland zu verstehen, der einen
friedlich gesinnten Patriotismus abgelöst habe, von einigen „behutsam
aufgeweicht"[12] und von anderen stärker in Frage gestellt. Letzteres
unternehmen Wolfgang Hardtwig und (teilweise) Hans Peter Herrmann,
indem sie den Nationaldiskurs bis in die frühe Neuzeit zurückverfolgen[13]

---

9   Herrmann, „Einleitung", in: ders. et al., *Machtphantasie Deutschland* (1996), S. 16.

10   Vgl. z.B. Christoph Martin Wielands Schriften „Antworten und Gegenfragen auf
     einige Zweifel und Anfragen eines neugierigen Weltbürgers" (1783) und „Das
     Geheimnis des Kosmopolitenordens" (1788), in: Wieland, *Von der Freiheit der
     Literatur*, hg. v. Wolfgang Albrecht (1997), Bd. 1.

11   Daß diese widersprüchlichen Positionen sich nicht unbedingt auf unterschiedliche
     Personen verteilen mußten, zeigen insbesondere die frühen Schriften Herders. Vgl.
     Blitz, *Aus Liebe zum Vaterland* (2000), S. 358-361.

12   Hellmuth, „Einleitung", in: *Aufklärung* 10.2 (1998), S. 8; Langewiesche, „Nation,
     Nationalismus, Nationalstaat" (1995), S. 199; Blitz, ebd., S. 12f.; Echternkamp, *Der
     Aufstieg des Nationalismus* (1998), S. 91.

13   Vgl. Hardtwig, „Vom Elitenbewußtsein zur Massenbewegung. Frühformen des
     Nationalismus in Deutschland 1500-1840", in: *Nationalismus und Bürgerkultur*
     (1994), S. 36; Blitz, ebd., S. 23-42; Herrmann, „Nation und Subjekt: Zur Systematik
     des deutschen Nationalismus anhand von Texten Ulrich von Huttens", in: Vazsonyi
     (Hg.), *Searching for Common Ground* (2000), S. 23-43.

und ihn als Antwort auf die soziokulturellen Umbrüche der Moderne interpretieren.[14] Nicholas Vazsonyi gelingt dabei ein Brückenschlag zwischen den Polen des vorsichtigen Abrückens von der Französischen Revolution als „Wasserscheide" des Nationalismus einerseits und der modernisierungsbedingten Rückverlagerung des Nationalismus bis zur frühen Neuzeit um 1500 andererseits. Vazsonyi fordert, man dürfe den Nationaldiskurs ab 1750 weder „als eine ‚Vorstufe', noch als ‚Frühphase', noch als etwas ‚bloß' Kulturelles interpretieren", sondern man müsse ihn „als Bestandteil des diskursiv konstituierten Nationalstaates betrachten."[15] Vazsonyi plädiert also dafür, das „Ende", die deutsche Einheit von 1871, von ihren Anfängen her zu begreifen. Als solche Anfänge des Vaterlandsdiskurses im 18. Jahrhundert hat Herrmann für die Literaturhistorie die Jahre 1740 (Arminius-Dramen), 1760 (Siebenjähriger Krieg) und 1770 (Herder, Klopstock und Göttinger Hain) benannt.[16] Martin Blitz hat mit seiner breit angelegten Studie *Aus Liebe zum Vaterland* nicht nur Herrmanns zeitliche Markierungen und inhaltliche Schwerpunkte produktiv aufgegriffen, sondern auch die These von der „Janusköpfigkeit" und den forschungsmethodischen Ansatz der Diskursivität übernommen.[17] Während Blitz mit der „Konjunktur" des Nationaldiskurses während des Sturm und Drang um 1776 schließt, setzt Jörg Echternkamp an diesem Zeitpunkt ein und ortet hier *Den Aufstieg des deutschen Nationalismus*, den er sozial-, ideen- und mentalitätsgeschichtlich in einem gründlichen Panoramablick darstellt.

Obwohl die nachfolgenden Dramen-Interpretationen sich in das skizzierte Forschungsprojekt einreihen lassen, nehme ich für mich in Anspruch, die bisherigen Forschungsergebnisse in zwei Punkten zu erweitern und zu ergänzen. Mit Echternkamp trete ich als erstes der Vorstellung entgegen, daß der Nationaldiskurs „in den Siebziger Jahren verschwand."[18] Diese These scheint mir deshalb unhaltbar, weil zum einen Dramen mit vaterländischen Inhalten ab Anfang der 70er Jahre zu

---

14 Vgl. Herrmann, „'Wer Rom nicht hassen kann, kann nicht Deutschland lieben'" (1999), S. 23; Echternkamp, *Der Aufstieg des deutschen Nationalismus* (1998), S. 35.

15 Vazsonyi, „Einleitung", in: ders. (Hg.), ebd., S. 10.

16 Herrmann, ebd., S. 7. u. ders., „Einleitung", in: ders. et al., *Machtphantasie Deutschland* (1996), S. 27-29

17 Blitz, *Aus Liebe zum Vaterland* (2000), S. 12-19.

18 Herrmann, „'Wer Rom nicht hassen kann'" (1999), S. 16.

einem wichtigen Bestandteil der Spielpläne auf den Theatern wurden und
zum anderen, weil sich der Nationaldiskurs in der Gründungswelle von
Nationaltheatern ab 1776 erstmals institutionell manifestierte. Das
Nationaltheater kann daher als Ergebnis des vorausgegangenen Diskurses
begriffen werden und zugleich als öffentlicher Ort, der dem
Nationaldiskurs neuen Auftrieb verlieh und ihn weiterer Schichten
zugänglich machte. Beide Aspekte – die Dramen wie die neuen
Einrichtungen für ihre Aufführung – sind bisher im Kontext des Nationaldiskurses vor 1789 nicht hinreichend berücksichtigt worden.

Zum zweiten geht es mir darum, die vaterländischen Schauspiele
kausal mit dem Geschichtsdiskurs zu vernetzen. Denkt man diesen
Kausalnexus zwischen National- und Geschichtsdiskurs weiter, ergibt
sich die Frage, inwiefern nicht auch diejenigen Dramen, die sich nicht
ausdrücklich als „vaterländische" verstehen, am Nationaldiskurs partizipieren, indem sie historische Sachverhalte darstellen.

Der skizzierte Forschungsstand legt drei Themen nahe, die eine
genauere Erörterung und Analyse verdienen: zum ersten die Idee des und
die Etablierung der Nationaltheater als Ausdruck des Nationaldiskurses
vor 1789; zum zweiten die vaterländischen Dramen als inhaltliches Kor-
relat zum Geschichtsdiskurs; und zum dritten der Nationaldiskurs in
historischen Dramen, die sich nicht ausdrücklich als vaterländisch dekla-
rieren. Die zweite und dritte Themenstellung werden in dieser
Reihenfolge anhand von Babos *Otto von Wittelsbach* bzw. den drei
Wallenstein-Dramen paradigmatisch untersucht, während der erste
Themenzusammenhang, das Nationaltheater als wichtiger Teil des Nationaldiskurses, den Anfang macht.

4.2.   „Das deutsche Theater national machen": Der Nationaldiskurs um das Theater

Angesichts des dargestellten Forschungsinteresses am Nationaldiskurs im
18. Jahrhundert überrascht es, daß man bisher die einschneidende
Entwicklung von wandernden Schauspieltruppen zu stehenden Nationalbühnen an den Höfen im „Heiligen römischen Reich deutscher Nation"

nicht eingehender oder umfangreicher in Bezug auf eben diesen Diskurs untersucht hat.[19] Wenn man auf das Phänomen der Nationaltheater zu sprechen kommt, also u.a. auf die Gründung von Hof- und National-theatern 1776 in Wien, 1779 in Mannheim, 1783 in Weimar, 1786 in Berlin und 1789 in München, so beeilt man sich, es ja nicht mit dem Nationalismus oder gar der Metamorphose zum aggressiveren Nationalis-tischen des späten 19. und frühen 20. Jahrhunderts zu verwechseln oder zu desavouieren.[20]

Reinhart Meyers Begriffsbestimmung zum Nationaltheater macht diese defensive Haltung plausibel, wenn er ausführt:

> Da die Bezeichnung „Nationaltheater" schon im 18. Jahrhundert unklar war und im 19. Jahrhundert zunehmend diffuser wurde, sei eine klärende Differenzierung der Benennung vorweg gegeben: Zu unterscheiden ist zwischen der zeitgenössischen *offiziellen Bezeichnung* des theatralischen Instituts [...] und der (inoffiziellen) *Benennung durch Literaten* in Publikationen. [...] Mit besonderer Vorsicht ist schließlich der Nomenklatur

---

19 Der Soziologe Bernhard Giesen vernachlässigt den Anteil von Nationaltheatern bei der Ausbildung des „patriotischen Codes" ganz. Vgl. Giesen, *Die Intellektuellen und die Nation* (1993), S. 102-129. Demgegenüber geht Echternkamp auf den naheliegen-den Zusammenhang ein, ohne jedoch auf eigene Forschungen zurückgreifen zu kön-nen oder die der deutschsprachigen Literatur- und Theaterwissenschaft zu berücksich-tigen. Beide Arbeiten zeigen einmal mehr, daß die oftmals geforderte interdisziplinäre Forschung mehr Wunsch denn Realität ist. Vgl. Echternkamp, *Der Aufstieg des Nationalismus* (1998), S. 126-133. Horst Steinmetz argumentiert in seinem Aufsatz von 1984, der erst 1996 erschien, daß „das deutsche Nationaltheater [...] gescheitert [war], ehe seine Verwirklichung begonnen hatte." Ders., „Idee und Wirklichkeit des Nationaltheaters. Enttäuschte Hoffnungen und falsche Erwartungen", in: *Volk-Nation-Vaterland*, hg. v. Ulrich Herrmann (1996), S. 144. Diese These mißt den Erfolg der Nationaltheater ausschließlich anhand des aus Lessings *Hamburgischer Dramaturgie* abgeleiteten Idealtypus von Nationaltheater. Statt diesen als Teil eines prozeßhaften Diskurses zu begreifen, verbaut sich Steinmetz durch die Dichotomie aus Idee und Wirklichkeit eine weiterführende Perspektive. Auch Ute Daniel spielt den Aspekt des Nationaldiskurs im Zusammenhang der neuen stehenden Bühnen im wahrsten Sinne des Wortes herunter, wenn sie nur in einer Fußnote *en passant* darauf verweist. Vgl. Daniel, *Hoftheater* (1995), S. 246.

20 Beispielsweise fühlt sich Fischer-Lichte genötigt zu betonen, daß die Nationaltheater nicht einer chauvinistisch-nationalistischen Gesinnung entsprungen seien. Vgl. Erika Fischer-Lichte, *Kurze Geschichte des deutschen Theaters* (1993), S. 109f.

in *literatur- und theatergeschichtlichen Arbeiten* seit Ende des 19. Jahrhunderts bis in die Gegenwart zu begegnen [...].[21]

Die „Nomenklatur seit Ende des 19. Jahrhunderts", d.h. eine nationalistisch gefärbte Lesart, sei es demnach gewesen, die den „Nationaltheatern" im Nachhinein ihre ursprüngliche Unschuld geraubt habe. Meyers Differenzierung werte ich jedoch weniger als abschließende Klärung. Vielmehr bietet sie einen Anfang zur Untersuchung, denn es ist gerade das „Unklare" im Begriff des Nationaltheaters, das die Analyse dieses Diskurses sinnvoll erscheinen läßt. Die Unterscheidung zwischen der offiziellen Benennung des „theatralischen Instituts" und der von Literaten vorgenommenen ist dabei ein hilfreicher und sinnvoller Ausgangspunkt. Den Diskurs der bürgerlichen Literaten rücke ich nachfolgend in den Vordergrund. Im Sinne Andersons interpretiere ich ihn dahingehend, daß den Gründungen der Nationaltheater ein Diskurs unter bürgerlichen Intellektuellen über das Verständnis einer solchen Institution vorausging, daß virulente Ideen also ihrer äußerlichen Manifestation vorgelagert waren.

Dieser Diskurs über das Theater als eine öffentliche Institution mit einer nationalen Wirkung fand seit und nach Johann Christoph Gottscheds Bemühungen um eine Theaterreform und Regelpoetik ab den 30er Jahren des 18. Jahrhunderts seine publizistische Fortsetzung in Johann Elias Schlegels *Schreiben von Errichtung eines Theaters in Kopenhagen* (1747). Als „Ausländer" in Kopenhagen, versucht er, „ein beständiges Theater zu unterhalten",[22] d.h. das Theater als eine sowohl inhaltlich als auch ökonomisch vom Hof unabhängige öffentliche Institution zu etablieren. Das Theater soll sich sowohl von der als moralisch dubios angesehenen Wanderbühne als auch von der Liebhaberbühne und schließlich von der exklusiven Hofbühne – mit der Oper als ihrer kulturellen Domäne – emanzipieren. Das Nationale besteht darin, daß Schlegel die Theater in Paris und London zum Maßstab wählt und mit ihnen gleichwertig sein

---

21 Reinhart Meyer, „Das Nationaltheater in Deutschland als höfisches Institut. Versuch einer Begriffs- und Funktionsbestimmung", in: Roger Bauer u. Jürgen Wertheimer (Hgg.), *Das Ende des Stegreifspiels. Die Geburt des Nationaltheaters. Ein Wendepunkt in der Geschichte des europäischen Dramas* (1983), S. 125.

22 Johann Elias Schlegel, „Schreiben von Errichtung eines Theaters in Kopenhagen", in: *Joh[ann] Elias Schlegels Werke*, hg. v. Johann Heinrich Schlegel (1764), Bd. 3, S. 251f.

will. Am Anfang dient demnach „das Nationale" als ein relativ wertneutraler Koeffizient zwischen Selbst- und Fremdwahrnehmung und als Vergleichsmaßstab im Rahmen eines Emanzipationsversuches. In Schlegels Selbstwahrnehmung ließen die Theaterdarstellungen der Wandertruppen und Liebhaberbühnen im deutschsprachigen Bereich sowohl inhaltlich (Dramenkontingent) als auch darstellerisch (Schauspielleistung) im Vergleich mit den zwei führenden westlichen Nachbarländern stark zu wünschen übrig.

Indem Schlegel sich sodann „an die Stelle der Nation setz[t]",[23] macht er sie zum Subjekt und konstituiert auf diese Weise eine Identität zwischen seiner Person und der Nation. Er vollzieht damit einen narrativen Akt der restituierenden Identitätssetzung. Dies impliziert, daß Schlegel von einer Identität der eigenen Nation auszugehen hat, was der Selbstwahrnehmung insofern widerspricht, da eine solche erst zu konstituieren wäre. Doch die narrative Strategie einer restituierenden Identität ermöglicht Schlegel vor allem, „die" Franzosen und „die" Engländer als selbständige Subjekte darstellen zu können, die als Vergleich zur eigenen nationalen Identität herzuhalten haben. Um sie als selbständige Subjekte wahrnehmen zu können, liefert er eine Charakterisierung derselben in Bezug auf ihre als typisch klassifizierten Dramen. Diese Charakterisierung wiederum dient der Subjektsetzung als differente Nationen mit je spezifischen Identitäten. Diese Differenzierungsleistung zwischen Selbst- und Fremdwahrnehmung, scheint es, ist für Schlegel so neuartig, daß eine qualitative Bewertung – diese oder jene Nation als „besser" oder „schlechter" einzustufen – unbedeutend ist und daher (zunächst) entfällt. Einziger Zweck der differenzierenden Optik ist, „zu beweisen, daß ein Theater, welches gefallen soll, nach den besonderen Sitten, und nach der Gemuethsbeschaffenheit einer Nation eingerichtet seyn muß, und daß Schauspiele von franzoesischem Geschmacke in England, und von englischem in Frankreich gleich uebel angebracht seyn wuerden."[24] Entsprechend der Forderung, „die Sitten und besondern Charakter seiner Nation"[25] zu berücksichtigen, müßte Schlegel konsequenterweise fortfahren, die Identität Dänemarks zu bestimmen, um ein dieser Nation

---

23 Schlegel, „Schreiben von Errichtung eines Theaters in Kopenhagen" (1747), S. 252.
24 Ders., „Gedanken zur Aufnahme des daenischen Theaters", in: *Joh[ann] Elias Schlegels Werke*, hg. v. Johann Heinrich Schlegel (1764), Bd. 3, S. 265.
25 Ebd.

gemäßes Theater zu vermitteln. Statt dieses logischen Schrittes entwickelt aber Schlegel anhand seines Verständnisses der aristotelischen Poetik den Zweck des Dramas. Diesen sieht er im Vergnügen an der Nachahmung menschlicher Handlungen und gleichzeitig darin, den Verstand „auf eine vernünftige Art zu ergetzen",[26] um dadurch „die Verbesserung des Verstandes bey einem ganzen Volke"[27] zu erreichen. Damit verknüpft Schlegel eine anthropologische Argumentation instrumentell mit einem volkspädagogischen Auftrag. Das Volk wird dabei als eine alle Stände übergreifende Gemeinschaft aufgefaßt. Dieser inklusive Blick drückt sich in der Spielplangestaltung so aus, daß die Vorliebe für Komödien „aus dem niedrigen Stande" beibehalten wird, um „immer höher zu steigen" bis zum Geschmack des Hofes, der die Tragödie bevorzugt.[28] Das Theater wird somit zu einem Ort, an dem ein neues sozialpädagogisches Konzept für die Gesellschaft einer Nation eingeübt werden soll. Nicht die Sitten oder der Geist des Volkes sind für Schlegel die Kriterien für die Auswahl der Stücke, sondern umgekehrt sollen die Stücke Einfluß nehmen auf die Sitten und den Geschmack vor allem des niedrigen Standes. Abermals gerät Schlegel in eine Art Widerspruch. Die nationale Identität ist der Ausgangspunkt dafür, daß sie ein ihr entsprechendes Theater erhält, und umgekehrt soll das Theater als Instrument für eine noch zu bildende nationale Identität eingesetzt werden. Daraus folgt die „vornehmste Frage: wo das dänische Theater dergleichen Stücke herbekommen soll?"[29] Schlegels Antwort besteht in der „Ermunterung" zu neuen Stücken, die von Schriftstellern des „Vaterlandes" verfaßt werden, damit man das Theater „nicht so dicht mit auslaendischen Arbeiten besetzen"[30] muß.

Dieser Entwurf Schlegels für eine stehende Bühne enthält als Nukleus vier Diskurselemente, die bei unterschiedlichen Autoren und in unter- schiedlicher Gewichtung bis in die 80er Jahre immer wieder anzutreffen sind. Erstens wird die Nation als Subjekt mit einer vorzufindenden Identität entweder direkt oder indirekt präsupponiert. Diese Identitäts- setzung wird vor allem durch eine differente Selbst- und Fremdwahrneh-

---

26 Schlegel, „Gedanken zur Aufnahme des daenischen Theaters" (1764), S. 271.
27 Ebd., S. 274.
28 Ebd., S. 280.
29 Ebd., S. 296.
30 Ebd.. S. 297.

mung erzeugt. Zweitens führt die Fremdwahrnehmung zum Erkennen eines Mangels an nationaler Identität, den man vor allem durch eine stehende Bühne beheben zu können glaubt. Die Institutionalisierung eines Theaters wird – drittens – dadurch legitimiert, daß man ihm sowohl einen sozialpädagogischen als auch einen nationalen Auftrag verschreibt. Dies hat – viertens – zur Folge, daß die stehende Bühne zu einem ideellen Raum aufgewertet wird, in dem das anwesende Publikum sich selbst im Theaterraum als eine über die Stände hinausgehende Gemeinschaft wahrnimmt. Damit wird dieser gemeinschaftliche Ort im Bewußtsein über den physischen Theaterraum hinaus ausgeweitet. Mithin wird eine zweifache Identität gestiftet: die einer im öffentlichen Raum erlebten gemeinschaftlichen Präsenz und die einer räumlich wie zeitlich imaginierten Gemeinschaft als Nation. Die stehende Bühne wird als idealer und ideeller Raum gedacht, der diese dialektische Spannung in der Zukunft zu lösen verspricht. Für dieses zukunftsoffene Projekt ist der Begriff Nationaltheater aber noch nicht gefallen. Wie schwierig bzw. ehrgeizig die Umsetzung der Ideen Schlegels für den deutschsprachigen Raum blieb, möchte ich nachfolgend an drei weiteren Schriften zum Theater nachweisen.

Vierzehn Jahre sollten vergehen, bevor Friedrich Nicolai 1761 in dem zweihundertsten der *Briefe, die neueste Litteratur betreffend* abermals die Engländer und Franzosen als Muster heranzieht, um zu konstatieren, daß „wir kaum ein Theater haben."[31] Diesen durch Fremdwahrnehmung erzeugten Mangel an Selbstwertgefühl treibt Nicolai polemisch auf die Spitze, wenn er etwas später schreibt: „Es ist also ausgemacht, daß dasjenige, was man auf gewisse Weise von dem guten Geschmack in Deutschland ueberhaupt sagen kan [sic], insbesondere [...] von der deutschen Schaubuehne gelten muesse, nemlich: daß sie nur noch in ihrer Kindheit sey."[32] Wie bei Schlegel das rhetorische Mittel der restituierenden Identitätssetzung zwischen seiner Person und der Nation inhaltliche Konsequenzen beinhaltet, so auch bei Nicolai die anthropomorphe

---

31 Friedrich Nicolai, „Zweyhunderter Brief" (1761), in: *Briefe, die neueste Litteratur betreffend* (1763), S. 300. Vgl. Lessings früheres, aber gleich lautendes Diktum: „Wir haben kein Theater. Wir haben keine Schauspieler. Wir haben keine Zuhörer". Gotthold Ephraim Lessing, „Briefe, die neueste Literatur betreffend", in: ders., *Werke*, hg. v. Herbert G. Göpfert, Bd. 5, (1973), S. 259.

32 Nicolai, „Zweyhunderter Brief" (1761), S. 303.

Gleichung vom Zustand des Geschmacks und der Schaubühne in
Deutschland und dem Entwicklungsstand eines Menschen. Denn sein
Urteil, daß sich die Lage des Theaters im Stadium der Kindheit befinde,
impliziert, daß es auf ein Erwachsensein hinauslaufen werde. Dank der
rhetorischen Wortwahl drängt sich die folgende Frage als „natürlich" auf:
„Und wann wird sie [= die Schaubühne] aus der Kindheit kommen?" Die
Antwort auf die Frage liefert er prompt und doch auf kecke Art zögerlich:
„Fast moechte man sagen: Niemals!" Doch Nicolai als personifizierter
Aufklärer verharrt nicht in defätistischer Haltung, sondern formuliert
einen Katalog an Forderungen, die einen Ausweg aus der scheinbar
hoffnungslosen Situation aufzeigen:

> So lange Deutschland verschiedene Reiche in sich schliesset, deren jedes
> seine Hauptstadt hat, und sich gar nicht verbunden haelt, sich nach den
> andern in Absicht und Sitten, Geschmack und Sprache zu richten; so lange
> nicht wenigstens in einer von denen Hauptstaedten, denen Deutschland in
> Absicht auf Geschmack und Sprache einigen Vorzug zugestehet, der Fuerst
> eine deutsche Schaubuehne nicht etwa blos an seinem Hofe, sondern
> oeffentlich errichten laeßt, und ganz besonders beschuetzet; so lange nicht
> Belohnungen ausfuendig gemacht werden, wodurch faehige Koepfe
> koennen angefeuert werden, die neuerrichtete Schaubuehne stets mit neuen
> Stuecken zu versehen; so lange das Paterre nicht Muth oder Einsicht genug
> hat, gute Stuecke mit lautem Beyfall, und schlechte Stuecke mit verdientem
> Misfallen zu begleiten; so lange es noch nicht moeglich ist, die schlechten
> Originale und noch elendere Uebersetzungen [...] abzuschaffen; so lange
> wir in unsern Originalen noch sclavisch an die Regeln halten, und nicht
> daran denken, der deutschen Buehne einen eigenthuemlichen Charakter zu
> geben;[...]; so lange werden wir uns nicht ruehmen koennen, daß wir eine
> deutsche Schaubuehne haetten, die diesen Nahmen mit Recht verdiente.[33]

Die Minimalbedingung, die eine Schaubühne laut Nicolai für eine
vollwertige Identität zu erfüllen hätte, heißt: wenigstens *ein* öffentliches
Theater unter der Ägide eines Feudalherrn soll eine Leitfunktion in
„Sitten, Geschmack und Sprache" übernehmen, um so eine größere
kulturelle Einheit der verschiedenen „Reiche" in Deutschland herzu-
stellen. Zur Erreichung dieser Ziele verlangt Nicolai dreierlei: talentierten
Autoren zu einer Anhebung ihres Berufsstatus zu verhelfen; neuartige

---

33 Nicolai, „Zweyhunderter Brief" (1761), S. 303-305.

Dramen, die eine spezifisch deutsche Identität vermitteln; und die Verbesserung des ästhetischen Geschmackes des als teilweise ungebildet eingestuften Publikums.

Wie bei Schlegel lassen sich auch bei Nicolai als wichtigste Diskurspartikel die sich gegenseitig bedingenden Entitäten von Theater und Nation ausmachen: eine Nation wird nicht *trotz* sondern *aufgrund* politischer Konkurrenz und der fehlenden Zentralisierung als Subjekt gedacht. Am Anfang des Nationaldiskurses steht das Bewußtsein des eigenen Defizits und der Inferiorität, die man aufzuheben wünscht. Weil es der politischen Pluralität an einem Zentrum fehlt, empfiehlt sich aufgrund eines Vergleiches mit Frankreich und England vor allem eine stehende Bühne mit einem nationalen Schauspielkanon, da in den beiden Ländern diese kulturelle Institution eine identitätsstiftende Funktion angeblich erfolgreich erfülle. Das Junktim lautet: so wie die Nation das stehende Theater brauche, um Nation sein zu können, so brauche das stehende Theater die Nation, um als Bühne anerkannt zu werden. Wie so oft verstand es Schiller, auch diesen Sachzusammenhang auf den Punkt zu bringen: „[...] wenn wir es erlebten, eine Nationalbühne zu haben, würden wir auch eine Nation."[34]

Vorerst bleibt festzuhalten, daß der Begriff Vaterland sich bisher nicht als Leitbegriff herauskristallisiert hat. Im Gegenteil: das Defizit einer (noch nicht) existierenden Nation zeigt sich gerade in dem fluktuierenden Gebrauch der Benennungen für die Teile des Ganzen: „Reiche", „Nation", „Provinzen" sind austauschbare Bezeichnungen. Wie im nächsten Beispiel deutlich wird, bleibt aber auch das Ganze unklar, da „Nation" synonym verwendet wird mit „Staat" und beide Begriffe auffallend unscharf konturiert bleiben.

Bis man Nicolais Liste an Forderungen für eine stehende Bühne und ihre nationale Leitfunktion erstmals umzusetzen versuchte, dauerte es weitere sechs Jahre. Als Johann Friedrich Löwen die *Vorläufige Nachricht von der auf Ostern 1767 vorzunehmenden Veränderung des Hamburgischen Theaters* ankündigt, greift er auf die bisher erwähnten publizistischen Vorleistungen zurück, etwa wenn er hofft, daß „das deutsche Schauspiel aus seiner Kindheit hervor treten" könne, und wenn er betont, welche Vorteile „eine Nationalbühne dem ganzen Volke

---

34 Friedrich Schiller, „Was kann eine stehende Schaubühne eigentlich wirken?" (1784), in: *Schillers Werke*. NA. Bd. 20.1. S. 99.

verschaffen kann",[35] ohne diese Vorteile allerdings explizit zu benennen.
Anders als bei seinen Vorgängern Schlegel und Nicolai gilt eine von
Löwens Sorgen bei der Legitimierung des Nationaltheaters dem sozialen
Status der Schauspieler. Während Schlegel und Nicolai sich ausführlich
mit dramaturgischen und ästhetischen Aspekten auseinandersetzen und
den Mangel an Dramatikern beklagen – somit die Theaterpraxis außer
Acht lassen –, bemüht sich Löwen einerseits, bei den Bürgern um größeren Respekt für den Beruf des Schauspielers zu werben, und andererseits
schärft er den Schauspielern ein, daß es ihre „erste Pflicht" sei, „eine
unverletzte, und von dem geringsten Verdacht befreite Lebensart" zu
führen.[36]

Mit diesen Forderungen wird ein weiterer wichtiger Aspekt des
Diskurses um eine Nationalbühne benannt: das Projekt wird von einer
bürgerlichen Elite im Interesse bürgerlicher Wertvorstellungen definiert.
In der freien und bürgerlichen Stadt Hamburg freut man sich, über
finanzielle Mittel zu verfügen, um „unsern Mitbürgern [...] die reichsten
Schätze einer geläuterten Moral zu gewähren." Das „edelste Vergnügen"
und seine „Folgen [seien] für eine ganze Nation interessant." Dessen
Vorteile erstreckten sich „auf den ganzen Staat und auf die Biegsamkeit
seiner Bürger."[37] Der bürgerliche Moralkodex wird auf das Theater übertragen, weil er vorteilhaft für „den ganzen Staat" sei und der „ganze
Staat" damit rechnen dürfe, daß seine Bürger „biegsam", d.h. ihm unter-
tänig bleiben würden.

Mithin stellen die bürgerlichen Emanzipationsbestrebungen der
jungen Autorengeneration den feudalen Ständestaat nicht grundsätzlich in
Frage, sondern beschränken sich darauf, einen höheren Sozialstatus
innerhalb der feudalen Hierarchie einzufordern. Dadurch wird die Legiti-
mationsstrategie im Diskurs um eine öffentliche, stehende und auf die
Nation wirkende Bühne um ein markantes Junktim erweitert: bürgerliche
Tugendwerte sollen von Vorteil für die Nation als ganzes sein wie auch
umgekehrt die Nation sich mittels bürgerlicher Moral- und Wertvorstellungen formieren soll. Die „Schaubühne als moralische Anstalt", um

---

35 Johann Friedrich Löwen, „Vorläufige Nachricht von der auf Ostern 1767 vorzuneh-
    menden Veränderung des Hamburgischen Theaters" (1766), in: *Johann Friedrich
    Löwens Geschichte des deutschen Theaters*, hg. v. Heinrich Stümcke (1905), S. 85.

36 Ebd., S. 88.

37 Ebd.

nochmals eine prägnante Schillersche Formulierung zu übernehmen, sichert den bürgerlichen Schichten das Bewußtsein moralischer Überlegenheit gegenüber dem gern als dekadent charakterisierten feudalen Leben. Dieser Anspruch an das Theater als einer „moralischen Anstalt" läßt sich aber auch als Sozialpathogenese bürgerlicher Untertängikeit gepaart mit moralischer Selbstbehauptung auffassen, als eine Haltung submissiver Aggressivität.

Beobachten läßt sich das u.a. auch an der Vorleistung, die für diese moralische Aufwertung einer stehenden Bühne einzubringen ist. Löwen forciert die soziale Disziplinierung der Schauspieler, indem er sie mahnt, daß sie „der Spiegel"[38] bürgerlichen Anstands, hinsichtlich des sexuellen, religiösen und pflichtbewußten Tugendkodexes der Bürger vorbildlich zu sein hätten. Die Aufwertung des Theaterschauspiels geht Hand in Hand mit einem rigiden Disziplinierungsprozeß nach Maßgabe bürgerlicher Moralvorstellungen. Die selbst auferlegte Repression oder innere Aggression kehrt sich in Ansätzen nach außen gegen die höheren Stände.

Zum Schluß seiner kurzen Ankündigung drängt Löwen auf die Einlösung der von Schlegel und Nicolai bereits geäußerten Ideen, daß ein Nationaltheater vor allem neue Dramen von deutschsprachigen Autoren brauche. Das zumindest ist gemeint, wenn er schreibt, „das deutsche Theater mit der Zeit so national zu machen, als sich alle andere Nationen des ihrigen zu rühmen Ursache haben."[39] „National machen" bedeutet also: ein Theater zu entwickeln, das eine Leitfunktion im gesamten deutschsprachigen Bereich übernimmt. Das „deutsche" daran impliziert, daß das erdachte Theater den Interessen dieses Kulturkreises entspricht. Impliziert wird allerdings auch, daß dieses Theater nicht *eine* Bühne meint, sondern möglichst viele Theater innerhalb der Nation animiert werden, die ästhetischen Standards im Interesse der Nation anzuheben. Implizit plädieren Löwen wie Nicolai für die Vielfalt in der Einheit, für eine föderalistische Theaterstruktur innerhalb einer Nation. Der Begriff der „Nation" wird dabei als konkurrierende Differenz zwischen Selbst- und Fremdwahrnehmung eingesetzt, um einen eigenen kulturell definierten Raum als Nation eingrenzen zu können. Ein aggressiver Abwehrmechanismus hinsichtlich anderer Kulturen läßt sich (bisher) nicht ausmachen. Bereits bei den ersten Ideen zu einer „Nationalbühne" von

---

38 Löwen, „Vorläufige Nachricht" (1766), S. 88.
39 Ebd., S. 89.

einer „Janusköpfigkeit" zu sprechen, wäre daher eine illegitime Über-
dehnung dieser These. Die andere Seite, die aggressive Abwehr, wird –
wie weiter unten zu sehen ist – erst dann virulent, wenn es darum geht,
inhaltlich auszufüllen, was das Charakteristische der deutschen Nation sei
und was u.a. auf dem deutschen Theater dargestellt werden solle.

Bekanntlich begleitete Lessing in seiner *Hamburgischen Dramaturgie*
(1767-1768) ein Jahr lang kongenial das Novum eines öffentlichen und
bürgerlichen Theaterprojektes. Während er sich anfangs auf detaillierte
Kritik der gezeigten schauspielerischen Leistungen einließ – mithin die
von Löwen eingeforderte Sozialdisziplinierung des Standes ästhetisch ab-
sicherte –, entwickelte er diskursiv und nachhaltig seine dramaturgischen
und dramenästhetischen Vorstellungen. Obwohl das Theater erst im März
1769 endgültig schloß, verabschiedete sich Lessing bereits 1768 vom
„süßen Traum", „hier in Hamburg" „ein Nationaltheater [...] zu gründen",[40] nicht jedoch ohne seine Einschätzung des Projektes in gewohnter
Weise zugespitzt kundzutun: „Über den gutherzigen Einfall, den
Deutschen ein Nationaltheater zu verschaffen, da wir Deutsche noch
keine Nation sind! Ich rede nicht von der politischen Verfassung, sondern
bloß von dem sittlichen Charakter."[41] Lessing reiht sich mit dieser
Beurteilung in die Reihe von Schlegel, Nicolai und Löwen ein, die das
Nationaltheater als Versuch verstanden, durch kulturelle und ästhetische
Vorleistungen auf dem öffentlichen Theater, eine Nation imaginativ zu
etablieren. Das vorläufige Scheitern des bürgerlichen Versuchs in Hamburg, verleitet Lessing jedoch nicht, zu politischen Forderungen überzu-
gehen. Noch in seinem Abgesang hält Lessing an dem Gedanken einer
‚sittlichen Charakterbildung' als ersten Schritt zur Nationalidentität fest.

Das Scheitern in Hamburg bedeutete keineswegs das Ende der Idee
vom Nationaltheater, wohl aber das Ende der Nationalbühne als ein ausschließlich bürgerliches Projekt. Denn es setzte sich Nicolais 1761
leichthin gemachte Äußerung als zukünftiges Modell durch: „der Fuerst
[läßt] eine deutsche Schaubuehne nicht etwa blos an seinem Hofe,
sondern oeffentlich errichten, und [beschützt sie] ganz besonders."[42] In
der Tat waren es die aristokratischen Zentren Wien, Mannheim, Berlin

---

40 Lessing, „Hamburgische Dramaturgie. 101.-104. Stück", in: ders., *Werke*, hg. v.
    Herbert G. Göpfert, Bd. 4, (1973), S. 704.
41 Ebd., S. 698.
42 Nicolai, „Zweyhunderter Brief" (1761), S. 304.

und München sowie die kleineren Residenzstädte wie Bonn oder
Weimar, die beinahe eine Dekade nach dem Scheitern des ersten bürgerlich organisierten Theaterprojektes in Hamburg die Idee einer ständigen
deutschsprachigen Schaubühne aufgriffen, sie errichteten und beschütz-
ten. Hier konnte sich jene bürgerliche „Biegsamkeit" des Verhaltensko-
dexes ausbilden, von der Löwen sprach: eine Mischung aus latent
aggressiver Haltung in Form verinnerlichter Genußbeschränkung, die
sich nach außen als oppositionelle Haltung in Form moralischer Superio-
rität gegenüber dem Adel äußerte. In dem Moment, wo der Adel aus
unterschiedlichen Gründen seine Bühnen für das bürgerliche Schauspiel
öffnete, konnte diese devote Opposition weiter eingeübt werden.

Es ist vor allem Reinhart Meyers Verdienst, das in der Literaturwissenschaft gern gepflegte Bild einer ausschließlich bürgerlichen
Literatur im späten 18. Jahrhundert zurechtgerückt zu haben. Zwar
bildeten die Autoren eine bürgerliche Elite und schrieben überwiegend
für ein bürgerliches Lesepublikum, doch vor allem hinsichtlich des
Dramas kann man aufgrund der Unterstützung des Hochadels und der
Residenzen nicht von einer rein bürgerlichen Kultur sprechen. Die Idee
von einer stehenden Nationalbühne mutierte zu einem Tauschprojekt im
Sinne Greenblatts: die bürgerliche Elite gewann an kulturellem Einfluß
mittels ihrer künstlerischen Ambitionen und moralischen Wertvorstellungen, während gleichzeitig die politischen Feudalstrukturen unangetastet bleiben konnten. Der Hof gewann durch das deutschsprachige
Theater eine finanziell weniger aufwendige, aber dennoch hinreichende
Form der Selbstdarstellung.

Denn der Adel begann, die stehenden Bühnen, die bis zu diesem Zeitpunkt der sehr hoch subventionierten italienischen Opernproduktion[43]
und dem vergleichsweise weniger teuren französischen Sprechtheater

---

43 *Eine* statistische Angabe aus der ersten Hälfte des 18. Jahrhunderts veranschaulicht
den enormen finanziellen Aufwand, den der Hof für seine Opernproduktionen betrieb.
Während für die Dresdener Oper für einen Abend 200 Taler allein für die
Beleuchtung mit Kerzen und Talglichtern ausgegeben wurden, mußte sich die
Schönemannsche Theatergruppe im Schnitt mit einem einzigen Taler für die Beleuch-
tung eines Theaterabends begnügen. Vgl. Sybille Maurer-Schmoock, *Deutsches
Theater im 18. Jahrhundert* (1982), S. 72; Ausgabenbudgets von Hoftheatern bzw.
Hinweise zu den notwendigen Sparmaßnahmen an Höfen seit dem Siebenjährigen
Krieg bei Ute Daniel, *Hoftheater. Zur Geschichte des Theaters und der Höfe im 18.
und 19. Jahrhundert* (1995), S. 87-101.

vorbehalten waren, für das zahlende bürgerliche Publikum und dessen
Verlangen nach deutschsprachigen Aufführungen – nicht zu verwechseln
mit Werken deutscher Autoren – zu öffnen. Meyer kommentiert diesen
Wandel wie folgt:

> Was für die bürgerlichen Truppen einen enormen Aufstieg darstellt, ist für
> den Hof eine Notlösung. Die subventionierten Hofbühnen werden der
> Öffentlichkeit zugänglich gemacht, sie erhalten die Erlaubnis, Eintritts-
> karten zu verkaufen, werden also [...] zu Geschäftstheatern, die sich von Ort
> zu Ort allerdings in ihrer Verwaltungsform unterscheiden. Teilweise über-
> nehmen Adlige die Leitung, teilweise treten Bürgerliche ohne wesentliche
> Befugnisse an ihre Stelle [...].[44]

Der Funktionswandel von der Wanderbühne zu einem stehenden deutschsprachigen Theater als einer Nationalbühne an den Höfen ist daher nur
sehr bedingt als Paradigma des Strukturwandels hin zu einer bürgerlichen
Öffentlichkeit aufzufassen.[45] Meyer moniert vielmehr zu Recht, daß die
Entwicklung des deutschsprachigen Theaters voreilig in eine Emanzipa-
tionsgeschichte des Bürgertums umgeschrieben, hingegen „mit auffälli-
ger Regelmäßigkeit [...] die Hofkultur des 18. Jahrhunderts aus sozialge-
schichtlichen Darstellungen ausgeklammert [wird]."[46]

Meyer macht den erwähnten Austausch zwischen den bürgerlichen
und aristokratischen Schichten deutlich, wenn er einerseits auf den Iden-
titätsverlust des Bürgertums hinweist, da „der Anstand des Hofes [...]
zum Richtmaß des Bürgertums" [47] wurde, aber andererseits betont, daß

---

44 Meyer, „Von der Wanderbühne zum Hof- und Nationaltheater", in: *Hansers Sozialge-
    schichte der deutschen Literatur*, hg. v. Rolf Grimminger, Bd. 3.1, (1984), S. 209.
45 Jürgen Habermas, *Strukturwandel der Öffentlichkeit* (1990), S. 107.
46 Meyer, „Das Nationaltheater in Deutschland als höfisches Institut" (1983), S. 146.
    Vgl. Ders., „Von der Wanderbühne zum Hof- und Nationaltheater" (1984), S. 208.
    Die Historikerin Ute Daniel hat mit ihrer Arbeit *Hoftheater* (1995) dem von Meyer zu
    Recht beklagten Forschungsdefizit grundlegende Abhilfe geleistet. Da Daniel u.a. die
    Kontinuität an Hoftheatern hervorhebt, begegnet sie der These von der
    „Verbürgerlichung des Theaters" (Meyer) noch skeptischer als Meyer selbst. Daniel
    vertritt vielmehr die These, daß „der Einfluß der bürgerlichen Theaterreformbe-
    strebungen [...] gerade so weit [reichte], um die Redeweise von der versittlichenden
    Wirkung zum Allgemeingut zu machen, ohne daß dies irgendwo eine entsprechende
    Theaterpolitik oder Spielplangestaltung zur Folge gehabt hätte." Dies., ebd., S. 148.
47 Meyer, „Limitierte Aufklärung", in: *Über den Prozeß der Aufklärung in Deutschland
    im 18. Jahrhundert*, hg. v. Erich Bödeker u. Ulrich Herrmann (1987), S. 172.

die bürgerlichen Schichten an Sozialprestige gewannen, indem sie „ihre"
Autoren und bürgerliche Kulturvorstellungen inszenieren konnten.

Dieser kulturelle Austauschprozeß hatte nach Meyer eine eindeutig
politische Dimension. Die neuen Theater waren vor allem ein vom Hof
denkbar einfach politisch zu kontrollierender Raum. Mit der Einrichtung
deutschsprachiger, öffentlicher Theater gab der Hof zwar seine Exklusi-
vität in einem begrenzten Bereich auf, aber nur, um seinen Einfluß in
diesem Bereich bedeutend zu erweitern. Die partielle Anpassung an den
bürgerlichen Theatergeschmack ermöglichte gleichzeitig eine gezieltere
Einflußnahme auf den sich ausbreitenden bürgerlichen Geschmack.[48] In
welchem Ausmaß und bis in welche Details ein solcher kulturpolitischer
Verhandlungsprozeß zwischen den Interessen des Hofes und den bürgerlichen Autoren und ihrem Publikum vonstatten gehen konnte, hat u.a. das
Kapitel zu Fragen der Theaterzensur anhand des Beispiels *Otto von
Wittelsbach* deutlich gemacht.

Obwohl die bürgerlich und privat organisierte Nationalbühne in
Hamburg bereits nach zwei Spielzeiten 1769 aus finanziellen Gründen
scheiterte, behielt der Nationaldiskurs Konjunktur.[49] Die Dynamik dieses
Diskurses war innerhalb der intellektuellen Elite inzwischen so stark, daß
die Idee eines Nationaltheaters unabhängig vom Scheitern des ersten
Experimentes in Hamburg fortleben konnte. Diese Dynamik läßt sich u.a.
indirekt daran ablesen, daß sich Martin Wieland 1773 aufgefordert fühlte,
zu *Dem Eifer, unserer Dichtkunst einen National-Charater zu geben*
Stellung zu nehmen. Wieland bezieht sich, ohne sie ausdrücklich zu
erwähnen, auf die Werke und Autoren des Göttinger Haines, wenn er
schreibt:

---

48 Meyer, „Das Nationaltheater in Deutschland als höfisches Institut" (1983), S. 135. Bei
Meyers Sinn für die sozialpolitischen Folgen der Nationaltheater verwundert seine
Einschätzung, daß „das ‚Nationale' der Nth [= Nationaltheater] im 18. Jahrhundert
keine ernsthaften politischen Implikationen [hatte]." Ebd., S. 127. Diese Leugnung
des Politischen in Bezug auf den Nationaldiskurs erkläre ich mir als exkulpierende
Defensivhaltung zu einer Zeit, als man reflexhaft alles vermeintlich Nationalistische
tabuisierte. Entsprechend antiquiert wirkt auch sein folgendes Urteil: „Die Höfe waren
weit davon entfernt, national im überterritorialen Sinn eingestellt zu sein [...]." Ebd.
Daß die Höfe keine nationalstaatliche Politik im Sinne des 19. Jahrhunderts betrieben,
versteht sich von selbst. Daß aber auch die Höfe dem Nationaldiskurs Raum
verschafften, ist von Interesse innerhalb des hier dargelegten diskursiven Ansatzes.
49 Blitz, *Aus Liebe zum Vaterland* (2000), S. 343ff.

Viele stehen in der Meinung, daß unsre Dichtkunst durch Bearbeitung einheimischer Gegenstände, Abschilderung einheimischer Sitten, und besonders durch unmittelbare Beziehungen auf unser National-Interesse und auf
große für das ganze Deutschland wichtige Begebenheiten unendlich viel
gewinnen, durch eine solche Anwendung eine wahre National-Dichtkunst
werden könnte.[50]

Obwohl diese „Materie wichtig" ist für Wieland, geht er ihr trotz seiner
Ankündigung in der Folge nicht weiter nach. Das mag auch daran liegen,
wie er gleich zu Anfang seines kurzen Aufsatzes klarstellt, daß er –
anders als Schlegel, Nicolai oder Lessing – nicht viel davon hält, mit
Mitteln kultureller Produktion zu einer größeren Nationalidentität zu
gelangen. Wieland erklärt in seinem *Deutschen Merkur* vielmehr:

Die Ursachen, warum die deutsche Nation keinen so ausgezeichneten
National-Charakter haben kann wie die Französische und Englische, sind
bekannt genug. Sie liegen in unserer Verfassung; und können also auch nur
mit unserer Verfassung aufhören. Die deutsche Nation ist eigentlich nicht
Eine Nation, sondern ein Aggregat von vielen Nationen [...].[51]

Trotz der Differenz zu Schlegel, Nicolai, Löwen und Lessing, greift auch
Wieland als Ausgangspunkt des Diskurses auf das durch Fremdwahrnehmung gewonnene Defizit zurück; auf das, was nicht vorhanden sei
bzw. im Vergleich zu den zwei westlichen Staaten nicht so „ausge-
zeichnet", d.h. ausgeprägt vorhanden sei: *eine* Nationalidentität für alle
Deutschen. Wieland konstatiert das komparative Defizit nüchtern und
liefert gleich eine politische Lösung mit, ohne sie unbedingt für möglich
oder wünschenswert zu halten, da er nachfolgend die Vielfalt der
griechischen Kulturen als seinen Maßstab wählt und diese Vielfalt
indirekt auch für Deutschland empfohlen wissen möchte.

Wenn Wieland sich gegen den Versuch einer patriotischen Dichtkunst
wendet, opponiert er gegen eine Nationalidentität, wie sie die Autoren
des Göttinger Hains anhand der Barden-Dichtung und der Arminius-
Dramen konstruierten. Wieland gibt diese Konstruktion allein schon

---

50 Christoph Martin Wieland, „Der Eifer, unserer Dichtkunst einen National-Charakter
    zu geben" (1773), in: ders., *Werke*, hg. v. Fritz Martini u. Hans Werner Seiffert, Bd. 3,
    1967, S. 272.
51 Ebd., S. 267.

deshalb der Lächerlichkeit anheim, weil er die vergangenen Zeiten als rückständig gegenüber der eigenen ansieht: „Unsre Verfassung, unsre Lebensart, unsre Sitten, unser ganzer Zustand ist, Dank sei dem Himmel! so sehr von dem unterschieden, was unsre Vorfahren zu den Zeiten der Barden waren [...].“[52] Wieland widersetzte sich damit innerhalb des angeschwollenen Nationaldiskurses der Rückbesinnung auf die eigene Kultur und Geschichte und will die Dichtkunst nicht in die Pflicht patriotischer oder nationaler Gesinnung genommen sehen, sondern definiert ihre „wahre Bestimmung“ als „die Verschönerung und Veredlung der menschlichen Natur“,[53] er erklärt sich mithin als Vertreter der Eudämonie.

Doch nicht Wielands Opposition gegen, sondern Herders Position zugunsten der Entdeckung der eigenen Geschichte sollte sich im Laufe der 70er und 80er Jahre vor allem auf dem Theater durchsetzen. In Reaktion auf Nioclais Plädoyer für eine Nationalbühne formuliert Herder in dem unveröffentlicht gebliebenen Aufsatz *Haben wir eine Französische Bühne?* seine Vorstellung: „Unsere Nation besteht aus vielen Provinzen; der Nationalgeschmack unsers [sic] Theaters muß auch aus den Ingredienzien eines verschiedenen Provinzialcharakters entspringen.“[54]

Bei dieser Empfehlung fällt nicht nur auf, wie unscharf und austauschbar auch bei Wieland und Herder die Begriffe Provinz, Nation bzw. Nationen, Nationalcharakter oder Nationalgeschmack bleiben, sondern auch, daß Herder noch nicht den Begriff der Geschichte verwendet. Statt dessen wählt er den leichtgewichtigeren der „Ingredienzien“. Damit werden nicht die Herkunft und der Prozeß, sondern das ahistorische Resultat einer Disposition von Mentalitäten benannt. Doch dieser dem Rokoko entlehnte Begriff der „Ingredienz“ enthält bereits die Reflexion auf die eigene Geschichte. Ist man erst einmal der eigenen Charakteristik und Herkunft bewußt geworden, wird das Selbst der Provinz als historischer Prozeß wahrgenommen. Das Entdecken des eigenen Selbst wird auf dem „Umweg“ des Nationaldiskurses zum

---

52 Wieland, „Der Eifer, unserer Dichtkunst einen National-Charakter zu geben“ (1773), S. 268.
53 Ebd., S. 271.
54 Johann Gottlieb Herder, „Haben wir eine Französische Bühne?“ (1766), in: *Herders Sämtliche Werke*, hg. v. Bernhard Suphan, Bd. 2, S. 213.

Neuland. Im anthropomorphen Bild der Autoren Nicolai und Löwen ausgedrückt: von der „Kindheit" entwickelt man sich zur Pubertät, die unweigerlich die grundsätzliche Frage nach der eigenen Identität und Herkunft mit sich bringen würde. Damit wird die Frage nach der eigenen Geschichte zum unabdingbaren Bestandteil des Nationaldiskurses. Die Forderung einer Nationalbühne förderte diese Wendung zum Selbst und zur eigenen Geschichte. Sie konnte einen perfekten Ort zur öffentlichen und bürgerlichen Selbstbespiegelung bereitstellen, eine Projektionsfläche zur Konstruktion eines nicht näher definierten Nationalsubjekts.

An Herders Äußerung wird außerdem deutlich, daß der National-diskurs determiniert bleibt durch das Spannungsverhältnis zwischen den einzelnen politischen Staaten und dem amorphen Gesamtgebilde des deutschen Reiches, das – im Gegensatz zu den „Provinzen" – nicht als Subjekt in den Blick gerät, wohl aber eine nationale Identität, die wünschenswert und u.a. mittels eines Nationaltheaters erreichbar scheint. Anders als Wieland, für den die Nationalidentität eine Domäne der Politik ist, sehen Nicolai, Löwen, Lessing und Herder die Bühne, d.h. den Ort kultureller Selbstverständigung, als Objekt ihrer Begierde, um eine nationale Identität zu erzeugen. Diese nationale Identität kann nach Herder aber nur durch ein Bewußtsein von der Vielfalt der „Staaten" erreicht werden. Zum Schluß seines Aufsatzes faßt Herder diesen Gedanken wie folgt zusammen:

> Die Provinzialsitten in Deutschland würden, so nachtheilig sie sonst dem Theater sind, hier Verschiedenheit liefern: und wie die Staatsverfaßung Deutschlands die einzige von ihrer Art in der Welt ist: so würde [...] sich auch die Bühne an verschiedenen Höfen und in unterschiedenen Provinzen, sich langsam, schwer, aber doch endlich zur Welt arbeiten.[55]

Herders Formulierung steckt nicht nur die Parameter des neuen Diskurses ab, sondern er benennt vor allem auch das Prozeßhafte eines solchen. Die vorhandene Pluralität soll zu einer Einheit finden, ohne die Pluralität aufzugeben. Diese erdachte und erwünschte Einheit wird nicht auf eine existierende Nation projiziert, sondern als ein schwieriger, ja schmerz-hafter Prozeß gesehen, der in der Geburtsmetapher „zur Welt arbeiten" seinen Ausdruck findet. Die nationale Einheit bleibt dabei ebenso

---

55   Herder, „Haben wir eine französische Bühne?" (1766), S. 226.

sekundär bzw. unausgeprochen, wie auch die soziale Differenzierung nur eine untergeordnete Rolle spielt. Daß die bürgerliche Kultur an den Höfen ihr zuhause findet, wird vorausgesetzt und nicht etwa gefordert oder weiter diskutiert. Die soziale Differenzierung wird zugunsten der Differenzierung von mentalen Gruppierungen vernachlässigt. Herder ersehnt hauptsächlich eine Einigung in der Vielfalt und einen Reifungsprozeß innerhalb der ästhetischen Sphäre. Daß dieser Einigungsprozeß auch konfliktbeladene politische und soziale Verhandlungen mit sich bringen wird, ohne sie aber genauer auszuformulieren, impliziert die Geburtsmetaphorik. Anstatt die sozialen Konflikte als solche offenzulegen, löst Herder sie diese in bürgerlich-ideellen Wunschphantasien auf.

Gerade entlang dieser Wunschprojektionen lassen sich entscheidende Aufschlüsse über den Nationaldiskurs und das Theater gewinnen. Das Theater wird als ideales Vehikel des Nationaldiskurses entdeckt und mit ideellen Hoffnungen befrachtet. Entsteht am Anfang bei Schlegel, Nicolai und Löwen der Wunsch nach einer Nationalbühne aus der wahrgenommenen Differenz zu den westlichen Ländern Frankreich und England, bei denen man aufgrund der (dramatischen) Literatur eine geglückte und einheitliche Nationalidentität vermutet bzw. voraussetzt, verlagert sich bei Herder der Blick auf die vorhandene politische und kulturelle Situation innerhalb Deutschlands. Während bei den anderen Autoren das Fremde außerhalb Deutschlands wahrgenommen und in der Folge eine einheitliche Identität des Deutschen präsupponiert wird, verschiebt sich die Perspektive bei Herder. Das Eigene wird zum Fremden. Die Fremdwahrnehmung anderer Kulturen induziert eine Selbstwahrnehmung, die die eigene Identität als Uneinheit erkennen läßt. Diese Fokussierung auf das Selbst generiert ihrerseits wiederum den Wunsch, die eigene Geschichte zu entdecken. Der Geschichtsdiskurs wird damit zum notwendigen Begleitprodukt des Nationaldiskurses. Die Idee des und der Diskurs über das Nationaltheater übernimmt dabei eine Doppelfunktion: sowohl die des stimulierenden Katalysators als auch die der geeigneten Synthese dieser beiden Diskurse. Katalysator wird das Nationaltheater, indem es seiner Idee nach einen neuen Bühnentyp verlangt, der für den deutschsprachigen Raum musterhaft wirken soll. Zur Synthese wird es, weil der punktuelle Ort sich gedanklich zum kulturellen Raum der Nation ausweitet. Das Theater „national machen" (Löwen) bedeutet für Herder, eine Nation mental zu erschließen und sich einer einheitlich-nationalen Identität in der Vielfalt zu versichern.

Durch die Erhebung der Wiener Hofbühne zum Nationaltheater 1776 und durch die Gründung des Mannheimer Nationaltheater zwei Jahre später gewann diese Doppelfunktion des Nationaltheaters an Dynamik. Schillers Aufsatz *Ueber das gegenwärtige teutsche Theater* von 1782 benennt sehr klar diese Dynamik, wenn er mit dem Satz beginnt: "Der Geist des gegenwärtigen Jahrzehnts in Teutschland zeichnet sich auch vorzüglich dadurch von den vorigen aus, daß er dem *Drama* [Schillers Hervorhebung] beinah in *allen Provinzen des Vaterlands* [Hervorhebung P.H.] lebhaften Schwung gab [...]."[56] Nicht nur macht dieser Satz Herder retrospektiv zu einem Propheten, da die Dramenliteratur nicht auf wenige Theater und Gebiete beschränkt blieb und interne Pluralität als Prinzip eines Prozesses existierte, sondern Schiller deutet auch an, daß ein Paradigmenwechsel von der Fremd- zur Selbstwahrnehmung im Sinne Herders stattgefunden hat. Iffland drückt diesen Sachverhalt noch unmißverständlicher aus, wenn er 1785 schreibt: "So wurden nach und nach, an allen Höfen, theils aus Oekonomie, theils aus Patriotismus, oder aus kleinen Nebenursachen [...] die französischen Schauspiele abgeschafft und die deutschen eingeführt."[57]

Damit bündelt Iffland sowohl die theaterpraktischen und sozialen Ursachen als auch die Gründe des Nationaldiskurses. Er erwähnt, warum die Nationaltheater an den Höfen angesiedelt wurden, und den entscheidenden Paradigmenwechsel im Spielplan: die Distanzierung von und Ausgrenzung der Literatur aus dem Ausland zugunsten der Einführung deutschsprachiger Werke. Denn die deutschsprachige Dramenproduktion seit dem letzten Drittel des 18. Jahrhunderts verdankte ihren vor allem quantitativ enormen Aufschwung der Einrichtung der Nationaltheater. Was bei Schiller immerhin anklingt – das Spannungsverhältnis aus Vielfalt („Provinzen") und Einheit („Vaterland") – bleibt bei Iffland zunächst offen, nämlich inwiefern diese neuartigen Entwicklungen auf den Musterbühnen den begonnenen Diskurs um die Nation weiter qualitativ zu dynamisieren vermögen.

---

56 Friedrich Schiller, „Ueber das gegenwärtige teutsche Theater" (1782), in: *Schillers Werke*, NA, Bd. 20.1, S. 79.

57 August Wilhelm Iffland, *Fragmente über Menschendarstellung auf den deutschen Bühnen* (1785), S. 19.

Schiller formuliert diesen Konnex, wenn er folgende Fragen formuliert: „Was ist Nationalschaubühne im eigentlichsten Verstande? Wodurch kann ein Theater Nationalschaubühne werden? und gibt es wirklich schon ein deutsches Theater, welches Nationalschaubühne genannt zu werden verdient?"[58]

Dieser Fragenkomplex war einer von neun dramaturgischen, die u.a. Schiller als junger Dramatiker und Dramaturg am Mannheimer Theater 1783-1784 als Mitglied der unregelmäßigen Sitzungen der Schauspieler und Direktion diskutierte. Obwohl die Fragen in den folgenden Sitzungen unbeantwortet blieben, darf man getrost Dalbergs Ankündigung einer Geschichte des Mannheimer Theaters im darauffolgenden Jahr als eine mögliche Beantwortung der von Schiller verfassten Fragen werten. Dalberg drückt seine Intentionen wie folgt aus:

> Die Verfassung unserer Bühne steht gegenwärtig auf einem Punkt, der vielleicht andern Bühnen zum Muster aufgestellt zu werden verdient. Unsere Theater-Gesetze, die innere ökonomische sowohl als Kunsteinrichtung verdient bekannt gemacht zu werden: Es ist gewiß hier mehr für die Kunst überhaupt gethan, – und zugleich weit weniger in öffentlichen Schriften von unserem Theater, als von allen übrigen geringeren Theatern gesagt worden.[59]

Dalberg läßt keinen Zweifel aufkommen, daß das Mannheimer Theater unter seiner Direktion die letzte von Schillers Fragen als eine rhetorische erscheinen läßt: das Mannheimer Theater verdiene es, „Nationalbühne genannt zu werden", weil es musterhaft für andere Bühnen sei, sprich dem Theater im deutschsprachigen Raum als Vorbild dienen könne. Gleich darauf werden auch die Beweise dafür nachgeliefert, wodurch es zur Nationalschaubühne geworden sei: durch Theatergesetze,[60] durch den ökonomischen[61] und künstlerischen Erfolg.[62]

---

58 Schiller, „Dramaturgische Preisfragen", in: *Schillers Werke*, NA, Bd. 22, S. 322. Vgl. *Die Protokolle des Mannheimer Nationaltheaters unter Dalberg aus den Jahren 1781 bis 1789*, hg. v. Max Matersteig (1890), S. 259.

59 *Protokolle des Mannheimer Nationaltheaters* (1890), S. 296.

60 Diese betreffen z.B. Versuche, eine reibungslose Aufführung zu garantieren, bei der weder Kinder (S. 9 u. 189) noch Hunde (S. 249) auf der Bühne sein sollen. Ebd.

61 Selten und verstreut werden ökonomische Belange protokolliert, wie z. B. die Eintreibung von Strafgeldern der Schauspieler. Ebd., S. 48f.

62 Viele Protokolle enthalten ausführliche Diskussionen und Anweisungen zur schau-

Lediglich die erste von Schillers Fragen: „Was ist Nationalschaubühne im eigentlichsten Verstande?" scheint nicht direkt in Dalbergs Ankündigung beantwortet. Dennoch läßt sich eine Antwort auf diese Frage anhand der umfangreichen Protokolle der Mannheimer Bühne erschließen. Die Nationalschaubühne, so wird deutlich, sei nur dann eine solche, wenn deutschsprachige Stücke, die zur Aufführung gelangen, ästhetischen und inhaltlichen Ansprüchen genügen. Die vierte dramaturgische Frage, ob „französische Trauerspiele auf der deutschen Bühne gefallen [können] und wie sie vorgestellt werden [müssen] [...], wenn sie allgemeinen Beifall erhalten sollen?",[63] ist daher in ihrer Intention symptomatisch wie auch ihre Beantwortung durch die männlichen Schauspieler Iffland, Beck und Rennschüb. Man könne französische Trauerspiele aufführen, „wenn selbige nur dann und wann gegeben werden",[64] d.h.: „Deutsche Trauerspiele müssen auf der deutschen Bühne den Vorzug haben."[65] Die englischen und französischen Trauerspiele bleiben demnach „nicht ganz unentbehrlich."[66] Diese Einschätzung und Empfehlung deckt sich im übrigen mit den Spielplänen der Hof- und Nationaltheater, wobei nicht vergessen werden sollte, daß diese Aussagen sich ausschließlich auf die Trauerspiele beziehen, also nur den geringeren Anteil der Spielpläne reflektieren, da die Komödie quantitativ stets den größten Anteil aller Darstellungen (Oper, Operette und Ballett inklusive) ausmachte.[67]

Aus diesen Aussagen lassen sich zwar keine aggressiven Abwehrmechanismen gegen fremdkulturelle Einflüsse ableiten, doch umso stärker sind sie Indiz für den Willen zu einer stärkeren Selbstbehauptung, die letztlich ein latentes Abgrenzungsbedürfnis verrät. Die latente Abwehr insbesondere gegen Frankreich mutiert jedoch zu einer manifesten bei der Diskussion über den Darstellungsstil. Iffland verlangt kategorisch, daß

---

spielerischen Darstellung. Vgl. ebd., S. 90ff., 104ff., 200ff.

63 *Protokolle des Mannheimer Nationaltheaters* (1890), S. 131.

64 Rennschüb, ebd., S. 134.

65 Beck, ebd., S. 140.

66 Rennschüb, ebd., S. 134.

67 Vgl. z.B. den Spielplan für die ersten zwei Jahre des Mannheimer Nationaltheaters: 1779-1781. Ebd., S. 35-40. Erika Fischer-Lichte erläutert: „Der Spielplan der Hof- und Nationaltheater bestand zu einem großen bis überwiegenden Teil aus Opern und Singspielen; im Sprechtheater dominierte die Trivialdramatik der affirmativen Familienrührstücke und eskapistischen Ritterspektakel." Fischer-Lichte, *Kurze Geschichte des deutschen Theaters* (1993), S. 114.

„der deutsche Schauspieler [...] nichts von der Art des französischen haben [darf], dieser nichts von jenem."[68] Begründet wird diese Forderung damit, daß die französische Darstellung Pracht bevorzuge, hingegen die deutsche Darstellung auf Wahrheit im Ausdruck beruhe. Mithin leitet Iffland die Darstellungskunst aus einem zum Stereotyp gewordenen Nationalcharakter ab: „Die deutschen Schauspieler sollen [...] mit Gefühl für Rhythmus und Harmonie einen Kothurn wählen, welcher der Sprache und den Sitten der Deutschen angemessen ist."[69] Nicht nur teilen alle drei Schauspieler die gleiche Ansicht bezüglich der Förderung deutschsprachiger Werke, sondern sie stimmen auch darin überein, daß der Darstellungsstil eine deutsche Identität voraussetze und diese auf der Bühne zur vollen Geltung gelangen solle. Einzig in dem Grad latenter Aggressivität lassen sich Unterschiede unter den drei Akteuren erkennen. So äußert Rennschüb am Ende, daß die Darstellung anstatt griechisch oder römisch zu sein, „einen deutschen Mann mit Würde und Prätension und allen Vorzügen des wirklich edeln Mannes" zu zeigen habe.[70] Wie schon Beck so fordert auch Rennschüb „Kraft und Wahrheit im Ausdruck [...], ohne jene Verzerrung der Franzosen [...]."[71] Nicht nur wird damit der Darstellungsstil männlich kodiert, sondern auch der Nationaldiskurs selbst, der sich zunehmend aus rhetorischen Versatzstücken gegen fremdkulturelle Einflüsse speist.

Damit wird die Katalysatorenfunktion des Nationaltheaters um die der Synthese unterschiedlicher Diskurse erweitert: nicht nur werden das Theater und die Nation verkoppelt, sondern Inhalte und Darstellung beziehen ihre maskuline Identität aus einer latent aggressiven Abwehr gegen die Franzosen. Der präsupponierte Nationalcharakter findet im Nationaltheater das adäquate Medium, um sich verstärkt seiner selbst zu vergewissern und zu behaupten. Das Ideal dieser nationalgesinnten Selbstbehauptung wird dabei von Männern maskulin präfiguriert. Auf dem Nationaltheater als einem Kreuzungspunkt laufen demnach zahlreiche gesellschaftliche Stränge zusammen. Im Rahmen einer öffentlichen Bühnenorganisation im deutschsprachigen Raum werden für ein neuartig zusammengesetztes Publikum nationale Identitätsformen erprobt

---

68 Iffland, in: *Protokolle des Mannheimer Nationaltheaters* (1890), S. 132.
69 Ebd., S. 133.
70 Beck, ebd., S. 140.
71 Ebd., S. 141.

und eingeübt. Nationalgefühl soll und kann erfahrbar gemacht werden, nicht zuletzt auch durch deutschsprachige Trauer- und Lustspiele, wobei von bestimmenden Gruppen am Nationaltheater (männliche Autoren wie Schauspieler) die Nation als maskulin definiert wird.

Nirgendwo aber werden die unterschiedlichen Diskurse so gebündelt wie in den historischen oder vaterländischen Dramen. Das historische oder vaterländische Drama wird zum genuinen Dramentyp der neuartigen Hof- und Nationaltheater in ihrer Anfangsphase. Es bildet die Synthese der bisherigen Diskurse: es resultiert aus den Entwürfen und Ideen über das Nationaltheater und der damit einhergehenden Verschiebung von der Fremd- zur Eigenwahrnehmung. Die Eigenwahrnehmung ihrerseits bedingt die historische Identitätssuche und sie fördert den Wunsch, die Nationalidentität männlich zu kodieren. Der Nationaldiskurs findet damit nach einer relativ langen Anlaufphase ab Mitte der 70er Jahre nicht nur einen institutionellen Ort, sondern auch seinen idealen Diskurstyp: das vaterländische Drama. Diese sich gegenseitig bedingende Verschränkung von vaterländischen bzw. historischen Dramen einerseits und neuen Nationalschaubühnen andererseits beschreibt Wieland 1784 anschaulich im dritten seiner *Briefe an einen jungen Dichter*:

> Teutsche Geschichte, teutsche Helden, eine teutsche Szene, teutsche Charakter, Sitten und Gebräuche waren etwas ganz *Neues* auf teutschen Schaubühnen. Was kann nun natürlicher sein, als daß teutsche Zuschauer das lebhafteste Vergnügen empfinden mußten, sich endlich einmal, wie durch eine Zauberrute, in ihr eigen Vaterland, in wohlbekannte Städte und Gegenden, mitten unter ihre eigenen Landsleute und Voreltern, in ihre eigene Geschichte und Verfassung, kurz unter Menschen versetzt zu sehen, bei denen sie zu Hause waren, und an denen sie, mehr oder weniger, die Züge, die unsre Nation charakterisieren, erkannten?[72]

Durchaus mit Sympathie begegnet Wieland den vaterländischen Stücken wie Goethes *Götz von Berlichingen* (1773), Babos *Otto von Wittelsbach* (1782), Törrings *Agnes Bernauerin* (1782) und später *Kaspar der Thorringer* (1791), Kleins *Kaiser Rudolf von Habsburg* (1788) oder Kotzebues *Der Graf von Burgund* (1797), da sie dem Publikum willkommene Identitätsangebote bereitstellen, indem die Fremd- zugunsten der Eigen-

---

72 Christoph Martin Wieland, „Briefe an einen jungen Dichter" (1784), in: Wieland, *Von der Freiheit der Literatur*, hg. v. Wolfgang Albrecht (1997), Bd. 1, S. 454f.

wahrnehmung aufgegeben wird. Unschwer zu erkennen ist auch, wie sehr die Nation sich nur durch die Vielfalt der je eigenen politischen Staaten als eine geeinte zu erkennen gibt. Innerhalb des Nationaldiskurses setzt sich die Wahrnehmung des Selbst aus einer gleichwertigen Vielfalt zusammen. Er ist anfangs also nicht von einem Ausschluß oder einer Abwehr von kulturellen oder staatlichen Einheiten innerhalb des deutschen Reiches geprägt. Die fehlende Binnendifferenzierung bzw. Akzeptanz zeigt sich auch in der begrifflichen Unkonturiertheit, die Pluralität von „Provinzen", „Vaterlanden" zu benennen. Noch ist es neu, sich überhaupt als Nation wahrzunehmen. Wenn Wieland, wie weiter oben zitiert, auch nicht daran glaubt, daß diese Selbstreflexion via kultureller Produktion eine staatliche Nation hervorbringen könne, so beschreibt er die Wirkung dieser Dramen für das Nationaltheater dennoch positiv:

> Wenn *Götz von Berlichingen* und seine wohl oder übel geratenen Nachahmungen kein anderes Verdienst hätten, als daß sie uns durch die Erfahrung, die man von ihrer *Wirkung* gemacht hat, den Weg gezeigt hätten, auf welchem wir eine wahre National-Schaubühne erhalten können: so wäre es schon Verdiensts genug.[73]

Wielands nachsichtige Haltung gegenüber den historischen Dramen ist implizit nicht nur ein Echo von Schillers Wunsch, daß durch eine Nationalbühne eine Nation entstehen möge, sondern darin bestätigt sich auch der inhaltliche Konnex von National- und Geschichtsdiskurs. Darüber hinaus benennen Wielands Kommentare die von mir herausgearbeitete Doppelfunktion des Nationaltheaters in Bezug auf den Nationaldiskurs.

Als Zwischenfazit ergibt sich, daß das Nationaltheater einerseits zum Katalysator räumlicher und mentaler Einheits- und Identitätsvorstellungen wurde; die Idee des Nationaltheaters stellte den idealen Schauplatz bereit, sich einer imaginierten Nation zu vergewissern. Andererseits bildete das Nationaltheater gleichzeitig eine gelungene Synthese, indem es u.a. Dramen mit historisch-vaterländischem Bezug zur Schau stellte, also formale und inhaltliche Ausgestaltung des Theaters zeitweise konvergierten. Daß diese Synthese von National- und Geschichtsdiskurs den

---

73 Wieland, „Briefe an einen jungen Dichter. Dritter Brief" (1784), S. 456.

Charakter einer „Janusköpfigkeit" annahm, gilt insofern, als das Nationaltheater weder als Idee noch in der institutionellen Realität einen aggressiv ausgerichteten Nationalismus bedeutete, wohl aber der Dramentyp mit historischem Rekurs, der aus der eigenen Geschichte Identitätsangebote mit männlich-aggressiven Handlungen darstellte.

Daher ist es voreilig, wie Fischer-Lichte diese Dramen als „eskapistische Ritterspektakel" zu eskamotieren.[74] Vielmehr zeigt sich, daß die vaterländischen Dramen auf den Nationaltheatern als Teil eines umfassenderen Geschichtsdiskurses mehrere Funktionen hatten und Bedürfnisse bedienten. In diesem Zusammenhang ist vor allem Wielands Kommentar von herausragender Bedeutung, wenn er beschreibt, daß die neuartigen Dramen jenen von Schlegel und Nicolai erhofften Effekt, sich als Nation wahrzunehmen, hervorriefen, weil das Publikum seine „eigene Geschichte" dargestellt sah. Nimmt man Fischer-Lichtes ästhetisch abwertendes Urteil allerdings ernst, bleibt zu fragen: Wovor soll das Publikum in und mit diesen Dramen geflohen sein? Warum wollte oder konnte es sich durch die Geschichte vergangener Jahrhunderte mit den Stücken identifizieren? Eine mögliche Antwort auf diese Fragen lautet, Eric Hobsbawms These folgend, daß die vaterländischen Dramen als eine Art Blitzableiter in Zeiten politisch-sozialer Umbrüche und Spannungen dienten.[75] Man entdeckte in dem Moment „seine" Traditionen und beharrte auf ihnen, als andere im Begriff waren, entwertet zu werden. Traditionsauflösende Zeiten schlagen um in den Rückgriff auf vermeintlich alte und gesicherte Werte. In dem Maße wie diese Dramen Ängste und Unsicherheiten der aufziehenden Moderne verhandelten, boten sie u.a. im Rückgriff auf die vaterländische Geschichte vermeintlich sichere und identitätsstiftende Projektionsmuster und stellten damit ihren Anteil am Nationaldiskurs bereit, den es gilt, im nachfolgenden genauer auszuloten.

---

74 Fischer-Lichte, *Kurze Geschichte des deutschen Theaters* (1993), S. 114.
75 Eric Hobsbawm, „Introduction: Inventing Traditions", in: Eric Hobsbawm und Terence Ranger (Hgg.), *The Invention of Tradition* (1983), S. 1-14.

## 4.3.	*Otto von Wittelsbach* als Paradigma eines vaterländischen Dramas

Babos *Otto von Wittelsbach* kann nicht nur hinsichtlich der Theaterzensur als Paradigma herangezogen werden, sondern es erfüllt diese Funktion insbesondere auch unter den vielen vaterländischen Dramen, die zusammen mit Goethes Erstlingsdrama schnell an Popularität gewannen und für über ein Jahrzehnt behielten.[76] Auch wenn die Dramen mit historischen Inhalten und Ansprüchen keineswegs andere Tragödien oder gar die zahlreichen Lust- und Singspiele in den Schatten stellen konnten, so können diese Dramen – wie dargelegt – als eine Synthese sich gegenseitig verschränkender Diskurse verstanden werden, nämlich von National-, Nationaltheater- und Geschichtsdiskurs. Daher kann *Otto von Wittelsbach* auch Auskunft auf folgende Fragen geben: Wie werden im Drama „Nation" und „Vaterland" definiert und welche Bedeutung nehmen diese Begriffe auf den Nationaltheatern an? Wie wird Geschichte, besonders angesichts des Kaisermordes durch den Pfalzgrafen Otto von Bayern, vermittelt und welche Funktion kann dieser Geschichtsvermittlung zugeschrieben werden? Als These vorangeschickt sei, daß ich Babos Drama zusammen mit den übrigen populären Vaterlandsdramen als Fortsetzung dessen sehe, was die lyrische Produktion des Göttinger Hains der Jahre 1773 bis 1775 innerhalb des Nationaldiskurses versuchte, nämlich deutsche Geschichte auf männliche Rollenmuster festzulegen.[77] Darüber hinaus ist das Vaterlandsdrama als die inhaltliche Antwort auf den Wunsch nach einer Nationalbühne zu werten.

Wenn Ritter von Steinsberg in seiner Bühnenfassung von Babos Stück 1783 – zwei Jahre nach der Uraufführung in München – schreibt, daß es „zu Berlin mehr als dreißigmal"[78] gegeben wurde, so widerlegt diese

---

76 Ein Hinweis auf ein Nachlassen der Popularität ist z.B. Becks Ablehnung von Anton von Kleins Drama *Kaiser Rudolf von Habsburg*, das dieser zur Beurteilung für eine Aufführung in Mannheim 1787 eingereicht hatte. Beck moniert u.a., daß es trotz seiner erhabenen Charaktere „kein besonderes Glück auf der Bühne" haben würde, weil „unser Publikum durch altdeutsche Stücke fast zum Ueberdruß gesättigt [ist]". Beck, in: *Protokolle des Mannheimer Nationaltheaters* (1890), S. 346.

77 Vgl. Blitz, *Aus Liebe zum Vaterland* (2000), S. 396.

78 [Karl] R[itter] von Steinsberg, *Otto von Wittelsbach. Für's Theater eingerichtet*

Aussage eine Lesart, die glaubt, das im Stück proklamierte Vaterland ausschließlich auf bayerische Grenzen fixieren zu können.[79] Vielmehr legen die von Veronica Richel zusammengetragenen Nachweise der Aufführungen von 1782 in Bonn, Dresden, Leipzig, 1783 in Hamburg und 1787 in Braunschweig nahe,[80] daß das Stück auch über das bayerische „Vaterland" hinaus Identitätsangebote bereitstellte, die Bayerns Grenzen transzendierten und sich auf die größere kulturelle Einheit, die Nation, projizieren ließen. Eine genaue Lektüre belegt diese Hypothese.[81]

Wie in den theoretischen Schriften zur genaueren Bestimmung des Nationaltheaters von Löwen, Wieland, Herder oder auch Schiller zu erkennen war, blieb die Begrifflichkeit für die unterschiedlichen und hundertfachen politischen Entitäten innerhalb des deutschen Reiches ungenau: mal wurden sie als „Provinz", dann wieder als „Vaterland" oder „Nation" bezeichnet. Gleichzeitig konnte mit „Vaterland" oder „Nation" aber auch die Summe aller politischen Teile des gesamten Reiches gemeint sein. Doch selbst bei dieser Subsumierung faßte man das deutsche Reich de facto nie als *eine* Nation auf. Diese wurde vielmehr jenseits des real existierenden Reiches imaginiert. Die Abwesenheit eines sich herausschälenden Begriffes belegt, daß man weit entfernt war, eine politische Lösung im Sinne des Nationalstaates von 1871 zu antizipieren. Zu konstatieren ist vielmehr, daß die Begrifflichkeit der multiplen politischen Einheiten in Bezug auf ein (nationales) Ganzes und das (nationale) Ganze in Bezug auf die politischen Partikularstaaten arbiträr blieb – nicht aber der Wunsch nach einer nationalen Musterbühne oder Bühnen, d.h. der Wunsch nach einer kulturell erfahrbaren nationalen Einheit. Analog hierzu verhalten sich auch die Bedeutungszuschreibungen in Babos Drama, wenn dort die Begriffe Vaterland, Deutschland, Reich oder Nation fallen: sie bleiben ambivalent, da sie in unterschiedlichen Kontexten neue politische Konnotationen annehmen.

(1783), S. V.

79 Wimmer, *Die bayerisch-patriotischen Geschichtsdramen* (1999), S. 108ff.

80 Veronica C. Richel, *The German Stage, 1767-1890. A Directory of Playwrights and Plays* (1987), S. 8.

81 Die ebeso populäre wie nationale Wirkung des Stückes läßt sich auch dadurch belegen, daß Johann Jakob Engel in seinen *Ideen zu einer Mimik* (1802) mehrfach im Text und durch Bildmaterial auf das Stück eingeht. Vgl. ebd., Erster Theil, S. 108f., S. 218f., Fig. 36; u. Zweiter Theil, S. 141-145, Fig. 53, 54, 55 u. 56.

Gleich zu Beginn wird die politische Konstellation des ganzen
Reiches angedeutet und damit die Komplexität dieses politischen
Gebildes herbeizitiert: „Herzog Ludwig [in Bayern] mit Ludmilla
Hochzeit! Mit seines Feindes, des von Bogen Wittwe, der Bayern so viel
Unglueck brachte! Mit Ottokars von Böhmen Anverwandtin, des
erklärten Widersachers von Kaiser Philipp! Was zu dem allen der
Pfalzgraf [in Bayern = Otto] sagen wird, wenn er koemmt? [...] In sieben
Tagen von Aachen bis Wittelsbach!" (I.1, S. 3) Sowohl politisch als auch
räumlich spannt sich vor dem geistigen Auge des Publikums das deutsche
Reich des Mittelalters zu Anfang des 13. Jahrhunderts auf, das sich
hinsichtlich der Feudalherrschaft und der Pluralität politischer Entitäten
nicht grundsätzlich vom 18. Jahrhundert unterscheidet. Deutsche Geschichte spielt in der Gegenwart und die Gegenwart wird in die Geschichte eingeschrieben. Diese Ambiguität, die der historischen Darstellung eigen ist, ließ mich im vorangegangenen Kapitel unter dem Aspekt
der Theaterzensur die These vertreten, daß die Darstellung der Geschichte an sich eine zeitgenössische politische Dynamik enthielt, die im
Falle von Babos Drama den Kurfürsten zum Aufführungsverbot veran-
laßte. Im Kontext dieses Kapitels kann die These jetzt ergänzt werden.
Auch wenn der Kurfürst Bayerns sich durch das historische Drama in
seiner landespolitischen Herrschaft bedroht fühlte, enthielt das Stück über
Bayern hinaus einen weiteren, einen zweideutigen Aspekt, den der Polarität zwischen reichs- und landesherrschaftlicher Politik. Von Anfang an
wird der persönliche Konflikt zwischen Kaiser Philipp und Otto eingebettet in einen größeren politischen Kontext, nämlich den der unsicheren
Herrschaft Philipps, der durch die Einbindung ehemaliger Feinde mittels
der Heiratspolitik seine Macht im Reich absichern will. Auch wenn das
Stück mit dick aufgetragenem Bayern-Pathos endet, bleibt durchgängig
die Polarität zwischen Philipps Reichspolitik und den Lokalinteressen für
den Wittelsbacher Herrschaftsbereich in Bayern präsent.

Diese Polarität wird zum Beispiel erkennbar, wenn die Herzogin
betont, daß Otto als Pfalzgraf in Bayern „durch den Ruhm seiner Taten"
„ein geltendes Ansehen im ganzen Teutschlande" genießt (I.4, S.10),
doch wenig später Otto bekennt: „Ich liebe mein Vaterland, meinen
Stamm und Philipp" (I.6, S. 17). Während hier mit „Vaterland" Bayern
gemeint ist, bezieht sich der Stamm auf das Haus Wittelsbach, also zwei
überindividuelle und voneinander unabhängige Einheiten, wohingegen

das Reich abgeschwächt „nur" durch einen personellen Bezug bezeichnet
wird. Diese dreifache Identität des Protagonisten hinsichtlich politischer
Determinanten zeigt u.a. auch, wie sehr eine nationale Identität ein
Bewußtseinsakt war, bevor sie politische Realität werden konnte.

Wie erwähnt, ist diese Ambivalenz der politischen Begriffe
kennzeichnend für das gesamte Stück. Denn gleichzeitig kann das
Vaterland sich nicht nur auf Bayern, sondern auch auf das ganze Reich
erstrecken, so wenn Graf Kallheim den Kaiser ermahnt: „Des Kaisers
erster Herzensfreund ist das Vaterland" (II.16, S. 62). Wenn das Signifi-
kat Vaterland demnach ambivalent eingesetzt wird, so erst recht die
Bezeichnungen für das deutsche Reich. Des öfteren wird darauf mit dem
Begriff Deutschland Bezug genommen, so wenn im zweiten Akt Otto die
Einrichtung eines Krankenhauses als moderne Wohlfahrtspolitik rühmt,
die „Teutschland noch nicht kennt" (II.15, S. 53). Im nächsten Akt wird
vorausweisend gemunkelt: „Unserm Teutschland muß etwas Großes
bevorstehen" (III.2, S. 69). Ähnlich, aber leicht abgewandelt, erklärt der
Kaiser zu Beginn des Ritterturniers, dessen Bedeutung liege darin, daß es
„zu ritterlicher Zierde und zur Ehre teutscher Nation" veranstaltet werde
(IV.6, S. 93). Und schließlich wählt Babo diese Benennung im Dialog
zwischen Otto und Philipp, wenn Otto rhetorisch den Kaiser fragt: „Ist
nicht ganz Teutschland Zeuge von meiner unverbrüchlichen Treue?"
(IV.8, S. 98) Während bei der Verwendung der Begriffe „Deutschland,"
„deutsche Nation" oder „Vaterland" immer ein Rest an Ungenauigkeit
bleibt, da nie ganz klar ist, ob damit eine politische Größe oder eine
kulturelle Dimension oder aber beides zugleich bezeichnet wird, so
scheint der Begriff „Reich" relativ eindeutig die Verfassung aller dem
Reich zugehörigen politischen Körperschaften zu benennen. Doch kann
selbst diese Genauigkeit leicht wieder aufgehoben werden, wie die
folgende Textpassage zeigt, in der Otto sich gegenüber Philipp behauptet: „So will ich vor den versammelten Fuersten des Reichs meine Klage
vorbringen. Meine Stimme hat einen guten Klang im Reich. Teutschland
wird nicht zugeben, daß so ein arglistiger, heimtueckischer, giftherziger
Mann seine Krone entweihe" (IV.8, S. 99). Ganz unmittelbar zeigt sich
hier, wie sehr die Begriffe Deutschland und Reich für Babo austauschbar,
d.h. synonym sind. Dies wird auch offensichtlich, wenn Otto bei der
ersten längeren Aussprache mit dem Kaiser diesem vorwirft, „daß ihr
eine unteutsche Handlung auf Teutschlands Wohlfahrt gruendet" (II.15,

S. 61). Hier bezeichnet deutsch sowohl eine Mentalität und ein Verhaltensmuster als auch eine politische Dimension. Diese doppelte Ausrichtung des Begriffes „Deutsch" taugt aber nicht nur als emphatische Verstärkung, sondern auch als Ausgrenzung. Denn Kunegunde, eine der zwei Töchter Philipps, klagt darüber, mit Ottokar von Böhmen vermählt zu werden, wohingegen Beatrix dem Braunschweiger Herzog versprochen wird. Kunegunde klagt aus folgendem Grund: „Sie bleibt in Teutschland bey einem teutschen Manne; ich muß fort, fern von allem, was ich liebe! – O ja, das ist gewiß wahr: Wenn man eine Pflanze aus der Muttererde auf einen fremden wilden Grund versetzt [...]" (II.3, S. 36). Damit wird Böhmen ethnisch ausgegrenzt, obwohl es politisch de facto zum deutschen Reich gehört. Abgesehen davon, daß das Vaterland ausnahmsweise als „Muttererde" umschrieben wird, fällt an dieser Passage auf, wie das Wort „Deutsch" imstande ist, Gefühlswerte zu transportieren, die sowohl politische wie ethnische Dimensionen enthalten. Schon früher wird Böhmen als „wild" diffamiert (II.1, S. 32). Daß suggeriert wird, Böhmen gehöre nicht zu Deutschland, wird uns insbesondere bei den Wallstein-Dramen noch beschäftigen.

Aus diesen Zitaten läßt sich erkennen, daß nicht nur in den Texten zum Nationaldiskurs, sondern auch in den Dramen die Begrifflichkeit um Vaterland, Nation, Reich, Deutschland vage ist und stark fluktuiert. Diese sprachliche Vagheit drückt die Abwesenheit *einer* deutschen Nation und einer ihr adäquaten Begrifflichkeit ebenso aus wie die gleichzeitige Anwesenheit bipolarer Identitäten (lokal begrenzte und nationale) oder gar tripolarer Identitäten (historischer Kulturraum, regierende Dynastie und Reich). Doch diese Ungenauigkeit der Begrifflichkeit kann nicht darüber hinwegtäuschen, daß gleichzeitig stets im Bewußtsein auf eine Einheit Deutschlands Bezug genommen wird, wie insbesondere das letzte Beispiel zeigt. Zwar fehlt der Begriff einer politischen Nation namens Deutschland, doch die Idee wird als Wunsch virulent. Letzteres wird im Fall von Babos Drama nicht zuletzt durch die Wahl des historischen Stoffes unterstrichen, der bei aller beabsichtigten tragischen Größe für den bayerischen Helden nur durch den Bezug zum Reich als ganzes zu haben ist.

Zeigt sich der Wunsch nach einer gesamtdeutschen Identität bei den Nomen nur als virulentes Phänomen und unbewußte Triebkraft, manifestiert sich dieser in vollem Bewußtsein vor allem durch etwas anderes:

den „deutschen Mann" (II.15, S. 57). Durch das Attribut „deutsch" wird
der Mann erst zum Mann und zugleich wird damit die nationale Identität
als eine männliche definiert und stilisiert. Dies geschieht weniger durch
die krasse Abwertung der Frauen zu reinen Tauschobjekten bei der
Heiratspolitik, als vielmehr durch die dominierende Inszenierung alles
Maskulinen, wie ebenfalls das letzte Beispiel andeutet: der Schwester
gehe es deshalb besser, weil sie bei einem deutschen Mann leben könne.
Das Drama strotzt geradezu vor solchen männlichen Zuschreibungen.

Auf die Spitze getrieben findet sich diese männlich-chauvinistische
Selbstbehauptung, wenn Otto von sich äußert: „Ich weiß, sie lieben mich,
weil ich ein Mann bin, ein Mann von Wittelsbach" (IV.8, S. 99). Daß hier
das Mannsein „nur" auf die Dynastie bezogen wird, d.h. nicht auf eine
deutschnationale Identität, kann angesichts der dargestellten Ambiguität
der politischen Identitätszuschreibungen nicht weiter verwundern. Wohl
darf man sich über die Konjunktion „weil" wundern, da hiermit das
Geschlecht zum ersten und ausreichenden Grund erklärt wird, geliebt zu
werden. Das Geschlecht wird qualitativ und emotional überhöht, d.h.
verdinglicht. Diese Überhöhung des Männlichen ist so stark, daß man
beinahe vergessen könnte, daß eine derart unbedingte Aufwertung des
einen Geschlechtes immer auch die Abwertung des anderen, des weiblichen mit beinhaltet. Selbstredend kann diese Überhöhung des männlichen Geschlechtes nur dann erfolgen, wenn es anderweitig hinreichend
inhaltlich konnotiert wird. Und man muß in Babos Drama nicht lange
nach entsprechenden Konnotationen suchen. Die Liste der Zuschreibungen sieht u.a. so aus: ein Mann hat frei zu reden (S. 7, 9) und ehrlich zu
sein (S. 41), hat zu kämpfen (S. 21), ist dabei tapfer und bieder (S. 68),
darf selbstverständlich nicht wimmern (S. 48) und hat unabdingbar sein
Wort zu halten (S. 57, 73). Lesen gehört allerding nicht zu den notwendigen Voraussetzungen, sein Mannsein unter Beweis zu stellen, denn
obwohl Otto Analphabet ist, kommt an seiner Männlichkeit kein Zweifel
auf (S. 76). Diesen männlichen Charakteristika ist gemein, daß sie
Aggressivität und Selbstkontrolle, also Herrschaft nach außen und innen,
eindeutig positiv kennzeichnen. Es versteht sich nach dieser Logik fast
von selbst, daß die gegenteiligen Eigenschaften explizit oder implizit
feminin konnotiert werden. Subtilität, Einfühlungsvermögen und Ver-
handlungsbereitschaft etwa werden nicht nur als feminin abgewertet,

sondern, was in unserem Kontext noch entscheidender ist, auch als undeutsch abqualifiziert.

Denn aus dem vermeintlichen Positivkatalog wird entweder implizit oder explizit gefolgert, daß der Kaiser nicht männlich handele und *deshalb* undeutsch sei. Als Otto fragt: „Alter Freund! hast du mit dem Kaiser gesprochen? wie sieht er aus? wie ein Mann, oder wie ein Weib?" erhält er als Antwort: „Wie ein Mann", woraufhin Otto gleich den qualifizierenden Zusatz liefert: „Ein Mann, ein Wort!" (II.7, S. 42) Doch genau das tut Philipp eben nicht: sein Wort halten. Er handelt nicht bieder und ehrlich, sondern lügt. So beraubt er sich zweier männlicher Eigenschaften. Dieser vermeintliche Mangel des Kaisers ist dann auch Grund genug, ihm vorzuwerfen: „Es ist nicht gut, daß ihr eine unteutsche Handlung auf Teutschlands Wohlfahrt gruendet" (II.15, S. 61). Ottos angebliche Unschuld hingegen wird auch durch eine Analogie national konnotiert. Er versucht seine Haltung dadurch zu unterstreichen, daß er lieber von einem „undeutschen Gaukelspieler" (III.6, S. 83) gezeugt worden wäre als Philipp belogen und mithin die Freundschaft hintergangen zu haben.

Babos Stück handelt nicht zuletzt zu einem großen Teil von der Männerfreundschaft zwischen Philipp und Otto, die durch das „unmännliche" und „undeutsche" Verhalten Philipps in die Brüche geht. Den Kaiser plagen bei dem Turnier, dieser „männlichen Übung" (S. 93), Gewissensbisse: „seh' ich ein Schwert, ein Waffenstueck, oder sonst etwas maennliches [sic], so denk' ich an Otto" (IV.3, S. 87). Während Otto seine kämpferische Männlichkeit auf dem Turnier unter Beweis stellt, will der Kaiser sich nicht zeigen und täuscht vor, krank zu sein. Statt dessen spielt er Schach: Aggressivität wird mit Intelligenz und kontemplativer Ruhe kontrastiert, was im Sinne Ottos nur zu dem weiteren Ansehensverlust Philipps beiträgt. Als Otto ihn schließlich im Privatgemach beim Schachspiel unterbricht, kann er aus seiner männlichen Sicht folgern: „Ihr gebt euch fuer einen Mann aus; ich bin einer!" (IV.11, S. 104) Der Subtext wird bei einer solchen Äußerung längst mitgeliefert, denn insinuiert wird, daß Philipp zwar Deutscher ist, aber undeutsch handele. Bemerkenswert ist, daß die Negation des Deutschen nicht ethnisch (Philipp wird als Deutscher gesehen) oder politisch (Philipp wird nicht als Schwabe, sondern als Kaiser des deutschen Reiches gezeigt) definiert wird, sondern durch das Mannsein. Der Kaiser wird zum Undeutschen erklärt, weil er dem Gütekatalog männlichen Verhaltens in mehrfacher Hinsicht nicht entspricht: er verhandelt, belügt seinen ehemaligen politischen Freund und weicht dem physischen Kräftemessen aus. In dieser männlich-chauvinistischen Logik lautet der Umkehrschluß: ein „wirklicher" Repräsentant Deutschlands hat der aggressiven Männlichkeit eines Otto zu entsprechen. Sofern in Babos Stück eine nationale Identität imaginiert wird, ist sie eindeutig auf dieses Männlichkeitsideal festgelegt. Die Bipolarität von Region und Nation entspricht der Dichotomie der Geschlechterrollen. Während Bayern durch Otto bereits bemannt ist, muß die Nation erst noch maskulinisiert werden. Das zumindest ist einer der Subtexte nicht nur dieses vaterländischen Dramas.

Wenn weiter oben davon die Rede war, daß Löwen von seinen Schauspielern „Biegsamkeit" forderte, um so die bürgerliche Akzeptanz des Hamburger Nationaltheaters zu fördern, mithin soziale Disziplinierung zur unabdingbaren Voraussetzung der neuartigen Theater erklärt wurde, so läßt sich aus der Lektüre von Babos Drama weiter folgern, daß die Maskulinisierung nationaler Identität dazu beitrug, die Untertänigkeit im feudalen Ständestaat durch identitätsstiftende Muster maskuliner Selbstbehauptung auf der Bühne zu kompensieren. Mit anderen Worten, die im historischen Gewand zur Schau gestellte männlich-aggressive Haltung bot den Schauspielern und Teilen des Publikums die Möglichkeit, die selbstauferlegte Disziplinierung im Sinne bürgerlicher Werte und die aufgezwungene politische Ohnmacht durch imaginierte und ostentativ zur Schau gestellte Stärke auszugleichen. Sie hatte Ventilfunktion: Die Aggression auf der Bühne konnte u.a. dem Hof helfen, keine unmittelbare politische Opposition befürchten zu müssen.

Doch wie bereits das Beispiel der Theaterzensur in Bezug auf Babos Drama zeigte, ist eine solche lineare Lesart – in diesem Falle einer Kompensationsfunktion seitens des bürgerlichen Publikums, die der Aufrechterhaltung des Ständestaates dient – zu eindimensional. Denn mittels der dargestellten maskulinisierten und national aufgeladenen Geschichte als „Blitzableiter" konnten nicht nur latente Aggressionen kanalisiert, sondern gleichzeitig auch Kritik geäußert werden, die den Autoren zeitgenössischer Stücke verwehrt blieb. Bekanntestes Beispiel dieser Art ist Schillers Erstlingsdrama *Die Räuber*, das in historische Kostüme und in die Geschichte rückverlagert werden mußte, um die

tagespolitische Kritik am korrupten Adel für das Mannheimer Nationaltheater zu entschärfen. Geschichte als Kostüm ermöglichte dort Kritik an
den bestehenden Verhältnissen, wo sie ansonsten unmöglich blieb.
Daraus läßt sich wie bei der Theaterzensur des weiteren folgern, daß
gerade ein historisches und vaterländisches Drama wie das Babos von
Latenz und Ambivalenz gekennzeichnet ist: männlich nationale
Geschichte konnte einerseits die Unmöglichkeit politischer Kritik am
Adel kompensieren helfen, konnte aber andererseits auch latente Aggressionen nicht nur wecken, sondern wachhalten.

Die diesem Kapitel vorangestellten vier Leitfragen können also wie folgt
beantwortet werden: die Begriffe „Nation", „Vaterland", „Deutschland"
und „Reich" werden im Stück durchgängig ambivalent verwendet,
konkurrieren miteinander und werden synonym gebraucht. Eine nationale
Identität ist insofern präsent, als die nationale Einheit durch ein positiv
gemeintes aggressives Männlichkeitsbild strukturiert wird. Im Zusammenhang mit dem Diskurs um ein Nationaltheater übernehmen vaterländische Stücke wie das von Babo daher u.a. die Funktion, durch die
Hinwendung zur eigenen Geschichte Identitätsangebote im nationalen
Interesse anzubieten. Durch die Regionalgeschichte wird mehr thematisiert als „nur" diese; sie gewinnt erst ihre volles Gewicht aus der Perspektive einer als national imaginierten Geschichte. Die Geschichtsdarstellung
wird demnach in einen nationalen Diskurs eingebunden, darin dem
Diskurs um ein Nationaltheater vergleichbar, bei dem die künstlerische
Aufwertung einer deutschsprachigen Musterbühne einen nationalen Sog
bewirken sollte. Im Unterschied zum Diskurs um ein Nationaltheater
wird aber der Geschichtsdiskurs auf den nationalen Bühnen mit einer
eindeutig aggressiven und männlichen Struktur inhaltlich ausgestattet. Es
zeigt und bestätigt sich, daß die erwähnte Janusköpfigkeit des
Nationaldiskurses nicht bei der Organisation oder in dem Anspruch, ein
Nationaltheater zu sein, vorzufinden ist, wohl aber in den für die Nationaltheater geschriebenen und an ihnen aufgeführten Geschichtsdramen.
Deutlicher als von Babo selbst kann dieser Zusammenhang nicht ausgedrückt werden, wenn er seinen Aufsatz „Allgemeine Begriffe von einer
deutschen Nationalschaubuehne" wie folgt beginnt: „Heil dir, deutscher
Mann! der du das Nonsens der barbarisch =lateinischen Moenchsbuehnen
zuerst unvertraeglich fandest, und an die Stelle ihrer grimassirenden

Papphelden das reinere, *deutsche* [Babos Hervorhebung] Schauspiel deinem Vaterland schenktest!"[82]

4.4.   Ein vaterländisches Trauerspiel aus Pilsen

Der Hinweis „Mit Bewilligung der k[aiserlich].k[öniglichen]. Zensur" auf
dem Titelblatt von Komareks Wallenstein-Drama (1789) legt die Er-
wartungshaltung bei der Lektüre fest: Wallenstein muß als Verräter und
der Mord an ihm aus der Sicht des Hauses Habsburg legitim erscheinen.
Daher kann auch nicht überraschen, daß das Absetzungspatent Kaiser
Ferdinands in vollem Wortlaut zitiert wird oder das Codewort zum
Auftakt des Mordens für Wallensteins engste Vertraute „Ferdinand und
Treue!" lautet (IV.5, S. 67 u. IV.6, S. 77). Daß der Kaiser jedoch nicht
persönlich als Verantwortlicher für den Mord haftbar gemacht werden
kann, dafür sorgt eine Entlastungsstrategie, die von Anfang an eingesetzt
wird. Aus dem Schlaf geweckt, lediglich auf Geheiß einer nicht näher
genannten Hofschranze, gibt der „erzürnte Monarch" den matten Befehl:
„'Der Heuchler bleibe weg!'" (I.1, S. 4) Weder auf das Haus Habsburg
noch auf den Kaiser selbst darf ein Schatten fallen.[83] Im Interesse des
Hauses Habsburg liegt es, daß im Drama vor allem die repressive Politik
legitim und „natürlich", hingegen jede Art Auflehnung gegen den Wiener
Hof als illegitim erscheint: „Der Ungerechte falle! und nie lehne sich ein
Unterthan wider seinen Herrn auf!" (IV.5, S. 68) Mit dem „Ungerechten"
ist selbstredend der vermeintlich selbstherrliche Wallenstein gemeint, der
vom bevollmächtigten General der kaiserlichen Kriegstruppen zum
„Untertanen" degradiert wird, was den Mord an ihm abermals
rechtfertigen hilft. Zu dieser habsburggenehmen Sicht kann man auch die
Vermeidung beinahe jeglichen politischen Kontextes zählen, sowohl was
das Handeln Wallensteins als auch was die Motivation derjenigen
Freunde betrifft, die sich zuerst von ihm distanzieren, dann sich gegen ihn

---

82 [Joseph Marius Babo], „Allgemeine Begriffe von einer Nationalschaubuehne", in:
    Der dramatische Censor (1782), 1. Heft, S. 13. Vgl. 3. Kapitel, S. 122, Fußnote 109.
83 Deshalb endet das Drama nach dem Mord an Wallenstein mit dem Hinweis, daß die
    „That zu voreilig" geschah und es einer „Untersuchung bedurft [haette]". V.6, S. 92.

verbünden und ihn schließlich ermorden. Ihr Abfall von Wallenstein wird hauptsächlich als aus persönlicher Eifersucht motiviert plausibel gemacht. Die politische Geschichte bleibt, so gut es geht, ausgespart.

Trotz dieser Erfüllung der durch die Zensur gesteuerten Erwartungen ist das Theaterstück nicht so linear strukturiert, wie eine oberflächliche Lektüre nahelegt. Denn schon das Titelblatt lenkt das Interesse noch in eine andere Richtung: *Albrecht Waldstein. Herzog von Friedland. Ein vaterlaendisches Trauerspiel.* Der Titel zusammen mit dem Untertitel lassen nicht nur eine gegenüber dem Zensurhinweis konkurrierende Lesart vermuten, sondern sie sind bereits untereinander auf Widerspruch angelegt. Denn zum einen wird Wallensteins Feudalherrschaft benannt – Herzog von Friedland – und zum anderen dürfte mit der Vaterlandssbezeichnung nicht Wallensteins Herzogtum gemeint sein, sondern Böhmen. Letzteres „Vaterland" gehörte seit 1526 zur Dynastie der Habsburger, was die Zuständigkeit der Zensurbehörde erklärt und auch benennt: während das erste ‚K' in „k.k." den Kaiser des deutschen Reiches bezeichnet, benennt das zweite ‚K' den König von Böhmen. Der Untertitel „Herzog von Friedland" rückt damit in Konkurrenz zum habsburgischen König von Böhmen. Diese Konstellation legt es nahe, daß hier das Vaterland die Gegnerschaft zum Hause Habsburg signalisiert. Demnach müßten im Text Spuren der Opposition zu finden sein, die jedoch wegen der am Stück ausgeübten Zensur alles andere als offensichtlich sein dürften.[84]

Angesichts dieser komplexen Ausgangssituation, kann es daher nicht verwundern, daß der Begriff Vaterland in Komareks Drama noch ungenauer bleibt als in Babos Tragödie *Otto von Wittelsbach*. Ja, er wird geradezu zu einem *signifiant* ohne *signifié*. So verteidigt zum Beispiel einer der Leibgardisten den General Wallenstein auf folgende Weise: „[...] aber Waldstein spricht, seine Absicht sey edel, dem bedraengten Vaterlande beizustehen" (II.1, S. 30). Man wird vermuten müssen, daß es sich bei dem Vaterland um Böhmen handeln soll, doch bleibt man auf Mutmaßungen angewiesen. Allerdings ist diese Erwähnung noch ver-

---

84 Ein Beleg hierfür wäre etwa die Äußerung Wallensteins, daß seine Frau Isabella von ihm erwartete, „Albrecht [zum] Koenig von Boehmen" (III.6, S. 53) krönen zu lassen. Die Schuld an seinem tragischen Fall wird damit indirekt Isabella untergeschoben, was seinerseits ein Beispiel der im Stück vielfach anzutreffenden frauenfeindlichen Einstellung ausmacht.

gleichsweise eindeutig. Typischer für das Nebulöse bei der Verwendung des Begriffes Vaterland ist das folgende Zitat: „Nun, Freunde! laßt uns bei einem Glase aechten Rheinweins die erlittenen Drangsaale vergessen, die uns die Feinde des Vaterlands – unsers tapern Feldherrns [sic] – unsere eigenen Verfolger bereitet haben" (IV.6, S. 70). Dies sagt Butler, einer der abgefallenen Freunde des Generals, zu den geladenen Gästen Wallensteins, die noch immer – Minuten vor ihrer Ermordung – in Butler einen der ihren wähnen. Die Genetiv-Apposition „unsers tapfern Feld-herrns", d.h. Wallensteins, bezieht sich über die identischen Feinde auf das vorausgegangene Vaterland, nur daß man raten muß, ob es sich dabei um Böhmen handeln soll, das – wie gesagt – zu Habsburg und eben nicht zu Wallensteins Herrschaft gehört. Die Ambiguität des Begriffes Vaterland in diesem Kontext lese ich als Beleg für die aktive Rolle der Zensur, denn der Begriff kann beide Seiten bedienen: die Interessen Habsburgs ebenso wie die einer unabhängig von Habsburg existierenden Nationalidentität der Böhmen. Diese andere Art der Janusköpfigkeit des Begriffes Vaterland ist durchgängig im Stück anzutreffen. So auch im Schlußakt, wo die Feinde in die Privatgemächer eingedrungen sind und Wallenstein sich mit den Worten verteidigt, daß er sein Blut „fuer die Rechte des Vaterlandes" hingibt und schließlich mit Pathos „Armes Vaterland!" ausruft (V.5, S. 89 u. 91). Welches es sein soll, wird nicht gesagt; Böhmen aber und nicht das Haus Habsburg dürfte gemeint sein.

Die politische Identität, die dem Zuschauer über den Begriff des Vaterlandes vermittelt werden soll, bleibt indirekt und ist in hohem Maße ambivalent. Doch wird der Grad an Komplexität noch dadurch gesteigert, daß im Stück außer einer böhmischen, eine deutsche Identität zur Sprache kommt: „Es lebe der Teutsche!" (IV.6, S. 75) Es wird daher nicht nur eine intendierte, aber nur indirekt geäußerte, habsburgkritische und pro-böhmische Identität sichtbar, sondern auch eine nationale, auf das deutsche Reich bezogene, die – wie bei Babo – vor allem mental und kulturell determiniert wird. Diese Art deutsch-nationale Komponente kann selbst im Zuge der Entlastung Ferdinands eingesetzt werden. Denn nicht genug, daß er am eigenen Hof in die Fänge von Heuchlern gerät, diese haben noch dazu „ausländischen Wizz", der die „alte deutsche Treue und Wahrheit [verdrängt]" (IV.4, S. 10). Man beruft sich konstant auf die „deutschen Sitten" (I.8, S. 20 oder IV.4, S. 50) und das „deutsche Wort", das nicht „gekünstelt" ist (II.1, S. 27). Die Wiederkehr dieser tautologischen ‚Wahrheit‘, die keine ist, deute ich als eine notwendige Rückversicherung in Zeiten radikaler Umbrüche und unsicher werdender Identitäten. Das Insistieren auf vermeintlich wahre deutsche Tugenden reklamiert eine xenophobe Abgrenzung und erinnert an die nationale Selbst- und Fremdwahrnehmung wie sie z.B. auf dem Mannheimer Nationaltheater im Zusammenhang mit der Schauspielkunst diskutiert wurden. Damit die Funktion der exkludierenden Eigenwahrnehmung stabiler erscheint, sind die deutschen Sitten bei Komarek, aber auch bei Babo und anderen, stets althergebracht. Damit wird suggeriert, daß sie keinem Wandel unterliegen und politischen Umbrüchen widerstehen. So endet die oben bereits von Butler intonierte lügnerische Rede damit, daß der Trinkspruch der „alten deutschen Hakke!“ gilt, einer Redeweise, die so alt ist, daß sie in der Fußnote erklärt werden muß: „Ein Ausdruck der Alten; so viel als: Alte teutsche Redlichkeit“ (IV.6, S. 70). Die (Sprach)geschichte liefert die Illusion einer positiv bewerteten Authentizität, die ihrerseits Indiz gesellschaftlicher Unsicherheit ist. Dieser dialektische Widerspruch wird noch durch den zwischen Wort und Handlung bereichert. Denn nicht genug der Ungereimtheit, daß ein Schotte das Loblied auf die angeblichen Tugenden deutscher Sitte vorträgt, sondern sie wird besonders dadurch verstärkt, daß die Beteiligten gerade das permanente „ein Teutscher hält sein Wort“ (II.2, S. 40) durch ihre Handlungen unterminieren. Wie bereits im Kapitel zur Theaterzensur ausführlicher behandelt wurde, ist Komareks Drama geradezu ein Lehrstück über den Treuebruch und den Verrat unter Freunden. Doch ist Komarek kein Brecht, d.h. sein Lehrstück ist nicht dialektisch angelegt, so daß das Insistieren auf deutsche Sitten wie Treue und Freundschaft nicht durch die Handlungen der Charaktere hinterfragt oder durch sie aufgedeckt wird. Vielmehr tritt hier ein Geschichtsbewußtsein zutage, daß ahistorisch ist, sich aber historisch gebärdet, um in Zeiten des Umbruchs Sicherheit zu suggerieren. Doch gerade das Ahistorische unter Vorwand der Geschichte weist eine unwillkürliche Dialektik auf: die Illusion von Stabilität, wo keine (mehr) ist.

Während der Begriff Vaterland eine Art politische Codewortfunktion für ein böhmisch und anti-habsburgisch gestimmtes Publikum übernehmen kann, bietet die Rekurrenz auf deutsche Verhaltensmuster eine nationale Identität anderer Art an. Letzere vermittelt Zugehörigkeit zu einem Kulturkreis, ohne die politische Phantasie einer Nationalpolitik zu beflügeln wie etwa beim Diskurs um stehende Nationalbühnen. Bewußt oder unbewußt zeigt sich hier, daß der Nationaldiskurs nicht synonym mit dem Vaterlandsdiskurs ist, sondern daß beide unabhängige Größen sein können, was wiederum eine Ambivalenz besonderer Art erzeugt und für Schwierigkeiten bei der Interpretation eines Nationaldiskurses vor 1806 sorgt. Gerade darin zeigt sich das Kennzeichnende für die Anfangsphase des Diskurses, in der Begriffe und ihr Bedeutungsgehalt zunächst ventiliert und erpobt werden. Unterschiedliche kollektive Identitäten können im Namen des Vaterlandes oder der Nation von Individuen als triebhaft besetzte Felder ihrer verunsicherten Identitäten getestet werden.

Dies ist recht komplex für ein „Trivialdrama". Nicht weiter komplex hingegen, sondern ganz einfach ist, daß die kollektiven Identitäten des Vaterlands- bzw. Nationaldiskurses männlich zu sein haben. Ist schon Babos Drama reich an männlichem Chauvinismus, so wird dieser bei Komarek dadurch noch vergleichsweise stärker akzentuiert, daß die Frauenverachtung mehrfach direkt geäußert wird. Wallensteins fiktive Frau Isabella wird gleich anfangs als schüchtern, „melancholisch" und beunruhigt vorgeführt (I.1, S. 5), bevor sie „weiberschwach" und hysterisch im Wahnsinn endet (V.2, S. 82). Der mögliche Einwand, daß Isabella eigentlich nicht verrückt ist, da sie als einzige Wallensteins Tod hellseherisch schon früh erahnt, während er sich hingegen die ganze Zeit von Freunden umgeben und daher in Sicherheit glaubt, kann nicht darüber hinwegtäuschen, daß aus dem Text eine misogyne Grundhaltung spricht. Denn Komarek bedient sich gängiger Vorurteile allzu oft und gerne, indem er sie dramaturgisch einsetzt, beispielsweise wenn Isabellas Eingeständnis weiblicher Schwäche es ihm erlaubt, sie als Figur der tragischen Ironie zu gebrauchen.[85] „Verzeiht, edelmuethiger Gordon! ein Weib ist schuechtern – beunruhigt sich leicht – waehnt da Abgrund, wo der Held einen uebersetzbaren Graben sieht. ... O Maenner! Maenner! Was ist euer Stolz?" (I.3, S. 8) Die Antwort hierauf lautet, legt man die Worte und Handlungen der Männer im Stück zugrunde: alles. Ihren Stolz beziehen sie aus ihrem aggressiven Verhalten und aus ihren Männer-

---

85 Die tragische Ironie, die das ganze Stück prägt, wird dem Leser außerdem durch Gordon vermittelt. Sein Mordkomplott gegen Wallenstein wird bereits ab der dritten Szene im ersten Akt erkennbar, wohingegen die Vertrauten um Wallenstein im vierten Akt und Wallenstein selbst sogar bis zum Schluß des fünften Aktes immer noch ahnungslos bleiben.

bünden. Konflikte müssen notfalls gewaltsam per Duell gelöst werden, bei denen man sich als „Mann und Ritter" beweist (II.2, S. 32f.). Der Held, von dem Isabella spricht, ist selbstredend Wallenstein. Komarek versucht, ihn durchgehend als solchen darzustellen, um Sympathie für den Herzog von Friedland zu wecken. Als Held ‚kann er nicht fallen' (I.4, S. 11), im Gegensatz zu den Frauen, die melancholisch sind, weinen (III.1, S. 15) und nicht heroisch sein können (I.9, S. 23).

Daß Wallenstein fällt, weil er als Held gesehen wird (z.B. I.1, S. 3 oder III.2, S. 48), liegt nicht nur am historischen Stoff oder an der dramaturgischen Logik einer Tragödie, es liegt vor allem im Interesse der Habsburger. Doch wie kann Wallenstein als nationale Symbolfigur herhalten, wenn er als Held zu fallen hat? Damit wird ein weiterer Widerspruch deutlich, der mit der Zensur in Zusammenhang gebracht werden kann. Dieses Mal ist es ein Widerspruch innerhalb des Männlichkeitsdiskurses.

Ein Held ist nach Komarek per definitionem ein Mann, der sich im und durch den Kampf beweist. Dieser Held hat nach der Logik der Tragödie zu fallen, nach der Logik des vaterländischen Schauspiels aber hat er heroisch, d.h. mit sympathiegewinnender Größe zu fallen. Nach der politischen Logik der k.k. Zensur hingegen muß dieser Held zumindest einen selbstverschuldeten Fall erleiden und darf keineswegs als nationaler Held oder womöglich gar als Märtyrer zu einer identitätsstiftenden Figur aufgewertet werden. Dieses Dilemma männlicher Heldenlogik löst Babo beispielsweise, indem er Kaiser Philipp als unmännlich darstellt, da er weder Wort hält noch auf dem Turnier gegen Otto antreten will, sondern es vorzieht, stattdessen Schach zu spielen. Umso männlicher und „vaterländischer" erscheint daher Ottos Mord an Philipp, obwohl es ein Kaisermord ist. Bei Komarek wird diese widersprüchliche Heldenlogik auf andere Weise „gelöst", wobei nicht zu bestimmen ist, inwiefern hier die Zensur direkt oder indirekt verantwortlich sein mag.

Der Held Wallenstein darf im Sinne Wiens nicht als Märtyrer gezeigt werden, doch wird er im Stück als Jesus-Figur erkennbar, und damit wird er nicht nur zu einer historisch-tragischen Gestalt, sondern Komarek verleiht ihm darüber hinaus eine unantastbare Dimension. So kann er sein Ziel, Wallenstein als eine vaterländische Symbolfigur darzustellen, trotz der Zensur erreichen. Zu Beginn des Stückes wird Wallenstein im Kreise seiner Generäle gezeigt. Er spricht über seine politischen Handlungen

und Überlegungen und bietet sich dadurch als eine pro-böhmisch gesinnte
Nationalgestalt an: „Hab ich was Unrechtes im Sinne? – Such ich nicht
mein bedraengtes Vaterland vor den Verheerungen der Schweden und
Sachsen zu sichern? Zielt meine Absicht nicht dahin, die verfallenen
Rechte Boehmens wieder geltend zu machen?" (I.8, S. 19) Er gibt sich
kämpferisch: „Ich sehe Klipp' an Klippe. – Laßt es stürmen!" (ebd.) und
ist – wie bereits erwähnt – nicht gegen den Kaiser, sondern „wider seine
Verführer" eingestellt (Ebd., S. 22). Doch ist Wallenstein auf die Zustim-
mung und Treue seiner Generäle und Vertrauten angewiesen. Komarek
gestaltet eine Schwurszene, die in diesem Falle nicht nur wie bei anderen
vaterländischen Dramen einen Männerbund formiert, sondern das letzte
Abendmahl wenn nicht imitiert, so doch evoziert. Dies wird außer in der
biblischen Diktion Wallensteins auch in der szenischen Anweisung
deutlich:

> Waldstein. [...] Laßt uns also eine Kette knuepfen, die kein Schicksal
> zerreissen darf (giebt Buttlern die Rechte, Trzka'n die Linke, und die
> Umstehenden fassen einander an der Hand, so daß sie von Waldstein an,
> welcher in der Mitte steht, einen halben Mond machen, und also durch
> dieses Buendnis an einander gekettet sind. Mit empor gehobenen Augen.)
> Erhalter der Menschen, und alles was da ist! Du erhieltst mich so lange!
> Bist mein Vater. Sieh herab! Segne uns! segne iedes einzelne Glied dieses
> festlichen Bundes – und dein heiliger Donner zermalme den, der Falschheit
> im Herzen hegt! – Nun, Freunde, Brueder! gehabt Euch wohl! – Die
> Stunden sind heilig, die man der Freundschaft weiht. – Verschlafet sie
> nicht! – Seyd wachsam! Ruestet Euch! (I.8, S. 22f.)

Zitiert wird das letzte Abendmahl, zelebriert wird ein christlich inspirier-
ter Männerbund, der nach innen auf Wahrhaftigkeit und Vertrauen beruht, um nach außen kampfbereit auftreten zu können. Außerdem wird
dem Neuen Testament entlehnt, daß die Gefahr nicht von außen kommt,
sondern ein Verräter unter ihnen weilt. Gordon hat im Stück die Rolle des
Judas zu spielen. Wallenstein in der Rolle Jesu wird auf diese Weise jeder
möglichen Anschuldigung enthoben und als unschuldiges Opfer verklärt.[86] In Übereinstimmung mit dieser Szene und der Jesus-Konfigu-

---

86 Die Jesusanalogie wird auch dadurch unterstrichen, daß in Wallensteins Abwesenheit
    eine weitere Schwurszene ohne biblische Anspielungen auskommen muß. Gordon
    „(zieht sein Schwerd heraus.) Schwoert mir zu: Euren Pflichten treu zu bleiben, und

ration Wallensteins steht dessen Ende. Nicht nur vergibt Wallenstein „mit Groeße" seinen Feinden, sondern er offenbart sich unmittelbar vor seiner Ermordung: „Mann und Krist. – – Gemahlin! Kind! – – Gott beschuezze Euch! (mit empor gehobenem Blikk.) Vater! in deine Haende befehl ich meinen Geist! – – (Reißt seine Brust auf.) Thut Eure Pflicht!" (V.5, S. 92) Bedeutsam an diesem beinahe blasphemisch anmutenden Dramenende ist, daß cs Komarek mit plakativen Mitteln gelingt, christliche Elemente mit einer chauvinistischen Männerideologie zu verknüpfen, die in der Kombination die Funktion übernehmen können, einen pro-böhmischen Nationalhelden an den Klippen der Zensur vorbei zu manövrieren.

Komareks Wallenstein-Drama aus dem Jahr der Französischen Revolution spricht eine deutliche Sprache: in der Frühphase des Nationalismus werden männliche, chauvinistische und nationale Identitäten zu einer Einheit verschmolzen und als Wunschprojektion für die jungen Nationaltheater bereitgestellt.[87] Geschichte wird dynamisiert, indem sie instrumentalisiert wird für Entwürfe kollektiver Identitätsmuster. Daß auf Deutschland bezogene nationale und vaterländische Identitäten innerhalb des deutschen Reiches dabei nicht kongruent sein müssen, negiert keineswegs die Abwesenheit eines politischen Nationalprojektes. Vielmehr zeigt es, wie sehr der Nationaldiskurs fähig ist, unterschiedliche Wunschprojektionen zu absorbieren, und wie er als Seismograph taugt, mit dem man verunsicherte Gesellschaften und Männerrollen aufzuspüren vermag.

---

an den Verraethern des Vaterlands die beleidigte Maiestaet blutig raechen zu wollen! Schwoert!" (IV.5, S. 67)

87 Wie im zweiten Kapitel erwähnt, liegen mir zu Komareks Drama keine Aufführungsdaten vor. In Mannheim lehnte man sein Stück ab. Vgl. *Protokolle des Mannheimer Nationaltheaters* (1890), S. 148.

4.5. „Das Vaterland hat immer Hülfe nötig": Halems Wallenstein-Drama

Im Gegensatz zu Komareks Drama, in dem die komplexen politischen Vorgänge, die schließlich zum Mord an Wallenstein führen, so gut wie ganz ausgeblendet sind – ob durch den Autor im Vorgriff auf die Zensur oder aber durch Eingriff der Zensur ist hier unwichtig –, versucht Halem in seinem Theaterstück, die Machtpolitik des Kaisers in Wien und Wallensteins Friedensverhandlungen mit den Gegnern Sachsen und Schweden anhand der erwähnten historischen Quellen (S. 4) darzustellen. Im Gegensatz zu Komareks „vaterländischem Schauspiel", aus dem der durch die Zensur vereitelte Wunsch spricht, aus Wallenstein einen vaterländischen Helden, womöglich einen böhmischen Märtyrer zu machen, schreibt Halem „nur" ein Schauspiel.

So weit die Differenzen hinsichtlich des Inhalts und der Intention dieser zwei Wallenstein-Dramen. Doch beiden Dramen gemein ist, daß sie am Vaterlandsdiskurs und an dem Diskurs über männliche Wunschprojektionen partizipieren. Denn wenngleich Halems Werk im Vergleich zu Komareks subtiler ausfällt, spricht auch aus ihm eine deutliche Sprache, wenn es darum geht, das Konzept des Vaterlandes als ein patriarchalisch dominiertes abzusichern. Letzteres fällt umso mehr ins Gewicht, als in Halems Text kein Deutschland im Sinne einer Nationalpolitik entworfen wird. Vielmehr etabliert der Text das Vaterland als eine Größe „an sich", als ein verabsolutiertes Prinzip.

Zwar darf man glauben, daß bei Halem mit Vaterland oft Böhmen gemeint ist,[88] zumal Wallenstein nach der Krone des Königreichs trachtet (III.2, S. 77 und IV.2, S. 96), doch bleibt meist unklar, wo das erwähnte Vaterland liegt bzw. welches Land es bezeichnen soll. Dies ist umso bemerkenswerter, weil Halem die historisch-politischen Verhältnisse berücksichtigt. Während die hegemonialen Ansprüche der Habsburger in dem nationalpolitischen Slogan „Österreich über alles" zusammengefaßt

---

88 Zum Beispiel heißt es, daß Wallenstein sein Vaterland in der Not nicht verlasse (I.2, S. 30), womit nur Böhmen gemeint sein kann. An anderer Stelle betont Wallenstein, daß das Vaterland Böhmen ein Wahlreich gewesen sei und seine Freiheit als Nation unterdrückt werde. (III.2, S. 78)

werden (I.1, S. 10 u.), wird gleichzeitig erwähnt, daß ihr Herrschaftsgebiet ein vielköpfiges Reich ist (ebd.), in dem sich „Nationen [befinden], die unter Oesterreichs Zepter stehen" (I.2, S. 26). Daß dieses von der Dynastie zusammengehaltene Reich dann aber in einer Unterredung mit dem Kaiser auch als Vaterland bezeichnet werden kann, zeigt einmal mehr, wie polyvalent dieser Begriff im späten 18. Jahrhundert bleibt. Selbst eine Beteuerung wie „E[ure] Maj[estät], sie brennen vor Ungeduld, fuer's Vaterland zu fechten" (I.1, S. 15) liest sich weniger als ein national gesinnter Eifer, sondern eher als Indiz für die Aufrechterhaltung und Verteidigung patriarchalischer Wertstrukturen. Neben der dynastischen Klammernation namens Österreich firmieren national bestimmte Bezeichnungen für Schweden oder Sachsen und Brandenburg als politische Größen.

Viermal wird Deutschland als nationale Einheit aufgefaßt, immer im Zusammenhang mit der Bedrohung durch die Schweden. Das eine Mal heißt es, daß die Heere Gustavs und „seiner Verbuendeten" es „überschwemmen" (I.2, S. 24); das andere Mal, daß „Deutschland [...] sich vor dem gewaltigen Gothen [beugt]" (III.1, S. 63); sodann, daß „protestantische Fuersten [...] ohnehin eifersuechtig" auf die Schweden seien, und „sie lieber heut' als morgen aus Teutschland schaffen [moechten]" (III.2, S. 71). Schließlich findet die Angst vor der schwedischen Herrschaft ihren Ausdruck darin, daß unterstellt wird, sie seien entschlossen, Deutschland Gesetze vorzuschreiben (IV.3, S. 102). Obwohl diese verstreuten Äußerungen keinen hinreichenden Beleg für die Behauptung abgeben, daß Halem den Dreißigjährigen Krieg des 17. Jahrhunderts als einen nationalen Konflikt deutet, den er für seine eigene Zeit auszunutzen versucht, zeigen sie doch, daß Deutschland als eine ethnisch-politische und selbständige Einheit aufgefaßt wird. Diese Einheit ist insofern erwähnenswert, weil sie Vorrang vor konfessionellen Konflikten oder dynastischer Hegemonie der Habsburger einnimmt, sobald mit Schweden die Angst vor ausländischer Dominanz ins Spiel kommt.

Auffallender als diese Angst vor dem Fremden als Steuerungsprinzip nationaler Einheit ist, daß Halems Drama auf den Diskurs ums Vaterland sowohl rekurriert als auch ihn durch seine Geschichtsdarstellung anreichert. Das Vaterland gerät bei ihm zu einem Wert an sich. Bereits die Tatsache, daß des öfteren völlig unklar bleibt, auf welches politische Gebiet sich der Begriff Vaterland beziehen soll, führt das Drama vor, daß das jeweilige Vaterland ein Wert ist, den es zu respektieren gilt. Daher lohnt es nicht nur – wie bereits erwähnt –, für das Vaterland zu kämpfen, sondern auch zu beten (II.2, S. 44). Ja, es wird zum Subjekt aufgewertet, wenn es heißt, daß „auch das Vaterland Rechte" habe (I.2, S. 17). Dementsprechend kann das Vaterland auch Pflichten auferlegen, die Wallenstein, aus der Sicht seiner Frau Therese, erfüllt (I.2, S. 18). Diese Pflichten gegenüber dem Vaterland können soweit gehen, daß die eigenen Interessen verleugnet werden müssen, indem man sich für das Vaterland aufopfert (I.2, S. 19). Diese Negation eigener Interessen wird durch den Zugewinn an Ehre aufgewogen (I.2, S. 18). Dem Vaterland wird in der Diskussion über Wallensteins politische Taten eine Bedeutung zugemessen, bei der die Wertsetzung von Individuum und Vaterland als Subjekt verkehrt wird. Bietet bei Komarek oder auch Babo das Vaterland die Möglichkeit, sein männliches Ego zu beweisen und zu bestätigen – mithin ein vermeintlich starkes Subjekt zu etablieren –, so hat nun der männliche Held dem Interesse des Vaterlandes zu dienen. Aus dem männlichen Subjekt wird in dem Moment ein Objekt, in dem das Vaterland zum Subjekt mutiert.

Nirgendwo wird diese Art der Verabsolutierung des Vaterlandes deutlicher als bei der Unterredung in Wallensteins anheimelnder Familie. Wallensteins siebenjähriger Sohn bedauert, daß, wenn er „einmal groß werde, so [...] wohl nicht mehr Krieg" sein werde (II.2, S. 39). Daraufhin entwickelt sich der weitere Dialog wie folgt:

> „Gertr[ude; Wallensteins Mutter]. Wollte Gott – Guter Junge! sey nicht besorgt: du wirst schon deinen Kopf und deinen Arm einst brauchen koennen. Wil[helm]. Aber, dann ist mein Vater wohl nicht mehr, und ihm moecht' ich helfen. Gertr[ude]. Nun dann hilfst du dem Vaterlande. Das hat immer Huelfe noethig" (ebd.).

In dieser Sequenz verbinden sich mehrere Elemente zu einem männlich-patriarchalischen Wertsystem. Der Sohn identifiziert sich mit dem Vater als einem kriegerischen Helden, der auf den Anhöhen lagert und „seinen Feind [beobachtet]" (ebd.). Der Sohn kann es deshalb kaum abwarten, sich ebenfalls im und durch den Kampf zu behaupten. Die beschwichtigende Großmutter ermuntert ihren Enkel, wenn schon nicht eindeutig zum kriegerischen Einsatz, dann doch zu männlichen Tätigkeiten, seinen „Kopf und Arm" zu gebrauchen, das heißt zu befehlen und zu kämpfen.

Wilhelm interpretiert denn auch gleich die allgemeiner gehaltenen Worte der Großmutter als kriegerische Attribute. Die Furcht des Jungen, daß sein Vater womöglich nicht mehr lebt, bevor er im kriegstauglichen Alter sein wird, hat natürlich im Drama die Funktion eines Vorausweisens und einer Vorahnung des tragischen Endes. Doch darüber hinaus wird auch klargemacht, wie sehr die Vaterfigur als Idol und Leitfigur inthronisiert ist. Diese Positionierung des Vaters ist aber noch steigerbar, indem dieser durch das Vaterland ersetzt wird. Wenn der Junge nicht mehr dem Vater dienen kann, dann dem Vaterland. In dieser Sprache verrät sich die ideologische Logik, die besagt, daß der Vater derjenige ist, der Anspruch auf Land hat, das durch seine kriegerische Tat („Kopf und Arm") erobert wird. Der Vater erobert das Land und das eroberte Vaterland kann selbst zu einem Subjekt werden, das sich der Subjekte forthin als Objekte bedienen kann. So können Vater und Vaterland als Identifikationsobjekte für den Jungen austauschbar werden. Unmißverständlicher läßt sich die Wertsetzung des Vaterlandes kaum benennen. Diese Klarheit ist umso bemerkenswerter, als Halem sein Geschichtsdrama nicht ausdrücklich als vaterländisch bezeichnet.

Dieser Kausalnexus zwischen Vater und Vaterland hat sodann zur logischen Konsequenz, daß das patriarchalische Prinzip nicht nur auf den biologischen Sohn beschränkt bleibt, Wallenstein kann auch zum Vater für seine Generäle werden: „du bist unser Vater" (III.3, S. 85 u. S. 82). Obschon kein leiblicher Vater, so schwören die Männer im Bund, daß sie ihn verteidigen werden, „so lang ein Blutstropfen in unsern Adern rinnt" (III.3, S. 86), womit das Blutsprinzip beansprucht wird. Dort, wo Komarek Wallenstein zur Christus-Figur stilisiert, stählt Halem Wallenstein durch eine Geste, die selbst ohne phallische Ausdeutung zu einer unmißverständlichen Selbstbehauptung, zur Droh- und Schutzgebärde des Mannseins wird: „Maenner! die ihr zu schwoeren bereit seyd, entbloeßt eure Schwerder!" (ebd.) Das Schwert wird zum Symbol ersehnter Stärke und verdeckt individuelle Unsicherheiten und Ängste. Daß es aber nicht nur ein Instrument der Verteidigung und des Selbstschutzes, sondern auch des Todes ist, wird im Aufruf aller indirekt bestätigt: „Leben und Tod mit Wallenstein!" (ebd.) Durch diesen Schwur wird eine Einheit mit der Vaterfigur suggeriert und Identifikation mit ihm hergestellt, die dem biologischen Prinzip der Blutsverwandtschaft gleichkommen soll. Die Kette, die im Text geschmiedet wird, führt über den Vater zum Vaterland und schließlich zum Tod, der Stärke verheißt. Das männliche Subjekt erklärt seine Bereitschaft, sich zum Objekt degradieren zu lassen, im Glauben, gerade dadurch seine Männlichkeit auszuleben.

Nach Lektüre dieser Szenen erübrigt es sich beinahe, die weiteren Schlußfolgerungen darzulegen. Wenn ein Männerbund machbar scheint und wenn Vater und Vaterland ideologisch und kausal verknüpft werden, dann bleibt den Frauen im Drama folgerichtig kein Raum zum selbständigen Handeln; sie erscheinen als passive, als leidende Figuren. Während Wallensteins Sohn ein Heldenlied anstimmt („Ich sag' ohne Spott: / Kein sel'ger Tod / Ist in der Welt, / Als so man faellt /" (II.2, S. 41), kontert dessen Mutter mit dem folgenden Trauerlied: „Wie lang soll ich denn nun tauern gehn? / Bis alle Wasser zusammengehn. / Ja! alle Wasser gehn nicht zu Hauf; / So hoert auch nimmer mein Trauern auf" (ebd.). Wallensteins Frau Therese weint und duldet. Während Wallenstein seine Frau im Sinne der oben erläuterten Vaterlandsideologie auffordert, nicht um ihn, sondern um das Vaterland zu weinen (I.2, S. 18), verweigert sie sich dem männlichen Abstraktionsverfahren, vom Individuum abzusehen, um dafür das Vaterland zu hypostasieren. Statt dessen will sie um ihren Mann weinen (ebd., S. 19), weil sie an ihm hängt (II.2, S. 45). Dieses Hängen am Mann führt zu einer Abhängigkeit, die ihr nicht nur keine Selbständigkeit erlaubt, sondern auch dazu, daß ihr gesamter Gefühlshaushalt von den Geschehnissen um ihren Mann bestimmt ist. Sie ist stets die Unwissende, die Fragen stellt wie: „Und werden wir denn nun Frieden haben?" (II.2, S. 43) Nie wird sie aktiv eingebunden in die politischen Entscheidungen ihres Mannes, vielmehr reagiert sie spontan und rein emotional auf das Handeln anderer. So reichen z.B. zwei Zeilen ihres Mannes nach dem Sieg bei Lützen, um ihr Herz pochen zu lassen (I.2, S. 44).

Eine interessante Ausnahme bildet hierbei Wallensteins Mutter Gertrude, die sich an der politischen Diskussion beteiligt. Ihr allein wird gestattet, Wallensteins edle Absicht, sich als Freiheitskämpfer Böhmens auszugeben, als Ehrgeiz eines Emporkömmlings bloßzustellen: „Das darf nur eine Mutter sagen" (IV.2, S. 79). Doch auch seine Mutter will den Ehrgeiz ihres Sohnes nur zu dem Zweck bändigen, um ihn wieder in den „Schooß deines Vaterlandes" eingehen zu lassen (III.2, S. 80). Der Dialog zwischen Mutter und Sohn ist nicht nur dramaturgisch retardierend, sondern auch inhaltlich. Letztlich lenken die starken Worte der

Mutter nur wieder hin zur herrschenden Männerideologie, die sogar die Mutter dazu bringt, in der dritten Person zu fragen: „Soll sie [= die Mutter] sich zu deinen Fueßen werfen?" (ebd.) Soviel Demütigung läßt Halem natürlich nicht zu, obwohl dann Wallensteins Replik damit endet, daß er bekräftigt: „unbestochen ist das Heer und nur seine freye Stimme wird mich bestimmen" (III.2, S. 81). Mit anderen Worten: selbst die Einwände der Mutter vermögen nichts gegen die auf sich selbst bauende Männerherrschaft auszurichten.

Den Frauen ist es vielmehr vergönnt, die Folgen dieser aggressiven Männerbünde zu lindern. So bleibt Therese bis zum Schluß unwissend (IV.1, S. 89), und selbst dann, wenn ihr die politische Lage von Piccolomini dargestellt wird, zeigt sie sich ahnungslos und in völliger emotionaler Abhängigkeit von ihrem Wallenstein: „Zwar faß' ich's noch nicht; aber schrecklich muß es seyn, weil es Wallenstein erschuettert" (IV.1, S. 90). Das einzige, was sie weiß und richtig erkennt, ist, „daß Liebe der Maenner Herzen allein nicht fuellet" (ebd.). Umso mehr ist die Rolle der Frau, die der aufopfernden Liebe: „Wallenstein! Wallenstein! Was kann ich thun zur Linderung deiner Qual?" (IV.1, S. 93) Die Frau kennt nur die totale Identifikation mit ihrem Mann, wird dadurch zur unfreien Person und bleibt es. Während den Männern gestattet ist, sich zu verbünden und aktiv der Vaterfigur und dem Vaterland unterzuordnen, sich also freiwillig zu Objekten zu machen, bleibt der Frau von vornherein jegliche Handlungsfreiheit verwehrt. Ihr wird die gefühlsmäßige Opferrolle von Anfang an aufgezwungen, die bei Therese soweit geht, daß sie Wallenstein anfleht, mit ihm sterben zu dürfen (IV.1, S. 93). Und als Wallenstein mit einem Dolch ermordet wird, tritt Therese als letzte Person auf. Im Sturm-und-Drang Pathos abgehackter Wortfetzen stammelt sie ein letztes Mal ihre Gefühle heraus, um ihren Mann zu verklären: „Wallenstein! ... Tod – und ich allein unter Moerdern (auf die Leiche sinkend) Wallenstein! – Erbarme dich mein! Laß mich nicht! O laß mich nicht! – Hier will ich sterben! [....]" (V.3, S. 127). Ihre emotionale Abhängigkeit und das Fehlen jeglicher Selbständigkeit gehen so weit, daß ihr Selbstwertgefühl zusammen mit ihrem Mann stirbt.

Halems Geschichtsdrama huldigt – auch ohne im Untertitel das Attribut vaterländisch zu führen – dem Vaterlandsprinzip, das sich aus einer patriarchalisch-aggressiven und misogynen Männlichkeitsideologie zusammensetzt.

4.6. „Im Feld, da ist der Mann noch was wert": Schillers Wallenstein-Trilogie

Schillers und Goethes Prologe zu ihren je umfangreichsten Dramen werden als gedruckte Texte kanonisiert. Gerade im Falle Schillers drückt sich darin ein zweifaches Paradox aus. Denn der Prolog wurde allein aus Anlaß der Wiedereröffnung des Weimarer Hoftheaters am 12. Oktober 1798 geschrieben, wird jedoch von der Literaturwissenschaft unabhängig von dieser Situation als Bestandteil der Trilogie festgehalten. Während der Autorentext konserviert werden kann, „geht des Mimen Kunst schnell und spurlos" (Prolog 32). Es ist die Dokumentation des Textes selbst, die nicht nur an das Transitorische der Schauspielkunst erinnert, sondern auch deutlich macht, daß der Text das Schauspielen überdauert, das Wort das Spiel. Der autorisierte Text hat sich im Zuge der Entwicklung der stehenden (National-)Bühnen als dominantes Medium durchgesetzt. Es sei nochmals an Reinhart Meyers kritische Einschätzung dieses Prozesses erinnert. Diese mediale Sonderstellung des Gedruckten und des Autors interpretiert er so, daß „mit ihm die Dominanz des Textes und seiner Poetizität über das Spiel des Schauspielers erkämpft [wurde]; oder anders: Er dokumentiert den grandiosen Sieg der Literaten über das Theater [...]."[89]

Dieser Sieg der Literaten ging allerdings nicht ohne Interessenkonflikte zwischen Schauspielern und Literaten, noch ohne Konflikte zwischen Autorintention und Publikumsgeschmack vonstatten. Denn wegen und trotz der Überlieferung von Schillers *Prolog* – und darin liegt das zweite Paradox – gewinnt man einen Einblick in die Theaterpraxis, der das Theater vornehmlich als Schauspielstätte erkennbar macht. Denn der *Prolog* erinnert auch daran, daß ein Theaterabend Ende des 18. Jahrhunderts aus mehr als der Aufführung *eines* Stückes bestand und (noch immer) oft ein Vor- oder Nachspiel bot, mithin das Theater hauptsächlich als kurzweilige Unterhaltungsinstitution fungierte. Man muß nur den Weimarer Theaterzettel desselben Abends lesen, um zu sehen, daß der *Prolog* nicht den Anfang bildete; wenn man so will, ein weiteres Paradox.

---

89 Reinhart Meyer, „Einleitung", in: *Bibliographia dramatica et dramaticorum* (1986), Bd. 1, S. XXVII.

Vielmehr spielte man vorher *Die Corsen* von Kotzebue. *Diese* Eröffnung wird aber meist nicht erwähnt, stört sie doch den Anspruch der Literaturwissenschaft, das Theater, wenn überhaupt, ausschließlich als „hochwertig"-literarische Textaufführung wahrzunehmen. Schiller ‚erhebt' daher nicht nur die Kunst, die trotz ihres künstlerischen Gewichts „heiter" sei (Prolog 138), und das historische Schauspiel durch das „alte deutsche Recht, des Reimes Spiel" (Prolog 131), noch erhebt er sich ‚nur' über die Schauspielkunst, sondern er erhebt sich auch über Kotzebues Werk, dessen Präsenz und Frequenz auf deutschen Bühnen er geflissentlich übergeht.

Im Kontext unserer Fragestellung fällt des weiteren auf, daß Schiller in seinem *Prolog* keinen Bezug auf die Nationaltheaterentwicklung nimmt. Vielmehr dokumentiert und beansprucht der „verjüngte" Theaterbau (Prolog 5) eine andere Programmatik. Er rege „festliche Gefühle" (Prolog 9) für „einen auserlesenen Kreis" (Prolog 28). Aus der „moralischen Anstalt" ist ein ‚heiterer Tempel der Kunst' geworden (Prolog 6), in dem der Hof und die bürgerliche Elite Platz nehmen, zum beiderseitigen Vorteil einen Ausgleich ihrer jeweiligen unterschiedlichen Interessen anstreben.[90] Das Theater definiert sich nicht (mehr) über die Nation als Wunschprojektion, sondern das künstlerische Vorrecht des Autors genügt vollends, um eine stehende deutschsprachige Bühne zu legitimieren. Man scheint dort angekommen zu sein, wovon Schlegel, Nicolai, Lessing oder auch Herder wenige Jahrzehnte zuvor träumten: von der Kindheit über die Pubertät zum Erwachsensein. Mit anderen Worten: Schiller äußert sich nicht mehr wie in Mannheim zum Stand und zur Idee des Nationaltheaters in den diesen Entwicklungsprozeß begleitenden Protokollen, sondern der Theaterautor realisiert in Weimar durch seine Dramen die Idee, dem Theater in Deutschland durch musterhafte Werke in deutscher Sprache zur Selbstbestimmung zu verhelfen.

Schillers theatralischer Balanceakt, den historischen Stoff poetisch zu erhöhen, dabei aber episch breit (Prolog 120-121) zu gestalten, ist selbst in Weimar kein leichtes Spiel, wie Reaktionen auf den Abend bekunden. Nochmals sei Johann Falks spöttischer Bericht zitiert:

> Das Ganze ist eine Einleitung zum Wallenstein und in oft ziemlich drolligen Knittelversen abgefaßt. Ueber 48 Personen sind in Thätigkeit. Für

---

90 Vgl. Kap. 4.2., S. 160.

das Gesicht ist das Tableau ganz artig. [...] Der Zweck soll sein, den
Zuschauer vorläufig mit den Sitten des Wallensteinischen Kriegsheeres
bekannt zu machen: allein auf diese Art, wie Schiller es angefangen hat,
könnte man noch statt 2 Stunden 2 Monate, ja zwei Jahre fortspielen, weil
im Ganzen zu viel ist, was auf die Schilderung jedes Lagers eben so gut
paßt als des Wallensteinischen.[91]

Mit dieser Charakteristik und Kritik benennt Falk einen im Zusammenhang dieses Kapitels entscheidenden Aspekt von *Wallensteins Lager*.
Das von Schiller als *historisch-spezifisch* entworfene Tableau wird als ein
allgemeines aufgefaßt. Darin bestätigt Falk als Zuschauer die Zielsetzung
des Autors, den Realismus einer historisch-spezifischen Darstellung mit
ästhetischen Mitteln zur Allgemeinheit zu erheben. Zum anderen aber
läßt sich daraus folgern, daß jenseits des Dreißigjährigen Krieges und
jenseits des „Wallensteinischen Lagers" paradigmatisch eine männliche
Kriegerideologie zur Schau gelangt. Dieser Zusammenhang läßt sich
auch noch anders wenden: so wie die künstlerischen Mittel darauf ausgerichtet sind, den historisch-spezifischen Stoff zu tilgen, so tilgt die dominierende maskuline Kriegsideologie die virulente nationale oder vaterländische Agenda.

Das Reich ist ein „Tummelplatz von Waffen" (Prolog 84), doch ver-
meidet Schiller die Perspektive auf das/ein Vaterland, die Nation oder das
Reich, das nur *en passant* Erwähnung findet (WL 175). Die diversen
Nationalitäten spielen im Vergleich zur kriegerischen Identität als
Männer eine untergeordnete Rolle, ja werden geradezu abgewertet; denn
im Sinne der Akteure gilt, daß „nur die Fahne verpflichtet" (WL 323).
Oft werden die Männer zwar durch ihre nationale Herkunft gekennzeichnet, entweder direkt („Kroat, wo hast du das Halsband gestohlen?" WL
90) oder aber indirekt auf die Frage hin: „Aus welchem Vaterland
schreibst du dich?" (WL 785), nur um dann umso stärker hervorzuheben,
daß ihre nationale Identität angesichts von Wallensteins Führungsquali-
täten gleichgültig geworden ist: „Wer hat uns so zusammen geschmiedet,
/ Daß ihr uns nimmer unterschiedet? / Kein andrer sonst als der
Wallenstein!" (WL 805-807) Die Identifikation mit Wallenstein geht
soweit, daß sie allesamt „Wallensteiner wurden" (WL 756). Die Dominanz Wallensteins wird gerade durch seine Abwesenheit umso spürbarer,

---

91 Joh. Dan. Falk an Morgenstern, 7. 11. 1798. Zitiert nach *Sammlung Oscar Fambach*.

je mehr er von seinen ihm ergebenen Söldnern gelobt wird (WL 211ff., 298). Schiller zeichnet scheinbar leichtfüßig ein realhistorisches Bild des Dreißigjährigen Krieges: „Der Bürger gilt nichts, der Krieger alles, / Straflose Frechheit spricht den Sitten Hohn, / Und rohe Horden lagern sich, verwildert / Im langen Krieg, auf dem verheerten Boden" (Prolog 87-90). Der Dramatiker zeigt aber nicht nur die brutalen und verrohten Sitten unter den Kriegern, sondern er läßt – auch darin historisch korrekt – vermuten, daß der Dreißigjährige Krieg für die Zeitgenossen im 17. Jahrhundert kein Krieg um nationale Identitäten war oder daß etwa für sie das Reich als Nation im Vordergrund gestanden hätte.

Gerade durch die Negation des Nationalen als eines entscheidenden Aspektes in *Wallensteins Lager* gelingt es Schiller aber, den Zuschauern von 1799 bewußt zu machen, daß das Reich des Westfälischen Friedens von 1648 „zerfällt" (Prolog 70-71). Wenn Wallensteins Abwesenheit ihn indirekt umso präsenter macht, so gilt analog, daß die abgeschwächte reichspolitische Komponente die zeitgenössischen Zuschauer die Brüchigkeit einer deutschen Nation umso mehr erfahren läßt. Die Abwesenheit des Nationalen im historischen Drama spiegelt die Abwesenheit des Nationalen zur Zeit der Aufführung von 1798/1799, um es als Leerstelle und damit als latenten Wunsch zu benennen. Gleichzeitig gelingt es Schiller – wie bereits erwähnt – durch das Herunterspielen nationaler Aspekte umso mehr, die maskuline Mentalität der Krieger deutlich zu machen, die sie Sozialprestige gemäß ihrem kriegerischen Ehrenkodex erwarten läßt (WL 298).

Denn so locker sich die elf Szenen aneinanderreihen, so streben sie doch auf einen dramaturgischen Höhepunkt zu, bei dem sich die Männer ihrer Identität als Krieger versichern. Nicht das Vaterland, sondern die kriegerische Maskulinität wird glorifiziert. Dies gestaltet Schiller in zwei Schritten. Zuerst schwören die Krieger auf ihren „Soldatenvater" (WL 1034), den Friedländer, der sie „regieren soll" (WL 1051), wodurch die spätere Schwurszene von Wallensteins Generalen auf einem Bankett vorweggenommen wird (P IV). Sodann bekunden sie ihren Männerbund durch ein Kriegslied, dessen erste Strophe lautet:

> Wohl auf, Kameraden, aufs Pferd, aufs Pferd! / Ins Feld, in die Freiheit gezogen. / Im Felde, da ist der Mann noch was wert, / Da wird das Herz noch gewogen. / Da tritt kein anderer für ihn ein, / Auf sich selber steht er

da ganz allein. *Die Soldaten aus dem Hintergrunde haben sich während des Gesangs herbeigezogen und machen den Chor.* (WL 1052-1057)

Abgesehen davon, daß der Liedtext mit seiner Emphase des unabhängigen Helden im Widerspruch zur starken Identifikation der Soldaten mit ihrem „Soldatenvater" Wallenstein, zum im Männerbund geleisteten Schwur und zur chorischen Anordnung auf der Bühne steht, benennt Schiller mit diesem kriegerischen Freiheitsideal zweierlei: Zum einen dokumentiert der Text ein Bedürfnis nach männlicher Identität und zum anderen suggeriert er, daß eine solche vor allem durch die kriegerische und individuelle Leistung ermöglicht wird. Wie die Texte von Babo, Halem und Komarek kann auch dieses Kriegslied Schillers als *ein* Indiz gewertet werden, daß das Bedürfnis nach einer eindeutigen maskulinen Identifikation innerhalb der Gesellschaft und insbesondere unter den männlichen Zuschauern virulent war und entsprechend bedient wurde. Des weiteren läßt sich folgern, daß dieses Bedürfnis entweder durch eine Verunsicherung in den Geschlechterrollen erklärt werden oder aber, allgemeiner gesprochen, als Reaktion auf politisch-soziale Umbrüche und Spannungen im Zuge der Französischen Revolution verstanden werden kann. Das Verlangen nach männlicher Selbstbehauptung wird jedenfalls sicht- und hörbar bekundet.

Wie Schiller in seinem *Prolog* deutlich macht, ist es seine Absicht, mit *Wallensteins Lager* die darin vorherrschende männlich-kriegerische Mentalität zu dekonstruieren und letzlich als eine falsche zu entlarven. Das historische Schauspiel soll in ironischer Distanz vorführen, wie sich die Gesellschaft ideologisch *nicht* konstituieren soll. Das Schlußtableau dient demnach als Zerrbild und soll gerade nicht zur Identifikation der (männlichen) Zuschauer mit dem Bühnengeschehen führen. Wie reimt sich aber diese Autorintention beispielsweise darauf, daß nach Houben „vor der Schlacht bei Jena [im Oktober 1806] [...] *Wallensteins Lager* immer wiederholt werden [mußte], weil die Berliner sich im Absingen des Reiterliedes gar nicht genug tun konnten."[92] Und selbst Ifflands Ablehnung des Stückes 1799 für das Berliner Hof- und Nationaltheater geschah allein aus der begründeten Furcht vor der Zensur, weil aufgrund der mimetischen Darstellung die Identifikation im Zuschauerraum zu

---

92 Heinrich H. Houben, *Verbotene Literatur* (1965), Bd. 1, S. 548f.

groß werden könnte.[93] Die bisher behandelten vaterländischen Dramentexte haben sich als plakativ erwiesen, indem sie emphatisch ein aggressives Männlichkeitsbild (stellenweise rituell) vorführen, bei dem sich der Mann über das Vaterland seiner Männlichkeit versichert und/oder aber das Vaterland als männlich definiert wird. Zwar bildet bei Schiller das Vaterland nicht den identitätsentscheidenden Bezugspunkt, noch erlaubt die ironisch intendierte Brechung eine plakative Bejahung des Dargestellten, dennoch wird nichtsdestoweniger auch hier eine potentiell identitätsstiftende aggressive Männlichkeit zur Schau gebracht.

Nicht genug damit, daß Schillers Intention, die Anarchie des Dreißigjährigen Krieges kritisch darzustellen (WL, „Kapuzinerpredigt", 484-594), potentiell im Widerspruch zur zeitgenössischen Rezeption des Werkes steht. Vielmehr liegt Schillers Wallenstein-Trilogie als ganzes ein heroisches und kriegerisches Männlichkeitsbild zugrunde, das gerade nicht in Diskrepanz zum „Reiterlied" steht. Vielmehr entsprechen Wallenstein selbst als auch die fiktive Figur des Max Piccolomini dem im „Reiterlied" gepriesenen maskulinen Bild.

In *Die Piccolomini* setzt sich die in *Wallensteins Lager* dargestellte Stimmung fort. Gleich zu Anfang werden viele politisch-historische und geopolitische Bezüge hergestellt (P I.2, 210ff.), nur daß die Akteure dieses Mal sowohl militärisch als auch politisch mächtiger sind. Doch auch sie hängen von Wallensteins „Vatersorge" ab (P I.1, 193) und wissen davon zu erzählen, daß „der Krieg ein roh, gewaltsam Handwerk ist" (P I.2, 181), und daß letztendlich „der Krieg den Krieg ernährt" (P I.2, 136). Wie schon bei den unteren Chargen der Militärhierarchie, betont Schiller auch bei den höheren Rängen, daß der „Eifer" der Generale nicht durch das „Vaterland" angetrieben werde (P I.2, 225), sondern vielmehr durch die Herrscherpersönlichkeit Wallensteins: „Ein einziger, durch Lieb' und Furcht / zu einem Volke sie zusammenbindend. / Und wie des Blitzes Funke sicher, schnell, / Geleitet an der Wetterstange, läuft, / Herrscht sein Befehl [...]" (P I.2, 232-236). Diese in Naturmetaphern gefaßte Zustandsbeschreibung der Stimmung um Wallenstein, die Buttler dem kaiserlichen Gesandten Questenberg gibt, klingt wie ein verstärkendes Echo auf das Ende von *Wallensteins Lager*. Zu Recht muß Questenberg schlußfolgern: „Hier ist kein Kaiser mehr.

---

93 Vgl. Kap. 3.1., S. 82ff.

Der Fürst ist Kaiser!" (P I.3, 294) Das Bild einer in sich geschlossenen
militärischen Elite rundet sich, als die Generale sich auf dem Bankett
nochmals ausdrücklich durch Eid an Wallenstein binden bzw. sich gegen
ihn verschwören. Man spricht „wie ein Mann" (P IV.4, 2030) und
schwört „für denselben alles das Unsrige, bis auf den letzten
Blutstropfen, aufzusetzen" (P IV.1). Dieser Eid wird allerdings durch den
Vorbehalt „so weit nämlich *unser dem Kaiser geleisteter Eid es erlauben
wird*" (ebd., Schillers Hervorhebung) zu einem getarnten Treuebruch. Die
Thematik der männerbündlerischen und kriegerischen Treue äußert sich
selbst noch im Treuebruch. Der Herrscher ist austauschbar, der
kriegerische Männerbund nicht.

Zu diesem Zeitpunkt ahnen die versammelten Generale bereits, daß
Max Piccolomini eine entscheidende Figur hinsichtlich ihres mit Vorbehalt geäußerten Treueeides ist: „Wär's nicht um diese Piccolomini, /
Wir hätten den Betrug uns können sparen" (P IV.3, 1956-1957). Diese
hervorgehobene Stellung unter den Generalen konnte Max aber nur
erhalten, weil die anwesenden Generale vermuten, daß er inzwischen zu
einem „fertigen Kriegshelden" gediehen sei (P I.1, 30); man hat ihn nicht
zuletzt deshalb in guter Erinnerung, weil er seinem Vater vor gut zehn
Jahren in Kriegsnot das Leben gerettet habe, zu einer Zeit, als er selber
noch pubertierte (P I.1, 29). Nun ist er ein Mann und Held, der
Wallenstein als Vaterfigur vergöttert („*Vater* ihn / Zu nennen" P III.4,
1533-1534; Schillers Hervorhebung) und seine naturwüchsige Herrschergewalt anpreist: „Und eine Lust ist's, wie er alles weckt / Und stärkt und
neu belebt um sich herum" (P I.4, 423-424; vgl. WT, III.8). In
Wallenstein lebe eine „Herrscherseele", die allein schon deshalb auch
einen „Herrscherplatz" beanspruchen dürfe (P I.4, 412 u. 413 u. 441), von
dem aus er „aller Menschen / Vermögen zu dem seinigen" mache (P I.4,
432-433). Doch ist es Max, den Schiller im Stück einführt, um ein
Gegenbild von einer friedlichen und zivilen Gesellschaft entstehen zu
lassen. So zumindest sieht es auf den ersten Blick aus und so lautet die
gängige Lesart.

Zwar erinnert sein leiblicher Vater Octavio Max daran, daß er „den
Frieden nie gesehn!" und daß „im Kriege selber [...] das Letzte nicht der
Krieg" ist (P I.4, 482 u. 484), sondern Krieg nur Mittel zum Zweck des
Friedens. Doch Max berichtet dann im folgenden schwärmerisch, was er
vom Frieden weiß. Er habe den Frieden gesehen und „Jetzt eben komm

ich davon her – es führte mich / Der Weg durch Länder, wo der Krieg
nicht hin- / Gekommen" (P I.4, 507-508). Diese für ihn neue Glücks-
erfahrung läßt ihn weiter träumen: „O schöner Tag! wenn endlich der
Soldat / Ins Leben heimkehrt, in die Menschlichkeit, / Zum frohen Zug
die Fahnen sich entfalten, / Und heimwärts schlägt der sanfte
Friedensmarsch" (P I.4, 534-537). Max' Wunsch nach Frieden läßt ihn
umso größere Hoffnung auf Wallenstein als Friedensfürsten setzen. Bei
aller kitschigen Friedensidylle bleibt sich aber Max als Krieger treu. „Der
Krieg ist's, der ihn [= den Frieden] erzwingen muß" (P I.4, 565). Zum
Ärger Questenbergs und seines Vaters Octavio Piccolomini kehrt Max
beim Abschied nochmals ganz seine aggressive Kriegsmentalität hervor:
„Und hier gelob ich's an, verspritzen will ich / Für ihn, für diesen
Wallenstein, mein Blut, / Das letzte meines Herzens" (P I.4, 579-581).
Ob das Blut für Wallenstein oder den Kaiser vergossen wird, alle
männlichen Akteure sind sich einig darin, daß ihre Interessen und
Identität durch kriegerische Tat hergestellt oder unter Beweis gestellt
werden.

So unterscheidet sich Max' Mischung aus schwärmerischer Euphorie
und blutvergießendem Heldenmut ideologisch nicht grundsätzlich von
der allgemeinen maskulinen Kriegsmentalität, die zuvor sowohl in
Wallensteins Lager als auch bei den übrigen vaterländischen und Wallenstein-Dramen zum Vorschein gekommen ist: die unbedingte Bereitschaft,
sich für den als Vaterfigur stilisierten Herrscher zu opfern und sich durch
den lebensverneinden Akt als männlicher Krieger vor anderen Männern
zu behaupten. Sowohl die Handlungsweise von Max als auch die
poetische Logik Schillers läuft darauf hinaus, einen kriegerischen Helden
gerade im Scheitern seiner Hoffnungen umso tragischer erscheinen zu
lassen, und damit das Gefühl des Erhabenen beim Leser/Zuschauer zu
induzieren. Denn als Max, seinem Gelöbnis treu bleibend, gegen Ende
tatsächlich dem „kühnen Führer" im Feld „kühn gefolgt" ist und dabei
stirbt (WT IV.10, 3032), wird sein Sterben heroisch illuminiert, ganz im
Sinne von Schillers Ästhetik des Erhabenen: „Wir fühlen uns frey beym
Erhabenen, weil die sinnlichen Triebe auf die Gesetzgebung der Vernunft
keinen Einfluß haben [...]."[94] Mit eingelagert in die Ästhetik des
Erhabenen ist eine geschichtsphilosophische Komponente, die ebenso

---

94 Friedrich Schiller, „Über das Erhabene", in: *Schillers Werke*. NA. Bd. 21.2. S. 42.

wie die ästhetische Induktion der Gefühle in Schillers Trilogie, von
maskulinisierter Kampfrhetorik und -mentalität bestimmt ist: „Die Welt,
als historischer Gegenstand, ist im Grunde nichts anders als der Konflikt
der Naturkräfte unter einander [sic] selbst und mit der Freyheit des
Menschen, und den Erfolg des Kampfs berichtet uns die Geschichte."[95]
Dieses Interesse an der Darstellung des Kampfes ist es, das sowohl die
moralische Vernunft, die Wahrheit als auch die Schönheit auf dem
Theater langweilig scheinen läßt:

> Also hinweg mit der falsch verstandenen Schonung und dem schlaffen,
> verzärtelten Geschmack, der über das ernste Angesicht der Nothwendigkeit
> einen Schleyer wirft [...]. Stirne gegen Stirn zeige sich uns das böse
> Verhängniß. Nicht in der Unwissenheit der uns umlagernden Gefahren –
> denn diese muß doch endlich aufhören – nur in der *Bekanntschaft* mit
> denselben ist Heil für uns. Zu dieser Bekanntschaft nun verhilft uns das
> furchtbar herrliche Schauspiel der alles zerstörenden und wieder erschaf-
> fenden und wieder zerstörenden Veränderung [...].[96]

Erhabenheit auf dem Theater wird bei Schiller zum Ausdruck eines
anthropologischen Kampfes, in dem die sinnliche Hälfte des Menschen
von der moralisch-vernünftigen überlistet wird, um durch diese ästhetische „Täuschung" auf der Bühne, „die Wahrheit" und den „Ernst des
Lebens" zu sehen (Prolog 135, 137 u. 138). Diese Legitimation erhaben-
tragischer Darstellung gilt sowohl für Max als auch für Wallenstein,
wenn auch aus je anderen Motiven. Damit mischen sich Schillers
dramenästhetische und anthropologische Ansichten mit dem auf der
Bühne dargestellten historischen Stoff. Schiller faßt nicht nur das Leben
als Kampf zwischen moralischer und sinnlicher Freiheit auf, er stellt
diesen Kampf nicht nur auf der Bühne dar, sondern amalgamiert
obendrein in der Wallenstein-Trilogie diese Ansichten mit der Darstellung des historischen Stoffes und seiner Idee vom Schönen. Insofern
haben wir es hier mit der Trilogie eines männlich definierten Kampfes zu
tun. Die Lesart, Max sei das Gegenbild zum kriegerischen Denken, ist
daher nicht nur wegen seiner Äußerungen und Taten mehr als problematisch, sondern Max' Friedensvision („Der Krieg ist schrecklich, wie des
Himmels Plagen." WT II.2, 728) ist vor allem dramaturgisch notwendig.

---

95 Schiller, „Über das Erhabene", in: *Schillers Werke*, NA, Bd. 21.2, S. 49.
96 Ebd., S. 51f.

Weil sich in ihm die Wahrheit („Wo ist die Stimme / Der Wahrheit, der ich folgen darf?" WT III.21, 2295-2296) und das Schöne zeigen, indem er gegen den Krieg und für den Frieden ist, kann er aufgrund seines Todes und seines Scheiterns zum wahren Heroen verklärt werden und einstehen für das „Los des Schönen auf der Erde" (WT IV.12, 3180). Nach Schillers Denkart des Erhabenen geht dies jedoch nur, weil Max sich bewußt und freiwillig der Todesgefahr stellt: „Wer mit mir geht, sei bereit zu sterben!" (P III.23, 2428)

Zu dieser Logik des Erhabenen gehört auch, daß Max nicht nur den Frieden beschwören darf, sondern auch die Liebe zu Thekla, Wallensteins Tochter – wie Max auch sie eine fiktive Figur, die als dramaturgisches Gegengewicht zu dem politisch-historischen ‚Kampf' eingesetzt wird. Während Thekla für den Soldatenvater und Friedensfürsten Wallenstein zum politischen Tauschpfand degradiert wird („Ich nehme sie zum Pfande größern Glücks." P II.3, 723), bildet sie für Max die Motivation seiner Friedensvision bzw. -erfahrung. Denn zusammen mit ihr durchreiste er die vom Krieg unberührten Länder: „Oh! goldne Zeit / Der Reise, wo uns jede neue Sonne / Vereinigte, die späte Nacht nur trennte!" (P III.3, 1476-1477) Diese keusche Liebe bildet mitten in den verhängnisvollen Stunden politischer Intrige gegen Wallenstein eine Glücks- und Friedensidylle, deren Thekla sich wie folgt versichert: „Wir haben uns gefunden, halten uns / Umschlungen, fest und ewig. Glaube mir!" (P III.5, 1729-1730) Doch dieses „Glaube mir!" deutet bereits die Verunsicherung beider an und macht klar, daß Schiller sich dieser Romanze bedient, um dadurch die Fallhöhe Maxens zu vergrößern. Sowohl die Friedensvision als auch die gefühlsselige und romantisierte Liebe werden als Ideale gesetzt, um die kämpferische Realität durch den Konstrast umso kämpferischer erscheinen zu lassen und, vice versa, die Ideale umso wünschenswerter: „wir haben / Nichts als uns selbst. Uns drohen harte Kämpfe. / Du, Liebe, gib uns Kraft, du göttliche!" (P III.9, 1891-1892)

Unterscheidet sich Schillers *Wallenstein* von Halems und Komareks sowie anderen vaterländischen Dramen vor allem durch den Umfang, ästhetische Mittel wie den Vers, den dramaturgisch komplexen Aufbau und die Ästhetik des Erhabenen, so trennt ihn wenig von seinen Zeitgenossen im Diskurs um die maskuline Selbstbehauptung. Letzteres wird vor allem auch daran deutlich, daß die Frauen wie in den übrigen Dramen die gleiche unselbständige Rolle zu spielen haben.

Thekla ist für den von Max so idealisierten Friedensbringer Wallenstein – wie erwähnt – nicht mehr als ein Tauschobjekt, das für seine
nächsten politischen Schachzüge herzuhalten hat (P II.3). Ihre Herab-
setzung geschieht aufgrund ihres weiblichen Geschlechtes, denn ein Sohn
hätte Wallensteins Namen annehmen „und meines Glückes Erbe" sein
können, „in einer stolzen Linie von Fürsten" (P II.4, 745-746). Wegen der
Geburt einer Tochter aber „zürnte [Wallenstein] mit dem Schicksal" (P
II.4, 743). Doch zeigt sich jetzt, da er seine Tochter überreicht bekommt,
daß er dem Schicksal „Unrecht" tat (P II.4, 748). Denn seine Tochter ist
nicht nur schön, sondern auch schüchtern und gefügig und damit, so
scheint es, für die politischen Pläne des Vaters verwertbar: „sie ist mir ein
langgespartes Kleinod, / Die höchste, letzte Münze meines Schatzes"
(WT III.4, 1532), deren Wert er politisch genau zu bemessen versteht:
„eine Krone will ich sehn / Auf ihrem Haupte, oder will nicht leben" (WT
III.4, 1522-1523). Theklas Mutter erinnert sie unmißverständlich an die
ihr zugewiesene Rolle: „Das Weib soll sich nicht selber angehören, / an
fremdes Schicksal ist sie fest gebunden" (P III.8, 1824-1825). Thekla
unterscheidet sich in der Erfahrung dieser misogynen Haltung, wie weiter
oben dargelegt, nicht von den Frauen in Babos *Otto von Wittelsbach*.
Doch durch ihre „wahre" und idealisierte Liebe zu Max stellt sich Thekla
gegen die brutale Welt der Politik und des Vaters. Sie lernt, „daß ich mir
selbst gehöre" (P III.8, 1850). Doch ist dieser Akt der befreienden
Selbstbestimmung nur ein scheinbarer, denn anstatt sich dem Vater zu
fügen, verschreibt sie sich jetzt dem Geliebten: „Ich bin die Seine. Sein
Geschenk allein / Ist dieses neue Leben, das ich lebe. / Er hat ein Recht
an sein Geschöpf" (P III.8, 1841-1843). Noch im Akt der Freiheit und der
Verwirklichung des Liebesideals setzt sich die Unfreiheit der Frau weiter
fort. Nach dieser Logik der Selbstverachtung versteht es sich fast von
selbst, daß Thekla, nachdem sie vom Tod Maxens erfahren hat (WT
IV.5), sterben will, „ja in die Gruft nur des Geliebten" (WT IV.11, 3105).
Sie endet im Wahn und glaubt, durch ihren Tod ihm nahe zu sein (WT
IV.10-14). Noch im Akt des Todes hält sich Schiller an eine geschlechter-
spezifische Trennung. Während Max heroisch und kämpferisch im Feld
sterben soll und sich gerade im Kampf mit anderen Männern als Mann
ausweist, verfällt Thekla in der retardierenden Darstellung ihrer Todes-
sehnsucht dem Wahn, in den sie sich zurückzieht. Ihre Stärke ist die
Schwäche und ihr Tod des Schlafes Bruder (WT IV.14). Ihre Selbst-

aufgabe gleicht ganz der Totalidentifikation von Therese Wallenstein in Halems Drama: „Hier will ich sterben! [....]" (V.3, S. 127). In beiden Fällen führt der hohe Grad emotionaler Abhängigkeit auf den niedrigsten Wert, die Negation des eigenen Selbst.

Doch nicht nur die misogyne Haltung gegenüber Thekla macht den gemeinsamen Nenner mit den zuvor behandelten Dramen aus. Des weiteren teilt in Schillers Trilogie Wallensteins Frau, die Herzogin von Friedland, mit Halems Therese das Los, daß sie hauptsächlich duldet und weint. Daß sie die Passivität und Untertänigkeit gegenüber ihrem Mann internalisiert hat, wird bereits durch die Mahnung an ihre Tochter deutlich. Daher verwundert es auch nicht weiter, daß Wallensteins Wille „stets der ihrige ist" (P II.2, 648). Zwar weiß die Herzogin nach der Rückkehr vom Wiener Hof, daß die Dinge um Wallenstein nicht gut stehen, daß eine zweite Absetzung möglich scheint (P II.2), doch mehr als „sich bittend an ihn [zu] schmiegen" (P II.2, 702) und ihren Mann um sein Einlenken zu bitten, bleibt ihr ebenso verwehrt wie Therese in Halems *Wallenstein*. Vielmehr hat sie wegen der Starrhalsigkeit ihres Mannes, genau wie jene, zu weinen und zu leiden (P III.4, 1524): „Was hab ich nicht getragen und gelitten / In dieser Ehe unglücksvollem Bund" (WT III.3, 1377-1378). Sie bleibt über das weitere politische Geschehen um sie herum unwissend und selbst hinsichtlich der Todesphantasien ihrer Tochter ahnungslos (WT IV.14). Schillers Herzogin ist wie Halems Therese legal, sozial und emotional von ihrem Mann abhängig. Als Gräfin Terzky, die dritte Frau im Schauspiel Schillers und als einzige zwar handlungsstark und analytisch kühl (WT I.7), aber dafür abwertend als intrigant dargestellt, Thekla von Wallensteins Abfall vom Kaiser berichtet, ist die Tochter vor allem um die schwache Mutter besorgt: „O meine Mutter! [...] O jammervolle Mutter! / Sie wird's nicht überleben" (WT III.2, 1333 u. 1338-1339). Während Thekla vergönnt ist, sich darin zu üben, in der Liebe und auf die Nachricht von Max' Tod hin Stärke zu demonstrieren („Sei ein starkes Mädchen; nicht als Weib, / Als Heldin will ich sie behandelt sehn." WT IV.9, 2977-2978), weint die Mutter mal wieder (WT IV.9, 2940) und darf in den Frauen vorbehaltenen, abseits liegenden Räumen ihrer Tochter – wie schon zuvor (WT III.3) – Trost spenden. Nicht genug, daß die Schwäche und Passivität der Frauen betont wird, sondern Wallenstein legt noch einmal nach: „Denn übel stimmt der Weiber Klage zu dem Tun der Männer" (WT III.6, 1589f.). Die größte

Mißachtung allerdings, die weniger Wallenstein, sondern Schiller der Herzogin angedeihen läßt, kommt darin zum Ausdruck, daß für sie im letzten Akt kein Platz mehr ist, sie sozusagen dramaturgisch fallen gelassen wird. Wer will, kann hierin aber Schiller auch gutmütige Zurückhaltung unterstellen. Denn während Halems Therese das Schicksal ihres ermordeten Mannes stammelnd beklagt und Treue und Liebe durch ihren Todeswunsch äußern kann, während bei Komarek die fiktive Isabella als „weiberschwach" und hysterisch im Wahnsinn (V.2, S. 82) endet, bleibt der Herzogin sowohl die aufopfernde Demütigung als auch der zur Schau gestellte Wahnsinn erspart, obwohl auch sie „mit dem Tode ringt" (WT V.12, 3820). Die Flucht in den Wahn bleibt bei Schiller der Tochter des Hauses vorbehalten. Während Wallenstein sich noch bis zum Ende der Illusion hingibt, aktiv das Geschehen zu gestalten, bleiben seiner Frau und Tochter nur die Flucht in den Wahn und Tod als Reaktion auf das von ihren Männern inszenierte Geschehen. Ohne dies nach der bisherigen Darstellung im einzelnen belegen zu müssen, können wir sagen: Wallenstein ist eben „kein Weib" (WT II.3, 868), sondern ein Mann, weil er stets etwas will und (ver)handelt (WT II.3, 960).

Eine dieses Kapitel abschließende Frage stellt sich noch: Wie verläuft der Vaterlands- und Nationaldiskurs in Schillers Trilogie? Wenn es eingangs hieß, daß in *Wallensteins Lager* die soldatische Vaterlands- und/oder Nationalidentität zugunsten eines kriegerischen Männerbundes – kulminierend im chorischen Reiterlied – abgewertet wird, so lassen sich Wallensteins politische Manöver kaum darstellen, ohne Bezug zu nehmen auf geopolitische Identitäten innerhalb des Reiches bzw. der Nation. Dabei fällt ein weiteres Diskurselement auf, das die Schillersche Trilogie mit den übrigen Dramen teilt: die politischen Entitäten werden in der Trilogie ebenso flexibel, locker, ja häufig einander synonym verwendet wie bei jenen Dramen. Mal ist von „des Reiches Wohlfahrt" (P V.1, 2485), dann von „deutscher Erde" (P IV.4, 2020), mal von der „böhmischen Krone" (WT I.5, 240), dann wieder vom „Jammer des deutschen Volkes" die Rede (WT III.15, 1977). Die nationalen Zuordnungsmöglichkeiten oszillieren in ihrer Vielfalt, *eine* nationale Identität stellt sich nicht ein. Und Wallenstein, ganz die Herrschergestalt und der Soldatenvater, von dem die ihn Umgebenden ein ums andere Mal sprechen, faßt die politische Grundkonstellation für den in geheimen

Sonderverhandlungen anwesenden schwedischen Gesandten Wrangel
zusammen:

> Ich will Euch sagen, wie das zugeht – Ja, / Der Österreicher *hat* ein
> Vaterland / Und liebt's und hat auch Ursach', es zu lieben. / Doch *dieses*
> Heer, das kaiserlich sich nennt, / Das hier in Böheim hauset, das hat keins; /
> Das ist der Auswurf fremder Länder, ist / Der aufgegebne Teil des Volks,
> dem nichts / Gehöret als die allgemeine Sonne. (WT I.5, 305-310;
> Hervorhebungen Schiller)

Betrachtet man diese Darstellung entlang der bisher deutlich gemachten
nationalen Diskurselemente, so schwingt vieles mit. Wie in *Wallensteins
Lager* tritt die Soldatenidentität hervor, die in der hierarchischen
Pyramide und Personalidentifikation mit dem Herrscher Wallenstein an
der Spitze gipfelt. Seine Soldaten kämpfen gerade nicht für das eine oder
das andere Vaterland. Das beste Beispiel, wie der „Auswurf fremder
Länder", der sozial deklassierte Mann, im und durch den Krieg seine
neue soziale und männliche Identität bezieht, ist Buttler. Als „schlechter
Reitersbursch, aus Irland" (P IV.4, 2006) kam Buttler nach Prag und stieg
durch „Kriegsgeschick" vom „niedern Dienst im Stalle" auf (P IV.4,
2009-2010). Darin ähnelt er Wallenstein selbst: „Auch Wallenstein ist der
Fortuna Kind, / Ich liebe einen Weg, der meinem gleicht" (P IV.4, 2011-
2012). Dieses Berufsheer hat kein Vaterland, sondern in Wallenstein
einen Vater, für den das erworbene Terrain austauschbar ist. Nicht die
regionale oder nationale Identität, sondern die personale Autorität
Wallenstein und dessen politisch-militärischer Sozialstatus stiftet die
Identität der Männer, von dem sie sich abhängig machen.

Im Kontrast dazu hat der (!) Österreicher ein Vaterland – eine doppelte Maskulinisierung –, das er liebt. Nicht die Tatsache, daß das Vaterland
immer eine positiv konnotierte Projektionsfläche zur Identitätsvermitt-
lung abgibt, ist an dieser Äußerung interessant, sondern *daß* Österreich
eine nationale Identität zugeschrieben werden kann, obwohl es, wie
andere Teile Deutschlands auch, eine dynastisch-politische Größe mit
hierarchischer Feudalordnung ist. Im Gegensatz zur hierarchisch-vertika-
len Soldatenordnung scheint im Hintergrund eine vermeintlich egalitär-
horizontale nationale Ordnung auf, die freilich durch die Vaterfigur – im
Falle Österreichs des Kaisers und Königs – hierarchisch geprägt bleibt.

Diese konkurrierenden Ordnungsvorstellungen, so die eine These, durchziehen das gesamte Drama. Wenn die Terzky etwa Wallenstein daran erinnert, daß „du vor acht Jahren / Mit Feuer und Schwert durch Deutschlands Kreise zogst, / Die Geißel schwangest über alle Länder, / Hohn sprachst allen Ordnungen des Reichs, / Der Stärke fürchterliches Recht nur übtest / Und jede Landeshoheit niedertratst" (WT I.7, 603-608), dann wird die aus den Polen bestehende Einheit aus Reich und Ländern betont, die im Kontrast zu Wallensteins antinationaler Politik steht. Wallenstein löst die aus der Geschichte abgeleiteten traditionellen Ordnungen der Länder auf, verhält sich also anarchisch, was dialektisch umschlägt in den Diskurs der Treue und des männlichen Kriegers, der sich durch den Kampf auszeichnet. An dieser Formulierung Terzkys besticht außerdem, daß das Reich nicht aus Vaterländern besteht, wohl aber sich aus Ländern zusammensetzt. Der Begriff des Landes oder der Landeshoheit taugt nicht als emotionale Projektionsfläche. Das Vaterland hingegen ist ein Singular, etwas, das nicht multiplizierbar ist und durch die notwendigerweise singuläre männliche Figur seine emotionale Aufwertung erfährt. Gerade anhand dieser sprachlichen Feindifferenzierung zeigt sich abermals, wie sehr der Vaterlands- und Nationaldiskurs sich durch die historische Spiegelung einerseits als ungefestigt zeigt, andererseits aber latent national-dynastische und maskuline Ordnungsvorstellungen evoziert.

Gerade letzteres ist es unter anderem auch, was Schiller in seiner Wallenstein-Trilogie ungewollt zur Sprache bringt. Denn ist Wallenstein zu Beginn seiner steilen militärischen Laufbahn derjenige, der die politisch existierenden Ordnungen auflöst, diese äußere Anarchie aber durch das Autoritäre seiner Herrschergewalt nach innen auffängt, zeichnet ihn Schiller gegen Ende stärker als Friedensfürst. Seinen Pappenheimern gegenüber erklärt Wallenstein unmißverständlich die Motivation und Absicht seines Treuebruchs: „Dieser Krieg verschlingt uns alle / Östreich [sic] will keinen Frieden, darum eben, / Weil ich den Frieden suche, muß ich fallen" (WT III.15, 1948-1950). Man sieht „im Herzog einen Friedensfürsten" (WT V.2, 3217). Sein Abfall vom Kaiser und das Bündnis mit den feindlichen Schweden erhalten für Schiller dramaturgisch vor allem deshalb Sinn, weil dadurch in Wallensteins tragischem Ende eine heroische Dimension erkennbar wird. Diese aber stellt sich vor allem deshalb ein, weil das Reich und die Nation ent-

sprechendes Gewicht erhalten. Der Fall Wallensteins, seine herrscher-
liche Größe, mißt sich an seiner Friedensvision für das Reich. Durch die
Betonung des Friedens wird der Diskurs nationalpolitisch aufgeladen.
Obwohl Schiller zum Ende hin Wallensteins größere Friedensvision um
des Reiches und/oder Deutschlands willen relativ selten zu Wort kommen
läßt und die Akteure verstärkt Glaube/ Vertrauen/Treue versus Lüge/Ab-
grund (WT III.18) thematisieren, bedeutet die „Wiederherstellung der
Normalität"[97] in diesem historischen Drama aber nichts anderes, als die
Wiederherstellung des Reiches und seiner föderalen Länder mit dem
habsburgischen Kaiser an der Spitze, so wie es der Westfälische Friede
von 1648 festlegte.

Schillers historisches Wallenstein-Drama thematisiert bzw. betont
innerhalb der drei Stücke weniger den Vaterlands- und Nationaldiskurs.
Vielmehr führt er die maskulinisierten Ordnungsvorstellungen und deren
Brüchigkeit vor. Schillers Motivation im Gegensatz zu den übrigen hier
diskutierten Dramenautoren dürfte jedoch darin gelegen haben, daß er
gerade deshalb auf einen historischen Stoff von nationaler Tragweite
zurückgriff, weil 1799 Europa und insbesondere das deutsche Reich sich
einer durch Napoleons Armeen aufgezwungenen Neuordnung ausgesetzt
sahen. Nur vier Jahre später sollte jenes Reich, das Schiller in einer
historischen Phase der Un- und Umordnung anhand der bestimmenden,
aber tragischen Herrscherfigur Wallenstein darstellt, tatsächlich
„zerfallen" (Prolog 70). Im Sinne Hobsbawms geht der Blick zurück in
die Geschichte in Zeiten des Umbruches und der Unsicherheit. In dieser
Fokussierung auf den Zerfall des Reiches liegt eine Wunschphantasie
nach einer männlich dominierten Ordnung, die nicht nur historisch
erkämpft, sondern auch kämpferisch dargestellt werden muß, und die
national geprägt ist. Während Halems und Komareks Wallenstein-
Dramen diese zeitgenössische nationalpolitische Komponente nicht
enthalten konnten, bezieht Schillers große Trilogie ihre Bedeutung erst
daraus, daß im historischen Rückblick die deutsche Nation als ein Torso
erscheint, eine Nation, die ihre Bestimmung erst noch finden muß.
Einstweilen dokumentiert aber Schillers umfangreichstes Drama, daß es
gelungen war, den nationalsprachigen und stehenden Theatern ein

---

97 Klaus Weimar, „Die Begründung der Normalität. Zu Schillers *Wallenstein*", in:
   Zeitschrift für deutsche Philologie 109 (1990), S. 115.

dramatisches Werk zu bieten, das zumindest in der kulturellen Domäne
den langgehegten Wunsch einer nationalen Selbstbehauptung und Selbstbestimmung einlöste. Daß die Realität der Theateraufführungen und die
Rezeption des Werkes in Weimar, Berlin und Mannheim zu Schillers Zeit
diesen künstlerischen Ansprüchen nicht entsprachen, kann in diesem
Falle allegorisch verstanden werden: die Idee eines einigenden und
männlichen Vaterlandes mußte der Geschichte entnommen werden, ohne
daß die Gegenwart diese Idee zu einer Realität machte. Es ist daher auch
nur konsequent, daß die erste naturgetreue und dem historischen
Realismus sich verpflichtende Darstellung von Schillers Wallenstein-
Trilogie in Meiningen erst in dem Moment Wirklichkeit wurde, als das
zweite deutsche Reich entstanden war. Erst jetzt war die Identität von
Idee und Realität hergestellt: Angesichts des tragischen Scheiterns
Wallensteins konnte die deutsche Nation ab 1871 sich umso prächtiger
ihrer Einheit rühmen.

5. Bibliographie

5.1. Konsultierte Hilfsmittel

Allgemeine Deutsche Biographie. Hg. von der Historischen Commission bei der Bayerischen Akademie der Wissenschaften. 56 Bde. Leipzig: Duncker und Humblot, 1875-1912.

Alth, Minna von und Gertrude Obzyna (Hgg.). *Burgtheater 1776-1976. Aufführungen und Besetzungen von 200 Jahren.* 2 Bde. Österreichischer Burgtheaterverband. Wien: Überreuter, 1979.

Bender, Wolfgang, Siegfried Bushuven, Michael Husemann et al. (Hgg.). *Theaterperiodika des 18. Jahrhunderts. Bibliographie und inhaltliche Erschliessung deutschsprachiger Theaterzeitschriften, Theaterkalender und Theatertaschenbücher.* Teil 1: 1750-1780, 2 Bde. Teil 2: 1781-1790, 3 Bde. Teil 3: 1791-1799, 3 Bde. München: Saur, 1994-2002.

Deetjen, Werner (Hg.). *Goethe als Benutzer der Weimarer Bibliothek. Ein Verzeichnis der von ihm entliehenen Werke.* Bearbeitet von Elise von Keudell. Weimar: Böhlau, 1931.

Deutsches biographisches Archiv. Eine Kumulation aus 254 der wichtigsten biographischen Nachschlagewerke für den deutschen Bereich bis zum Ausgang des neunzehnten Jahrhunderts. Hg. von Bernhard Fabian. 1431 Mikrofiche. München, New York: Saur, 1982-1984.

Deutsches Literatur-Lexikon. Biographisch-bibliographisches Handbuch. Begründet von Wilhelm Kosch. Hg. von Heinz Rupp und Carl Ludwig Lang. 3. Aufl. 14 Bde. Bern, München: Francke, 1984.

Frenzel, Herbert A. *Geschichte des Theaters. Daten und Dokumente 1470-1890.* 2. Aufl. München: Deutscher Taschenbuch Verlag, 1984.

Germanistik. Internationales Referatenorgan mit bibliographischen Hinweisen. Hg. von Winfried Barner. Tübingen: Niemeyer, 1960ff.

Goedeke, Karl (Hg.). *Grundrisz zur Geschichte der deutschen Dichtung. Aus den Quellen.* 2. bzw. 3. Aufl. 22 Bde. Dresden: Ehlermann, 1884-1966. Bd. 16ff., 1985ff.

Goethe-Handbuch. Goethe, seine Welt und Zeit in Werk und Wirkung. Hg. von Alfred Zastrau. 2. Aufl. 3 Bde. Stuttgart: Metzler, 1961.

Hadamowsky, Franz (Hg.). *Bücherkunde deutschsprachiger Theaterliteratur.* 2 Bde. Wien, Köln: Böhlau, 1982-1988.

Handbuch des deutschen Dramas. Hg. von Walter Hinck. Düsseldorf: Bagel, 1980.

Hamberger, Georg Christoph und Johann Georg Meusel (Hgg.). *Das gelehrte Teutschland oder Lexikon der jetzt lebenden teutschen Schriftsteller.* 1796. 5. Aufl. 33 Bde. Hildesheim: Olms, 1965.

Handwörterbuch des deutschen Aberglaubens. Hg. von Hanns Bächtold-Stäubli. 10 Bde. Berlin und Leipzig: de Gruyter, 1927-1942.

Heidtmann, Frank und Paul S. Ulrich. *Wie finde ich film- und theaterwissenschaftliche Literatur.* 2. Aufl. Berlin: Spitz, 1988.

Hermann, Helmut G. „Wallenstein-Bibliographie". In: Walter Hinderer. *Der Mensch in der Geschichte. Ein Versuch über Schillers Wallenstein.* Königstein/Ts.: Athenäum, 1980. S. 99-138.

Index deutschsprachiger Zeitschriften 1750-1815. Hg. von Klaus Schmidt. 28 Mikrofiche. Hildesheim: Olms, 1989.

Kosch, Wilhelm. *Deutsches Theater-Lexikon. Biographisches und bibliographisches Handbuch.* 3 Bde. Klagenfurt und Wien: Kleinmayr, 1953ff.

Meyer, Reinhart. *Das deutsche Trauerspiel des 18. Jahrhunderts. Eine Bibliographie.* München: Fink, 1977.

— (Hg.). *Bibliographia dramatica et dramaticorum. Kommentierte Bibliographie der im ehemaligen deutschen Reichsgebiet gedruckten und gespielten Dramen des 18. Jahrhunderts nebst deren Bearbeitungen und Übersetzungen und ihrer Rezeption bis in die Gegenwart. 1. und 2. Abteilung.* Tübingen: Niemeyer, 1986 ff.

Neue Deutsche Biographie. Hg. von der Historischen Kommission bei der Bayerischen Akademie der Wissenschaften. 16 Bde. Berlin: Duncker und Humblot, 1952ff.

Pies, Eike. *Prinzipale. Zur Genealogie des deutschsprachigen Berufstheaters vom 17. bis 19. Jahrhundert.* Düsseldorf: Henn, 1973.

Richel, Veronica C. *The German Stage, 1767-1890. A Directory of Playwrights and Plays.* Bibliographies and Indexes in the Performing Arts, Vol. 7. New York: Greenwood Press, 1987.

Ruppert, Hans (Hg.). *Goethes Bibliothek. Katalog.* Weimar: Arion, 1958.

Sammlung Oscar Fambach. Germanistisches Institut Bonn.

Schiller-Handbuch. Hg. von Helmut Koopmann, in Zusammenarbeit mit der Deutschen Schillergesellschaft Marbach. Stuttgart: Kröner, 1998.

Wilke, Jürgen. *Literarische Zeitschriften des 18. Jahrhunderts. 1688-1789.* 2 Bde. Sammlung Metzler, Bd. 174-175. Stuttgart: Metzler, 1978.

Wurzbach, Constant von (Hg.). *Biographisches Lexikon des Kaiserthums Öster-reichs, enthaltend die Lebensskizzen der denkwürdigen Personen, welche seit 1750 in den österreichischen Kronlanden geboren wurden und darin gelebt und gewirkt haben.* 60 Bde. Wien: Hof- und Staatsdruckerei, 1856-1891.

Zedler, Johann Heinrich. *Grosses vollständiges Universal-Lexicon aller Wissen-schafften und Künste.* 64 Bde. Halle, 1731-1754. 630 Microfiches. Erlangen: Harald Fischer, 1995.

5.2.   Dramentexte

[Anonym]. *Der Baron von Wallenstein. Ein militärisches Schauspiel.* Gotha: ohne Verlag, 1783.

Babo, Joseph Marius. *Otto von Wittelsbach. Pfalzgraf in Bayern. Ein Trauerspiel in fünf Aufzügen.* München: ohne Verlag, 1782.

—. *Bürgerglück. Lustpiel in drei Aufzügen.* Berlin: ohne Verlag, 1792.

B[rühl], A[lois] F[riedrich] Gr[af] v[on]. „Skizze der rauhen Sitten unserer guten Voraeltern. In fuenf Handlungen". In: *Theatralische Sammlung*, Bd. 6. Ohne Ort: ohne Verlag, 1790. S. 3-120.

Baczko, Ludwig von. „Conrad Lezkau, Buergermeister zu Danzig. Ein vater-laendisches Trauerspiel in fuenf Aufzuegen". In: *Theatralische Sammlung*, Bd. 24. Wien: Jahn, 1791. S. 3-113.

Goethe, Johann Wolfgang. „Geschichte Gottfriedens von Berlichingen mit der eisernen Hand". In: Ders. *Sämtliche Werke, Briefe, Tagebücher und Gespräche.* Frankfurter Ausgabe. I. Abteilung: Sämtliche Werke, Bd. 4. Hg. von Dieter Borchmeyer. Frankfurt: Deutscher Klassiker Verlag, 1985. S. 125-248.

—. „Götz von Berlichingen mit der eisernen Hand. Ein Schauspiel (1773)". In: Ders. *Sämtliche Werke, Briefe, Tagebücher und Gespräche.* Frankfurter Ausgabe. I. Abteilung: Sämtliche Werke, Bd. 4. Hg. von Dieter Borchmeyer. Frankfurt a.M.: Deutscher Klassiker Verlag, 1985. S. 279-389.

Halem, G[erhard] A[nton] von. *Wallenstein, ein Schauspiel.* Göttingen: Dietrich, 1786.

Iffland, August Wilhelm. „Friedrich von Oesterreich. Ein Schauspiel aus der vaterländischen Geschichte in fünf Aufzügen". In: *Theater von Aug. Wilh. Iffland. Erste vollständige Ausgabe.* Bd. 7. Wien: Klang, 1843. S. 137-255.

Kalchberg, Johann Ritter von. „Wülfing von Stubenberg". In: *J. Ritter v. Kalchberg's Sämmtliche Werke*. 6. Theil: Historische Schaupiele. Wien: Gerold, 1816. S. 4-108.

Klein, Anton. *Kaiser Rudolf von Habsburg, ein Trauerspiel in fuenf Aufzuegen*. 2. Aufl. Mannheim: ohne Verlag, 1788.

Komarek, Johann Nepomuk. *Albrecht von Waldstein. Ein vaterlaendisches Trauerspiel in fuenf Akten*. Pilsen: Morgensaeuler, 1789.

Kotzebue, August von. „Der Graf von Burgund. Ein Schauspiel in fünf Aufzügen" [1797]. In: *Theater von August v. Kotzebue. Rechtmäßige Original=Auflage*. Bd. 6. Wien, Leipzig: Klang und Kummer, 1840. S. 135-236.

—. „Die Negersklaven. Ein historisch=dramatisches Gemälde in drei Aufzügen" [1796]. In: *Theater von August v. Kotzebue. Rechtmäßige Original=Auflage*. Bd. 5. Wien, Leipzig: Klang und Kummer, 1840. S. 155-244.

—. „Johanna von Montfaucon. Ein romantisches Gemälde aus dem vierzehnten Jahrhundert in fünf Aufzügen" [1800]. In: *Theater von August v. Kotzebue. Rechtmäßige Original=Auflage*. Bd. 9. Wien, Leipzig: Klang und Kummer, 1840. S. 245-354.

—. „Gustav Wasa. Ein Schauspiel in fünf Aufzügen" [1801]. In: *Theater von August v. Kotzebue. Rechtmäßige Original=Auflage*. Bd. 13. Wien, Leipzig: Klang und Kummer, 1841. S. 3-184.

—. „Rudolph von Habsburg und König Ottokar von Böhmen" [1816]. In: *Theater von August v. Kotzebue. Rechtmäßige Original=Auflage*. Bd. 34. Wien, Leipzig: Klang und Kummer, 1841. S. 81-190.

Maier, [Jakob] Hofgerichtsrath. „Fust von Stromberg. Ein Schauspiel in fuenf Aufzuegen. Mit den Sitten, Gebraeuchen und Rechten seines Jahrhunderts". In: *Theatralische Sammlung*, Bd. 19. Mannheim: ohne Verlag, 1791. S. 83-203.

Nesselrode, [F. G. Freiherr von]. *Jan van Leiden oder die Belagerung von Muenster*. Muenster: ohne Verlag, 1786.

Schiller, Friedrich. „Wallenstein". In: *Schillers Werke*. Nationalausgabe. Bd. 8. Hg. von Hermann Schneider und Lieselotte Blumenthal. Weimar: Böhlau, 1949.

Soden, Julius Freyherr von. „Leben und Tod Kaiser Heinrichs des Vierten. Ein Schauspiel in fuenf Aufzuegen". In: *Theatralische Sammlung*, Bd. 25. Berlin: ohne Verlag, 1790. S. 118-239.

Steinsberg, R[itter] v[on]. *Otto von Wittelsbach. Trauerspiel in fuenf Aufzuegen. Fuer's Theater eingerichtet*. Berlin: Himburg, 1783.

Toering-Seefeld, Graf von. „Kaspar der Thorringer. Ein Schauspiel in fuenf Aufzuegen". In: *Theatralische Sammlung*, Bd. 14. Wien: ohne Verlag, 1791. S. 141-251.

—. „Agnes Bernauerin. Ein Trauerspiel in fuenf Aufzuegen". In: *Theatralische Sammlung*, Bd. 28. Wien: ohne Verlag, 1782. S. 185-271.

Vogel, [Wilhelm]. *Wallenstein in fünf Akten.* Mannheim: ohne Verlag, 1802.

5.3.   Theaterzeitschriften des 18. Jahrhunderts

Allgemeine Bibliothek für Schauspieler und Schauspielliebhaber. Hg. von Christian August von Bertram. 1.-3. Stück. Frankfurt und Leipzig: ohne Verlag, 1776. München: Kraus, 1981.

Annalen des Theaters. Hg. von Christian August von Bertram. 5 Bde. Berlin: Friedrich Maurer, 1788-1797. München: Kraus, 1981.

Der dramatische Censor. [Hg. von Joseph Marius Babo und Lorenz Hübner.] 1.-6. Heft. München: Strobel, 1782-1783. München: Kraus, 1981.

Ephemeriden der Litteratur und des Theaters. Hg. von Christian August von Bertram. 6 Bde. Berlin: Maurer, 1785-1787. München: Kraus, 1981.

Litteratur- und Theater-Zeitung. Hg. von Christian August von Bertram. 7 Bde. Berlin: Mever, 1778-1784. München: Kraus, 1981.

Theater-Journal für Deutschland. Hg. von Heinrich August Ottokar Reichard. 6 Bde. Gotha: Ettinger, 1777-1784. München: Kraus, 1981.

5.4.   Forschungsliteratur

Adelung, Johann Christoph. *Geschichte der menschlichen Narrheit oder Lebensbeschreibungen berühmter Schwarzkünstler, Goldmacher, Teufelsbanner, Zeichen= und Liniendeuter, Schwärmer, Wahrsager und anderer philosophischer Unholden.* 7 Bde. Leipzig: Weygand, 1785-89.

Adorno, Theodor W. *Minima Moralia. Reflexionen aus dem beschädigten Leben.* Berlin, Frankfurt a.M.: Suhrkamp, 1951.

—. „The Stars Down to Earth: *The Los Angeles Times* Astrology Column. A Study in Secondary Superstition". In: *Jahrbuch für Amerikastudien* 2 (1957), S. 19-88.

Albrecht, K. „Halems und Schillers Wallenstein". In: *Euphorion* 6 (1899), S. 290-295.

Alter, Jean. *A Sociosemiotic Theory of Theatre*. Philadelphia: University of Pennsylvania Press, 1991.

Anderson, Benedict. *Imagined Communities. Reflections on the Origin and Spread of Nationalism*. Rev. Aufl. London, New York: Verso, 1991.

Aristoteles. *Poetik*. Übers. und hg. von Manfred Fuhrmann. Stuttgart: Reclam, 1986.

Briefwechsel der Kurfürstin Sophie von Hannover mit dem Preußischen Königshause. Hg. v. Georg Schnath. Berlin, Leipzig: Koehler, 1927.

Bahr, Erhard. „Geschichtsrealismus in Schillers dramatischem Werk". In: Helmut Brandt (Hg.). *Friedrich Schiller. Angebot und Diskurs. Zugänge, Dichtung, Zeitgenossenschaft*. Friedrich Schiller-Universität, Jena, Sek. Literatur- und Kunstwissenschaft. Berlin, Weimar: Aufbau, 1987. S. 282-292.

Bauer, Roger und Jürgen Wertheimer (Hgg.). *Das Ende des Stegreifspiels, die Geburt des Nationaltheaters. Ein Wendepunkt in der Geschichte des europäischen Dramas*. München: Fink, 1983.

—. „Von Schillers *Wallenstein* zu Benjamin Constants *Wallstein* oder: Die Zwänge der klassizistischen Konvention". In: Roger Bauer (Hg.). *Der theatralische Neoklassizismus um 1800. Ein europäisches Phänomen?* Jahrbuch für Internationale Germanistik, Bd. 18. Bern, Frankfurt a.M., New York: Lang, 1986. S. 184-195.

Baur, Wilfried. *Rückzug und Reflexion in kritischer und aufklärender Absicht. Schillers Ethik und Ästhetik und ihre künstlerische Gestalt im Drama*. Europäische Hochschulschriften. Reihe 1. Deutsche Sprache und Literatur, Bd. 980. Frankfurt a.M., Bern, New York, Paris: Lang, 1987.

Becker-Cantarino, Barbara. „Geschlechterzensur. Zur Literaturproduktion der deutschen Romantik". In: John McCarthy und Werner von Ohe (Hgg.). *Zensur und Kultur. Zwischen Weimarer Klassik und Weimarer Republik mit einem Ausblick bis heute. Censorship and Culture. From Weimar Classicism to Weimar Republic and Beyond*. Tübingen: Niemeyer, 1995. S. 88-98.

Becker, Udo (Hg.). *Lexikon der Astrologie, Astronomie, Kosmologie*. Freiburg: Herder, 1981.

Bender, Wolfgang F. (Hg.). *Schauspielkunst im 18. Jahrhundert. Grundlagen, Praxis, Autoren*. Stuttgart: Steiner, 1992.

—. „'Mit Feuer und Kälte' und – ‚Für die Augen symbolisch': Zur Ästhetik der Schauspielkunst von Lessing bis Goethe". In: *Deutsche Vierteljahresschrift für Literaturwissenschaft und Geistesgeschichte* 62.1 (1988), S. 60-98.

Benjamin, Walter. „Über den Begriff der Geschichte". In: *Walter Benjamins Gesammelte Schriften.* Hg. von Rolf Tiedemann. Bd. 1.2. Frankfurt a.M.: Suhrkamp, 1974. S. 693-704.

Bennett, Benjamin. „Trinitarische Humanität: Dichtung und Geschichte bei Schiller". In: Wolfgang Wittkowski (Hg.). *Friedrich Schiller. Kunst, Humanität und Politik in der späten Aufklärung.* Tübingen: Niemeyer, 1982. S. 164-180.

Berghahn, Klaus L. „Das Pathetischerhabene: Schillers Dramentheorie". In: Reinhold Grimm (Hg.). *Deutsche Dramentheorien.* Bd. 1. 3. Aufl. Wiesbaden: Athenäum, 1980. S. 197-221.

Biener, Maria Elisabeth. *Die kritische Reaktion auf Schillers Dramen zu Lebenszeiten des Autors.* Köln: Köhlinger Dissertationsdruck, 1974.

Blanchard, Marc Eli. „Geschichte, Theater und das Problem der ‚Sitten' im 18. Jahrhundert". In: Hans Ulrich Gumbrecht und Ursula Link-Heer (Hgg.). *Epochenschwellen und Epochenstrukturen im Diskurs der Literatur- und Sprachhistorie.* Frankfurt a.M.: Suhrkamp, 1985. S. 110-125.

Blanke, Horst und Jörn Rüsen (Hgg.). *Von der Aufklärung zum Historismus. Zum Strukturwandel des historischen Denkens.* Historisch-Politische Diskurse, Bd. 1. Paderborn, München, Wien: Schöningh, 1984.

— und Dirk Fleischer (Hgg.). *Theoretiker der deutschen Aufklärungshistorie.* 2 Bde. Fundamenta Historica, Bd. 1. Stuttgart-Bad Cannstatt: Frommann-Holzboog, 1990.

Blitz, Hans-Martin. *Aus Liebe zum Vaterland. Die deutsche Nation im 18. Jahrhundert.* Hamburg: Hamburger Edition, 2000.

Bock, Wolfgang. *Astrologie und Aufklärung. Über modernen Aberglauben.* Diss. masch. Bremen, 1993.

Bödeker, Hans Erich und Ulrich Herrmann (Hgg.). *Über den Prozeß der Aufklärung in Deutschland im 18. Jahrhundert. Personen, Institutionen und Medien.* Veröffentlichungen des Max-Planck-Instituts für Geschichte, Bd. 85. Göttingen: Vandenhoeck und Ruprecht, 1987.

— et al. (Hgg.). *Aufklärung und Geschichte. Studien zur deutschen Geschichtswissenschaft im 18. Jahrhundert.* Veröffentlichungen des Max-Planck-Instituts für Geschichte, Bd. 81. Göttingen: Vandenhoeck und Ruprecht, 1986.

Böhme, Hartmut und Gernot Böhme. *Das Andere der Vernunft.* Frankfurt a.M.: Suhrkamp, 1983.

Borchmeyer, Dieter. „'... dem Naturalismus in der Kunst offen und ehrlich den Krieg erklären ...': Zu Goethes und Schillers Bühnenreform". In: Eberhard Lämmert, Winfried Barner und Norbert Oellers (Hgg.). *Unser Commercium. Goethes und Schillers Literaturpolitik.* Veröffentlichungen der Deutschen Schillergesellschaft, Bd. 42. Stuttgart: Cotta, 1984. S. 351-370.

—. *Macht und Melancholie. Schillers Wallenstein.* Athenäum Monografien, Literaturwissenschaft, Bd. 91. Frankfurt a.M.: Athenäum, 1988.

Brahm, Otto. *Das deutsche Ritterdrama des achtzehnten Jahrhunderts. Studien über Joseph August von Törring, seine Vorgänger und Nachfolger.* Quellen und Forschungen zur Sprach- und Culturgeschichte der germanischen Völker, Bd. 90. Straßburg, London: Trübner, 1880.

Breuer, Dieter. *Geschichte der literarischen Zensur in Deutschland.* Heidelberg: Quelle und Meyer, 1982.

—. „Stand und Aufgaben der Zensurforschung". In: Herbert G. Göpfert und Erdmann Weyrauch (Hgg.). *„Unmoralisch an sich ..." Zensur im 18. und 19. Jahrhundert.* Wolfenbütteler Arbeitskreis für Geschichte des Buchwesens, Bd. 7. Wiesbaden: Harrassowitz, 1988. S. 37-60.

Carroll, David. „Introduction". In: David Caroll (Hg.). *The States of ‚Theory'.* History, Art, and Critical Discourse, Bd. 1. New York: Columbia University Press, 1990. S. 1-23.

Chuquet, Arthur. *Paris en 1790. Voyage de Halem.* Traduction, introduction et notes. Paris: Chailley, 1896.

Dahnke, Hans-Dietrich. „Zum Verhältnis von historischer und poetischer Wahrheit in Schillers Konzeptionsbildung und Dramenpraxis". In: Helmut Brandt (Hg.). *Friedrich Schiller. Angebot und Diskurs. Zugänge, Dichtung, Zeitgenossenschaft.* Friedrich Schiller-Universität, Jena, Sek. Literatur- und Kunstwissenschaft. Berlin, Weimar: Aufbau, 1987. S. 264-281.

Daniel, Ute. *Hoftheater. Zur Geschichte des Theaters und der Höfe im 18. und 19. Jahrhundert.* Stuttgart: Klett-Cotta, 1995.

Dann, Otto. „Das historische Interesse in der deutschen Gesellschaft des 18. Jahrhunderts: Geschichte und historische Forschung in den zeitgenössischen Zeitschriften". In: Karl Hammer und Jürgen Voss (Hgg.). *Historische Forschung im 18. Jahrhundert. Organisation, Zielsetzung, Ergebnisse. 12. Deutsch-Französisches Historikerkolloquium des Deutschen Historischen Instituts Paris.* Pariser Historische Studien. Bonn: Bouvier, 1976. S. 386-415.

—. „Schiller als Historiker und die Quellen." In: Otto Dann, Norbert Oellers und Ernst Osterkamp (Hgg.). *Schiller als Historiker.* Stuttgart, Weimar: Metzler, 1995. S. 109-126.

Devrient, Eduard. *Geschichte der deutschen Schauspielkunst.* Neuausgabe. 2 Bde. Berlin: Elsner, 1905.

—. *Geschichte der deutschen Schauspielkunst.* Neu bearbeitet und bis in die Gegenwart fortgeführt als „Illustrierte deutsche Theatergeschichte" von Intendant Willy Suhlfeld. Berlin, Zürich: Eigenbrödler, 1929.

Diederichsen, Dietrich. „Theaterwissenschaft und Literaturwissenschaft". In: Reinhold Grimm und Jost Hermand (Hgg.). *Methodenfragen der deutschen Literaturwissenschaft.* Wege der Forschung, Bd. 290. Darmstadt: Wissenschaftliche Buchgesellschaft, 1973. S. 325-349.

Dietrich, Margret. „Sinn und Notwendigkeit von integrativwissenschaftlich-koordinierter Grundlagenforschung in ihrer Beziehung zur Theaterwissenschaft". In: Helmar Klier (Hg.). *Theaterwissenschaft im deutschsprachigen Raum. Texte zum Selbstverständnis.* Wege der Forschung, Bd. 548. Darmstadt: Wissenschaftliche Buchgesellschaft, 1978. S. 275-284.

Diwald, Hellmut. *Wallenstein. Eine Biographie.* München: Bechtle, 1969.

Doerry, Hans. *Das Rollenfach im deutschen Theaterbetrieb des 19. Jahrhunderts.* Schriften der Gesellschaft für Theatergeschichte, Bd. 35. Berlin: Gesellschaft für Theatergeschichte, 1926.

During, Simon. „New Historicism". In: *Text and Performance Quarterly* 11.3 (1991), S. 171-189.

—. *Foucault and Literature. Towards a Genealogy of Writing.* London, New York: Routledge, 1992.

Dwars, Jens-F. „Dichtung im Epochenumbruch. Schillers *Wallenstein* im Wandel von Alltag und Öffentlichkeit". In: *Jahrbuch der Deutschen Schillergesellschaft* 35 (1991), S. 150-179.

Echternkamp, Jörg. *Der Aufstieg des deutschen Nationalismus (1770-1840).* Frankfurt a.M., New York: Campus, 1998.

Eichendorff, Joseph von. „Zur Geschichte des Dramas". In: *Eichendorffs Werke.* Hg. von Klaus-Dieter Krabiel. Bd. 3. München: Winkler, 1976. S. 379-527.

Engel, J[ohann] J[akob]. *Ideen zu einer Mimik.* Erster Theil und Zweiter Theil. Berlin: [Mylius?], 1802.

Eisenhardt, Ulrich. „Wandlungen von Zweck und Methoden der Zensur im 18. und 19. Jahrhundert". In: Herbert G. Göpfert und Erdmann Weyrauch (Hgg.). *„Unmoralisch an sich ..." Zensur im 18. und 19. Jahrhundert.* Wolfenbütteler Arbeitskreis für Geschichte des Buchwesens, Bd. 7. Wiesbaden: Harrassowitz, 1988. S. 1-36.

Fambach, Oscar. *Das Repetitorium des Hof- und Nationaltheaters in Mannheim 1804-1832.* Mitteilungen zur Theatergeschichte der Goethezeit, Bd. 1. Bonn: Bouvier, 1980.

Fick, Monika. *Lessing-Handbuch. Leben, Werk, Wirkung.* Stuttgart, Weimar: Metzler, 2000.

Fineman, Joel. „The History of Anecdote: Fiction and Fiction". In: H. Aram Veeser (Hg.). *The New Historicism.* New York, London: Routledge, 1989. S. 49-76.

Fischer-Lichte, Erika. „Theatergeschichte oder Theatersemiotik? Versuch einer semiotischen Rekonstruktion der Theatergeste auf dem deutschen Theater im 18. Jahrhundert". In: *Maske und Kothurn* 28.(3-4) (1982), S. 163-194.

—. „Die Zeichensprache des Theaters. Zum Problem theatralischer Bedeutungsgenerierung". In: Renate Möhrmann (Hg.). *Theaterwissenschaft heute. Eine Einführung.* Berlin: Reimer, 1990. S. 233-259.

—. „Entwicklung einer neuen Schauspielkunst". In: Wolfgang F. Bender (Hg.). *Schauspielkunst im 18. Jahrhundert. Grundlagen, Praxis, Autoren.* Stuttgart: Steiner, 1992. S. 51-70.

—. *Kurze Geschichte des deutschen Theaters.* Tübingen, Basel: Francke, 1993.

— und Jörg Schönert (Hgg.). *Theater im Kulturwandel des 18. Jahrhunderts. Inszenierung und Wahrnehmung von Körper-Musik-Sprache.* Göttingen: Wallstein, 1999.

Fluck, Winfried. „The Americanization of History in the New Historicism". In: *Monatshefte* 84.2 (1992), S. 220-228.

Fohrmann, Jürgen. „Der Kommentar als diskursive Einheit der Wissenschaft". In: Jürgen Fohrmann und Harro Müller (Hgg.). *Diskurstheorien und Literaturwissenschaft.* Frankfurt a.M.: Suhrkamp, 1988. S. 244-257.

—. *Das Projekt der deutschen Literaturgeschichte. Entstehung und Scheitern einer nationalen Poesiegeschichtsschreibung zwischen Humanismus und Deutschem Kaiserreich.* Stuttgart: Metzler, 1989.

Foucault, Michel. *Die Ordnung der Dinge. Eine Archäologie der Humanwissenschaften.* Frankfurt a.M.: Suhrkamp, 1974.

—. *Archäologie des Wissens.* 2. Aufl. Frankfurt a.M.: Suhrkamp, 1986.

—. *Die Ordnung des Diskurses.* Erw. Aufl. Frankfurt a.M.: Fischer, 1992.

—. *Der Wille zum Wissen. Sexualität und Wahrheit I.* 3. Aufl. Frankfurt a.M.: Suhrkamp, 1989.

Fox-Genovese, Elizabeth. „Literary Criticism and the Politics of the New Historicism". In: H. Aram Veeser (Hg.). *The New Historicism.* New York, London: Routledge, 1989. S. 213-224.

Friess, Hermann. *Theaterzensur, Theaterpolizei und Kampf um das Volksspiel in Bayern zur Zeit der Aufklärung.* Regensburg: Schiele, 1937.

Fröhlich, Harry. „Schiller und die Verleger". In: *Schiller-Handbuch.* Hg. von Helmut Koopmann. Stuttgart: Kröner, 1998. S. 70-90.

Frühsorge, Gotthardt. „Vergangenheit und Gegenwart in Eins: Die Geschichte Gottfriedens von Berlichingen im Ausgang des 18. Jahrhunderts". In: Wolfgang Adam (Hg.). *Das achtzehnte Jahrhundert. Facetten einer Epoche.* Heidelberg: Winter, 1988. S. 77-91.

Gallagher, Catherine. „Marxism and The New Historicism". In: H. Aram Veeser (Hg.). *The New Historicism.* New York, London: Routledge, 1989. S. 37-48.

Gatterer, Johann Christoph. „Vom historischen Plan und der darauf sich gründenden Zusammenführung der Erzählungen". In: *Theoretiker der deutschen Aufklärung.* Hg. von Horst Walter Blanke und Dirk Fleischer. Bd. 1.2. Stuttgart-Bad Cannstatt: Frommann-Holzboog, 1990. S. 621-662.

—. „Räsonnement über die jezige Verfassung der Geschichtskunde in Teutschland". In: *Theoretiker der deutschen Aufklärung.* Hg. von Horst Walter Blanke und Dirk Fleischer. Bd. 1.2. Stuttgart-Bad Cannstatt: Frommann-Holzboog, 1990. S. 716-722.

Gellner, Ernest. *Nations and Nationalism.* Ithaca, London: Cornell University Press, 1983.

Geertz, Clifford. *The Interpretation of Cultures.* New York: Basic Books, 1973.

Geiger, Angelika. *Wallensteins Astrologie. Eine kritische Überprüfung der Überlieferung nach dem gegenwärtigen Quellenbestand.* Graz: Akademische Druck- und Verlagsanstalt, 1983.

Genast, Eduard. *Aus dem Tagebuch eines alten Schauspielers.* 4 Bde. Leipzig: Voigt und Gunther, 1862-1866.

Giesen, Bernhard. *Die Intellektuellen und die Nation. Eine deutsche Achsenzeit.* Frankfurt a.M.: Suhrkamp, 1993.

— (Hg.). *Nationale und kulturelle Identität. Studien zur Entwicklung des kollektiven Bewußtseins in der Neuzeit.* Frankfurt a.M.: Suhrkamp, 1991.

Glossy, Carl. *Zur Geschichte der Wiener Theatercensur.* Sonderabdruck aus dem Jahrbuch der Grillparzer=Gesellschaft 1896, VII. Jahrg. Wien: Konegen, 1896.

Glück, Alfons. *Schillers Wallenstein. Illusion und Schicksal.* München: Fink, 1976.

Goethe, Johann Wolfang von. „*Die Piccolomini.* Wallensteins Erster Teil (1799)". In: Fritz Heuer und Werner Keller (Hgg.). *Schillers Wallenstein.* Wege der Forschung, Bd. 420. Darmstadt: Wissenschaftliche Buchgesellschaft, 1977. S. 3-9.

—. „Regeln für Schauspieler". In: *Goethe. Gedenkausgabe der Werke, Briefe und Gespräche.* Züricher Ausgabe. Hg. von Ernst Beutler. Bd. 14. Zürich: Artemis, 1949. S. 72-90.

—. „Aus meinem Leben. Dichtung und Wahrheit". In: Historisch-Kritische Ausgabe. Bearbeiter Siegfried Scheibe. 2 Bde. Berlin: Akademie-Verlag, 1970-1974.

—. „Deutsche Sprache". In: *Goethes Werke*. Weimarer Ausgabe. Bd. 41, 1. Abt.: Über Kunst und Alterthum. Weimar: Böhlau, 1902. S. 109-117.

Göpfert, Herbert G. und Erdmann Weyrauch (Hgg.). *„Unmoralisch an sich ..."* *Zur Zensur im 18. und 19. Jahrhundert*. Wolfenbütteler Arbeitskreis für Geschichte des Buchwesens, Bd. 7. Wiesbaden: Harrassowitz, 1988.

Gossman, Lionel. *Between History and Literature*. Cambridge: Harvard University Press, 1990.

Greis, Jutta. „Poetische Bilanz eines dramatischen Jahrhunderts: Schillers *Wallenstein*". In: *Zeitschrift für deutsche Philologie* 109. Sonderheft Aspekte neuerer Schiller-Forschung (1990), S. 117-133.

Greenblatt, Stephen. *Renaissance Self-Fashioning. From More to Shakespeare*. Chicago: University of Chicago Press, 1980.

— (Hg.). *The Forms of Power and the Power of Forms in the English Renaissance*. Special issue of Genre 15. Norman: University of Oklahoma Press, 1982.

—. *Representing the English Renaissance*. Berkeley: University of California Press, 1988.

—. *Shakespearean Negotiations. The Circulation of Social Energy in Renaissance England*. Los Angeles: University of California Press, 1988.

—. „Towards a Poetics of Culture". In: H. Aram Veeser (Hg.), *The New Historicism*. New York, London: Routledge, 1989. S. 1-14.

—. *Verhandlungen mit Shakespeare. Innenansichten der englischen Renaissance*. Berlin: Wagenbach, 1990.

—. *Learning to Curse. Essays in Early Modern Culture*. New York, London: Routledge, 1990.

Grimm, Reinhold (Hg.). *Deutsche Dramentheorien. Beiträge zu einer historischen Poetik des Dramas in Deutschland*. 2 Bde. 3. Aufl. Athenaion Literaturwissenschaft, Bd. 12. Königsberg/Ts.: Athenaion, 1980.

Grimminger, Rolf. „Einleitung". *Deutsche Aufklärung bis zur Französischen Revolution 1680-1789*. In: Ders. (Hg.). *Hansers Sozialgeschichte der deutschen Literatur vom 16. Jahrhundert bis zur Gegenwart*. 2. Aufl. Bd. 3.1. München: Deutscher Taschenbuch Verlag, 1984. S. 15-99.

Guthke, Karl S. „Die Hamburger Bühnenfassung des *Wallenstein*". In: *Jahrbuch der Deutschen Schillergesellschaft* 2 (1958), S. 68-82.

—. *Literarisches Leben im 18. Jahrhundert in Deutschland und in der Schweiz*. Bern und München: Francke, 1975.

—. „Der Parteien Gunst und Haß in Hamburg: Schillers Bühnenfassung des *Wallenstein*". In: *Zeitschrift für deutsche Philologie* 102.2 (1983), S. 181-200.

Habermas, Jürgen. *Strukturwandel der Öffentlichkeit.* 2. Aufl. Frankfurt a.M.: Suhrkamp, 1990.

Hadamowsky, Franz. „Ein Jahrhundert Literatur- und Theaterzensur in Österreich (1751-1848)". In: Herbert Zeman (Hg.). *Die österreichische Literatur.* Bd. 2. *Ihr Profil an der Wende vom 18. zum 19. Jahrhundert (1750-1830).* Graz: Akademische Druck- und Verlagsanstalt, 1979. S. 289-306.

—. *Wien, Theatergeschichte. Von den Anfängen bis zum Ende des Ersten Weltkriegs.* Wien: Jugend und Volk, 1988.

Haider-Pregler, Hilde. *Des sittlichen Bürgers Abendschule. Bildungsanspruch und Bildungsauftrag des Berufstheaters im 18. Jahrhundert.* Wien: Jugend und Volk, 1980.

—. „Die Schaubühne als ‚Sittenschule‘ der Nation: Joseph Sonnenfels und das Theater". In: Helmut Reinalter (Hg.). *Joseph von Sonnenfels.* Veröffentlichungen der Kommission für die Geschichte Österreichs. Wien: Österreichische Akademie der Wissenschaften, 1988. S. 191-244.

—. „Komödianten, Literaten und Beamte: Zur Entwicklung der Schauspielkunst im Wiener Theater des 18. Jahrhunderts". In: Wolfgang F. Bender (Hg.). *Schauspielkunst im 18. Jahrhundert. Grundlagen, Praxis, Autoren.* Stuttgart: Steiner, 1992. S. 179-203.

Halem, Ludwig Wilhelm Christian v. und G. F. Strackerjan (Hgg.). *Gerhard Anton von Halem's herzogl. Oldenb. Justizraths und ersten Raths der Regierung Eutin Selbstbiographie nebst einer Sammlung von Briefen an ihn ...* (1840). Bern: Lang, 1970.

Hardtwig, Wolfgang. *Nationalismus und Bürgerkultur in Deutschland.* Göttingen: Vandenhoek und Ruprecht, 1994.

Harzen-Müller, A. Nikolaus. „*Wallenstein*-Dramen und -Aufführungen vor Schiller." In: *Mitteilungen des Vereins für die Geschichte der Deutschen in Böhmen* 38.1 (1899), S. 57-68.

Hebel, Udo J. „Der amerikanische New Historicism der achtziger Jahre: Bestandsaufnahme einer neuen Orthodoxie kulturwissenschaftlicher Literaturinterpretation". In: *Amerikastudien* 37.2 (1992), S. 325-347.

Hegel, Friedrich Wilhelm. „Über Schillers Wallenstein (um 1800)". In: Fritz Heuer und Werner Keller (Hgg.). *Schillers Wallenstein.* Wege der Forschung, Bd. 420. Darmstadt: Wissenschaftliche Buchgesellschaft, 1977. S. 15-16.

Helbig, Karl Gustav. *Der Kaiser Ferdinand und der Herzog von Friedland.* Dresden: Adler und Dietze, 1852.

Herder, Johann Gottfried. „Haben wir eine Französische Bühne?" In: *Herders Sämmtliche Werke.* Hg. von Bernhard Suphan. Bd. 2. Berlin: Weidmann, 1877. S. 207-227.

——. *Journal meiner Reise im Jahr 1769.* Historisch-Kritische Ausgabe. Hg. von Katharina Mommsen. Stuttgart: Reclam, 1976.

Hermand, Jost. *Der alte Traum vom neuen Reich. Völkische Utopien und Nationalsozialismus.* Frankfurt a.M.: Athenäum, 1988.

——. „German Ways of Reappropriating the National Cultural Heritage: A Brief Overview". In: *Monatshefte* 84.2 (1992), S. 183-192.

Herrmann, Hans Peter. „'Wer Rom nicht hassen kann, kann nicht Deutschland lieben': Deutscher Nationalismus im 18. Jahrhundert". In: *Korrespondenzen.* Festschrift für Joachim W. Storck aus Anlaß seines 75. Geburtstages. Hg. von Rudi Schweikert. Mannheimer Studien zur Literatur- und Kulturwissenschaft, Bd. 20. St. Ingbert: Röhrig, 1999. S. 1-23.

——, Hans-Martin Blitz und Susanna Moßmann. *Machtphantasie Deutschland. Nationalismus, Männlichkeit und Fremdenhaß im Vaterlandsdiskurs deutscher Schriftsteller des 18. Jahrhunderts.* Frankfurt a.M.: Suhrkamp, 1996.

Herrmann, Ulrich (Hg.). *Volk, Nation, Vaterland.* Studien zum 18. Jahrhundert, Bd. 18. Hamburg: Meiner, 1996.

Heselhaus, Clemens. „Wallensteinisches Welttheater (1960)". In: Fritz Heuer und Werner Keller (Hgg.). *Schillers Wallenstein.* Wege der Forschung, Bd. 420. Darmstadt: Wissenschaftliche Buchgesellschaft, 1977. S. 213-236.

Heuer, Fritz und Werner Keller (Hgg.). *Schillers Wallenstein.* Wege der Forschung, Bd. 420. Darmstadt: Wissenschaftliche Buchgesellschaft, 1977.

Heyer, Elfriede A. „The Genesis of *Wallenstein*: From History to Drama". In: Alexej Ugrinsky (Hg.). *Friedrich von Schiller and the Drama of Human Existence.* New York: Greenwood Press, 1988. S. 71-79.

H. I. U. „Schreiben aus D. ... an einen Freund in London über den gegenwaertigen Zustand der historischen Litteratur in Teutschland". In: *Teutscher Merkur* 2. Bd. (1773), S. 247-266.

Hinck, Walter, „Einleitung: Zur Poetik des Geschichtsdramas". In: Ders. (Hg.). *Geschichte als Schauspiel. Deutsche Geschichtsdramen, Interpretationen.* Frankfurt a.M.: Suhrkamp, 1981. S. 7-21.

——. *Goethe. Mann des Theaters.* Göttingen: Vandenhoeck und Ruprecht, 1982.

——. „Schillers Zusammenarbeit mit Goethe auf dem Weimarer Hoftheater". In: Klaus Manger, Achim Aurnhammer und Friedrich Strack (Hgg.). *Schiller und die höfische Welt.* Tübingen: Niemeyer, 1990. S. 271-281.

Hinderer, Walter. *Der Mensch in der Geschichte. Ein Versuch über Schillers Wallenstein.* Königstein/Ts.: Athenäum, 1980. S. 1-98.

—. „Die Damen des Hauses: Eine Perspektive von Schillers *Wallenstein*". In: *Monatshefte* 77.4 (1985), S. 393-402.

—. *Von der Idee des Menschen. Über Friedrich Schiller.* Würzburg: Königshausen und Neumann, 1998.

Hobsbawm, Eric und Terence Ranger (Hgg.). *The Invention of Tradition.* Cambridge: Cambridge University Press, 1983.

Hohendahl, Peter Uwe. „Nach der Ideologiekritik: Überlegungen zu geschichtlicher Darstellung". In: Hartmut Eggert, Ulrich Profitlich und Klaus R. Scherpe (Hgg.). *Geschichte als Literatur. Formen und Grenzen der Repräsentation von Vergangenheit.* Stuttgart: Metzler, 1990. S. 77-90.

Holquist, Michael. „Introduction. Corrupt Originals: The Paradox of Censorship". In: *Publications of the Modern Language Association* 106 (1994), S. 14-25.

Horkheimer, Max und Theodor W. Adorno. *Dialektik der Aufklärung. Philosophische Fragmente.* Frankfurt a.M.: Suhrkamp, 1973.

Houben, Heinrich H. *Verbotene Literatur von der klassischen Zeit bis zur Gegenwart. Ein kritisch-historisches Lexikon über verbotene Bücher, Zeitschriften und Theaterstücke, Schriftsteller und Verleger.* 2 Bde. Fotomechanischer Nachdruck von 1924. Hildesheim, Berlin: Olms, 1965.

—. *Der ewige Zensor: Längs- und Querschnitte durch die Geschichte der Buch- und Theaterzensur.* Nachdruck der Ausgabe von 1926. Kronberg/Ts.: Athenäum, 1978.

Höyng, Peter. „Kunst der Wahrheit oder Wahrheit der Kunst? Die Figur Wallenstein bei Schiller, Ranke und Golo Mann". In: *Monatshefte* 82.2 (1990), S. 142-156.

—. „... und mußte dem Geist des Zeitalters nahe bleiben": Studie zur Darstellung des Historischen auf dem Theater am Ende des 18. Jahrhunderts.* Diss. Madison, Wisconsin: University of Wisconsin, 1994.

—. „Vier Gründe, warum Theaterzensur im 18. Jahrhundert vernachlässigt wird". In: Erika Fischer-Lichte und Jörg Schönert (Hgg.). *Theater im Kulturwandel des 18. Jahrhunderts. Inszenierung und Wahrnehmung von Körper-Musik-Sprache.* Göttingen: Wallstein, 1998. S. 433-447.

—. „'Was ist die Nationalbühne im eigentlichsten Verstande?' Thesen über die Nationaltheater im späten 18. Jahrhundert als Ort eines National-Diskurses". In: Nicholas Vazsonyi (Hg.). *Searching for Common Ground. Diskurse zur deutschen Identität 1750-1871.* Wien, Köln, Weimar: Böhlau, 2000. S. 209-225.

Huch, Ricarda. *Wallenstein. Eine Charakterstudie.* 2. Aufl. Leipzig: Insel, 1916.

Huyssen, Andreas. *Drama des Sturm und Drang.* München: Winkler, 1980.

Iffland, August Wilhelm. *Fragmente über Menschendarstellung auf den deutschen Bühnen.* Erste Sammlung. Gotha: Ettinger, 1785.

—. „Ueber meine theatralische Laufbahn". In: *Theater von Aug. Wilh. Iffland.* Erste vollständige Ausgabe. 24. Bd. Wien: Klang, 1843.

Iggers, Georg G. *Deutsche Geschichtswissenschaft. Eine Kritik der traditionellen Geschichtsauffassung von Herder bis zur Gegenwart.* München: Deutscher Taschenbuch Verlag, 1971.

Irmer, Georg. „Die dramatische Behandlung des Wallensteinstoffes vor Schiller". *Nord und Süd* 57 (1891), S. 248-261.

Jansen, Sue Curry. *Censorship. The Knot that Binds Power and Knowledge.* Oxford: Oxford University Press, 1988.

Jarausch, Konrad H. „The Institutionalization of History in 18th-Century Germany". In: Erich Bödeker et al. (Hgg.). *Aufklärung und Geschichte. Studien zur deutschen Geschichtswissenschaft im 18. Jahrhundert.* Veröffentlichungen des Max-Planck-Instituts für Geschichte, Bd. 81. Göttingen: Vandenhoeck und Ruprecht, 1986. S. 25-48.

John, David G. *The German* Nachspiel *in the Eighteenth Century.* Toronto: University of Toronto Press, 1991.

Kaes, Anton. „New Historicism and the Study of German Literature". In: *German Quarterly* 62.2 (1989), S. 210-219.

—. „New Historicism: Literaturgeschichte im Zeichen der Postmoderne?" In: Hartmut Eggert, Ulrich Profitlich und Klaus R. Scherpe (Hgg.). *Geschichte als Literatur. Formen und Grenzen der Repräsentation von Vergangenheit.* Stuttgart: Metzler, 1990. S. 56-66.

Kanzog, Klaus. „Zensur, literarische". In: *Reallexikon der deutschen Literaturgeschichte.* Hg. von Klaus Kanzog und Achim Maaser. Bd. 4. Berlin, New York: de Gruyter, 1984. S. 998-1049.

—. „Textkritische Probleme der literarischen Zensur: Zukünftige Aufgaben einer literaturwissenschaftlichen Zensurforschung". In: Herbert G. Göpfert und Erdmann Weyrauch (Hgg.). *„Unmoralisch an sich ..." Zur Zensur im 18. und 19. Jahrhundert.* Wolfenbütteler Arbeitskreis für Geschichte des Buchwesens, Bd. 7. Wiesbaden: Harrassowitz, 1988. S. 309-331.

Keller, Werner (Hg.). *Beiträge zur Poetik des Dramas.* Darmstadt: Wissenschaftliche Buchgesellschaft, 1976.

Kienzle, Michael und Dirk Mende. *Zensur in der BRD. Fakten und Analysen.* München: Heyne, 1980.

Kiesel, Helmuth und Paul Münch. *Gesellschaft und Literatur im 18. Jahrhundert. Voraussetzungen und Entstehung des literarischen Marktes in Deutschland.* München: Beck, 1977.

Kilian, Eugen. *Der einteilige Theater*-Wallenstein. *Ein Beitrag zur Bühnengeschichte von Schillers* Wallenstein. Forschungen zur neueren Literaturgeschichte. Berlin: Duncker, 1901.

—. *Schillers* Wallenstein *auf der Bühne. Beiträge zum Problem der Aufführung und Inszenierung des Gedichtes.* München, Leipzig: Müller, 1908.

Kindermann, Heinz. *Theatergeschichte der Goethezeit.* Wien: Bauer, 1948.

—. „Aufgaben und Grenzen der Theaterwissenschaft (1953)“. In: Helmar Klier (Hg.). *Theaterwissenschaft im deutschsprachigen Raum. Texte zum Selbstverständnis.* Wege der Forschung, Bd. 548. Darmstadt: Wissenschaftliche Buchgesellschaft, 1978. S. 325-333.

Klara, Winfried. *Schauspielkostüm und Schauspieldarstellung. Entwicklungsfragen des deutschen Theaters im 18. Jahrhundert.* Schriften der Gesellschaft für Theatergeschichte, Bd. 43. Berlin: Gesellschaft für Theatergeschichte, 1931.

Klier, Helmar. „Einleitung“. In: Ders. (Hg.). *Theaterwissenschaft im deutschsprachigen Raum. Texte zum Selbstverständnis.* Wege der Forschung, Bd. 548. Darmstadt: Wissenschaftliche Buchgesellschaft, 1979. S. 1-13.

Knappich, Wilhelm. *Geschichte der Astrologie.* Frankfurt a.M.: Klostermann, 1967.

Knobloch, Hans-Jörg und Helmut Koopmann (Hgg.). *Schiller heute.* Stauffenburg Colloquium, Bd. 40. Tübingen: Stauffenburg, 1996.

Kocka, Jürgen. „Geschichte und Aufklärung“. In: Ders. (Hg.). *Geschichte und Aufklärung. Aufsätze.* Göttingen: Vandenhoeck und Ruprecht, 1989. S. 140-159.

Koopmann, Helmut. *Friedrich Schiller.* 2 Bde. 2. Aufl. Stuttgart: Metzler 1977.

—. *Schiller-Forschung 1970-1980. Ein Bericht.* Marbach: Deutsche Schillergesellschaft, 1980.

Koselleck, Reinhart. „Ereignis und Struktur“. In: Ders. und Wolf Dieter Stempel (Hgg.). *Geschichte. Ereignis und Erzählung.* München: Fink 1973, S. 660-670.

—. „Geschichte, Historie“. In: *Geschichtliche Grundbegriffe. Historisches Lexikon zur politisch-sozialen Sprache in Deutschland.* Hg. von Otto Brunner, Werner Conze und Reinhart Koselleck. Bd. 2. Stuttgart: Klett, 1975. S. 593-717.

—. „Das achtzehnte Jahrhundert als Beginn der Neuzeit“. In: Ders. und Reinhart Herzog (Hgg.). *Epochenschwelle und Epochenbewußtsein.* München: Fink, 1987. S. 269-282.

Košenina, Alexander. *Anthropologie und Schauspielkunst. Studien zur „eloquentia corporis" im 18. Jahrhundert*. Theatron. Studien zur Geschichte und Theorie der dramatischen Künste, Bd. 11. Tübingen: Niemeyer, 1995.

Kord, Susanne. *Ein Blick hinter die Kulissen. Deutschsprachige Dramatikerinnen im 18. und 19. Jahrhundert*. Ergebnisse der Frauenforschung, Bd. 27. Stuttgart: Metzler, 1992.

—. „Tugend im Rampenlicht: Friederike Sophie Hensel als Schauspielerin und Dramatikerin". In: *German Quarterly* 66.1 (1993), S. 1-19.

Krause, Markus. *Das Trivialdrama der Goethezeit 1780-1805. Produktion und Rezeption*. Mitteilungen zur Theatergeschichte der Goethezeit, Bd. 5. Bonn: Bouvier, 1982.

Lamport, F. J. „*Faust*-Vorspiel und *Wallenstein*-Prolog, oder: Wirklichkeit und Ideal der weimarischen ‚Theaterunternehmung'". In: *Euphorion* 83.3 (1989), S. 323-336.

Langewiesche, Dieter. „Nation, Nationalismus, Nationalstaat: Forschungsstand und Forschungsperspektiven." In: *Neue Politische Literatur* 40 (1995), S. 190-236.

Legband, Paul. *Münchener Bühne und Litteratur im achtzehnten Jahrhundert*. München: Historischer Verein von Oberbayern, 1904.

Lehan, Richard. „The Theoretical Limits of New Historicism". In: *New Literary History* 21.3 (1990), S. 533-553.

Leibfried, Erwin. *Schiller, Notizen zum heutigen Verständnis seiner Dramen*. Frankfurt a.M., New York: Lang, 1985.

Lemke, Gerhard H. *Sonne, Mond und Sterne in der deutschen Literatur seit dem Mittelalter. Ein Bildkomplex im Spannungsfeld gesellschaftlichen Wandels*. Kanadische Studien zur deutschen Sprache und Literatur, Bd. 23. Bern, Frankfurt a.M., Las Vegas: Lang, 1981.

Lentricchia, Frank. „Foucault's Legacy: A New Historicism?" In: H. Aram Veeser (Hg.). *The New Historicism*. New York, London: Routledge, 1989. S. 231-242.

Lepenies, Wolf. *Melancholie und Gesellschaft*. Frankfurt a.M.: Suhrkamp, 1969.

—. *Das Ende der Naturgeschichte. Wandel kultureller Selbstverständlichkeiten in den Wissenschaften des 18. und 19. Jahrhunderts*. München: Hanser, 1976.

Lessing, Gotthold Ephraim. „Hamburgische Dramaturgie". In: Ders. *Werke*. Hg. von Herbert G. Göpfert. Bd. 4. München: Hanser, 1973. S. 230-707.

Lichtenberg, Georg Christoph. *Schriften und Briefe*. Hg. von Wolfgang Promies. München: Hanser, 1968.

Lindenberger, Herbert. *The Historical Drama. The Relation of Literature and Reality*. Chicago: Chicago University Press, 1975.

Litvak, Joseph. „Back to the Future: A Review-Article on the New Historicism, Deconstruction, and Nineteenth-Century Fiction". In: *Texas Studies* 30.1 (1988), S. 120-149.

Liu, Alan. „The Power of Formalism: The New Historicism". In: *English Literary History* 56.4 (1989), S. 721-771.

Löwen, Johann Friedrich. *Geschichte des deutschen Theaters (1766) und Flugschriften über das Hamburgische Nationaltheater (1766 und 1767)*. Hg. von Heinrich Stümcke. Neudrucke literarhistorischer Seltenheiten, Bd. 8. Berlin: Frensdorff, o. J.

Lützeler, Paul Michael. „Der postmoderne Neohistorismus in den amerikanischen Humanities". In: Hartmut Eggert, Ulrich Profitlich und Klaus R. Scherpe (Hgg.). *Geschichte als Literatur. Formen und Grenzen der Repräsentation von Vergangenheit*. Stuttgart: Metzler, 1990. S. 67-76.

Mahoney, Dennis F. „The Thematic Significance of Astrology in Schiller's *Wallenstein*". In: *Journal of Evolutionary Psychology* 10.3-4 (1989), S. 383-392.

Mann, Golo. *Wallenstein*. Frankfurt a.M.: Fischer, 1986.

Martin. „Ueber die Sternenkunst. (Aus dem Französischen)". In: *Der Teutsche Merkur* Januar (1786), S. 3-32.

Martini, Fritz. *Geschichte im Drama, Drama in der Geschichte. Spätbarock, Sturm und Drang, Klassik, Frührealismus*. Stuttgart: Klett-Cotta, 1979.

Matthes, Isabel. *„Der allgemeinen Vereinigung gewidmet". Öffentlicher Theaterbau in Deutschland zwischen Aufklärung und Vormärz*. Theatron. Studien zur Geschichte und Theorie der dramatischen Künste, Bd. 16. Tübingen: Niemeyer, 1995.

Maurer-Schmoock, Sybille. *Deutsches Theater im 18. Jahrhundert*. Tübingen: Niemeyer, 1982.

McCabe, William Hugh. *An Introduction to the Jesuit Theatre* (1929). Posthumous work. St. Louis: Institute of Jesuit Sources, 1983.

McCarthy, John A. „'Morgendämmerung der Wahrheit': Schiller and Censorship". In: Herbert G. Göpfert und Erdmann Weyrauch (Hgg.). *„Unmoralisch an sich ..." Zur Zensur im 18. und 19. Jahrhundert*. Wolfenbütteler Arbeitskreis für Geschichte des Buchwesens, Bd. 7. Wiesbaden: Harrassowitz, 1988. S. 231-248.

— und Werner von Ohe (Hgg.). *Zensur und Kultur. Zwischen Weimarer Klassik und Weimarer Republik mit einem Ausblick bis heute. Censorship and Culture. From Weimar Classicism to Weimar Republic and Beyond*. Tübingen: Niemeyer, 1995.

Meyer, Reinhart. „Von der Wanderbühne zum Hof- und Nationaltheater". In: *Hansers Sozialgeschichte der deutschen Literatur.* Bd. 3.1. *Deutsche Aufklärung bis zur Französischen Revolution 1680-1789.* Hg. von Rolf Grimmiger. München: Hanser, 1980. S. 186-216.

—. „Deutsches Theater im 18. Jahrhundert: Neuerscheinungen der Forschungsliteratur. Eine sozialgeschichtliche Problemskizze. 1. Teil". In: *Das achtzehnte Jahrhundert* 5.1 (1981), S. 25-51.

—. „Deutsches Theater im 18. Jahrhundert: Neuerscheinungen der Forschungsliteratur. Eine sozialgeschichtliche Problemskizze. 2. Teil". In: *Das achtzehnte Jahrhundert* 5.2 (1981), S. 123-143.

—. „Das Nationaltheater in Deutschland als höfisches Institut: Versuch einer Begriffs- und Funktionsbestimmung". In: Roger Bauer und Jürgen Wertheimer (Hgg.). *Das Ende des Stegreifspiels. Die Geburt des Nationaltheaters. Ein Wendpunkt in der Geschichte des europäischen Dramas.* München: Fink, 1983. S. 124-152.

—. „Limitierte Aufklärung: Untersuchungen zum bürgerlichen Kulturbewußtsein im ausgehenden 18. und beginnenden 19. Jahrhundert". In: Hans Erich Bödeker und Ulrich Herrmann (Hgg.). *Über den Prozeß der Aufklärung in Deutschland im 18. Jahrhundert. Personen, Institutionen und Medien.* Veröffentlichungen des Max-Planck-Instituts für Geschichte, Bd. 85. Göttingen: Vandenhoeck und Ruprecht, 1987. S. 139-200.

Michael, Friedrich und Hans Daiber. *Geschichte des deutschen Theaters.* Frankfurt a.M.: Suhrkamp, 1990.

Möhrmann, Renate. „Die Dame mit der Maske: Schauspielerinnen in der Malerei des 18. Jahrhunderts". In: Dies. (Hg.). *Die Schauspielerin. Zur Kulturgeschichte der weiblichen Bühnenkunst.* Frankfurt a.M.: Insel, 1989. S. 117-126.

— (Hg.). *Theaterwissenschaft heute. Eine Einführung.* Berlin: Dietrich, 1990.

Moutoux, Eugene. *Schiller's Use of History in* Fiesco *and in* Wallenstein. Diss. Ann Arbor, 1985.

Muhlack, Ulrich. „Schillers Konzept der Universalgeschichte zwischen Aufklärung und Historismus". In: Otto Dann, Norbert Oellers und Ernst Osterkamp (Hgg.). *Schiller als Historiker.* Stuttgart, Weimar: Metzler, 1995. S. 5-28.

Müller, Harro. „Einige Notizen zu Diskurstheorie und Werkbegriff". In: Jürgen Fohrmann und Harro Müller (Hgg.). *Diskurstheorien und Literaturwissenschaft.* Frankfurt. a.M.: Suhrkamp, 1988. S. 235-243.

Müller, Peter. *Der junge Goethe im zeitgenössischen Urteil.* Deutsche Bibliothek, Bd. 2. Berlin: Akademie Verlag, 1969.

—. „Aber die Geschichte schweigt nicht: Goethes *Geschichte Gottfriedens von Berlichingen mit der eisernen Hand, dramatisiert* als Beginn der deutschen Geschichtsdramatik". In: *Zeitschrift für Germanistik* 8.2 (1987), S. 141-159.

Müller-Seidel, Walter. „Die Idee des neuen Lebens: Eine Betrachtung über Schillers *Wallenstein* (1971)". In: Fritz Heuer und Werner Keller (Hgg.). *Schillers Wallenstein*. Wege der Forschung, Bd. 420. Darmstadt: Wissenschaftliche Buchgesellschaft, 1977. S. 364-385.

Münz, Rudolf. „Schauspielkunst und Kostüm". In: Wolfgang F. Bender (Hg.). *Schauspielkunst im 18. Jahrhundert. Grundlagen, Praxis, Autoren.* Stuttgart: Steiner, 1992. S. 147-178.

Nägele, Rainer. „Johann Wolfgang Goethe: *Götz von Berlichingen*". In: *Dramen des Sturm und Drang*. Stuttgart: Reclam, 1987. S. 7-31.

Nicolai, Friedrich. „Zweyhunderter Brief - Zweyhundert und dritter Brief (3. 12. 1761 - 17. 12. 1761)". In: Ders. *Briefe die Neueste Litteratur betreffend*. 12. Theil. Berlin: Friedrich Nicolai, 1763. S. 299-326.

Niehenke, Peter. *Astrologie. Eine Einführung*. Stuttgart: Reclam, 1994.

Nietzsche, Friedrich. „Unzeitgemäße Betrachtungen. Zweites Stück: Vom Nutzen und Nachteil der Historie für das Leben" (1874). In: *Nietzsches Werke*. Kritische Gesamtausgabe. Hg. von Giorgio Colli und Mazzino Montinari. 3. Abt., Bd 1. Berlin, New York: de Gruyter, 1972. S. 239-330.

Nipperdey, Thomas. *Deutsche Geschichte: 1800-1866. Bürgerwelt und starker Staat*. München: Beck, 1987.

Neubuhr, Elfriede. „Einleitung". In: Dies. (Hg.). *Geschichtsdrama*. Wege der Forschung, Bd. 485. Darmstadt: Wissenschaftliche Buchgesellschaft, 1980. S. 1-37.

Oellers, Norbert. „Vorwort". In: *Zeitschrift für deutsche Philologie* 109. Sonderheft Aspekte neuerer Schiller-Forschung (1990), S. 1-2.

Orel, Alfred. *Goethe als Operndirektor*. Bregenz: Russ, 1949.

Otto, Ulla. *Die literarische Zensur als Problem der Soziologie der Politik*. Stuttgart: Enke, 1968.

Patterson, Annabel. „Censorship". In: Martin Coyle et al. (Hgg.). *The Encyclopedia of Literature and Criticism*. London: Routledge, 1990. S. 901-914.

Patterson, Michael. *The First German Theatre. Schiller, Goethe, Kleist and Büchner in Performance*. Theatre Production Studies. London, New York: Routledge, 1990.

Paglia, Camille. „Junk Bonds and Corporate Raiders: The Academic in the Hour of the Wolf". In: *Arion* 1.2. Spring (1991), S. 139-212.

Paul, Arno. *Aggressive Tendenzen des Theaterpublikums. Eine strukturell-funktionale Untersuchung über den sog. Theaterskandal anhand der Sozialverhältnisse der Goethezeit.* Diss. masch. München, 1969.

Pazarkaya, Yüksel. *Die Dramaturgie des Einakters. Der Einakter als eine besondere Erscheinungsform im deutschen Drama des 18. Jahrhunderts.* Göppinger Arbeiten zur Germanistik, Nr. 69. Göppingen: Kümmerle, 1973.

Pechter, Edward. „The New Historicism and Its Discontents: Politicizing Renaissance Drama". In: *Publications of the Modern Language Association* 102.3 (1987), S. 292-303.

Petersen, Julius. *Schiller und die Bühne.* Palaestra. Untersuchungen aus der deutschen und englischen Philologie und Literaturgeschichte, Bd. 32. Ohne Ort: Johnson Reprint, 1967.

—. „Schiller und das Weimarer Theater". *Jahrbuch der Goethe-Gesellschaft* 8 (1921), S. 177-195.

—. *Geschichtsdrama als nationaler Mythos. Grenzfragen zur Gegenwartsform des Dramas.* Stuttgart: ohne Verlag, 1940.

Pichler, Anton. *Chronik des Großherzoglichen Hof- und National-Theaters in Mannheim. Zur Feier seines hundertjährigen Bestehens am 7. October 1879.* Mannheim: Bensheimer, 1879.

Pistotnik, Vesna. „Towards a Redefinition of Dramatic Genre and Stage History". In: *Modern Drama* 28.4 (1985), S. 677-687.

Plachta, Bodo. *Damnatur, Toleratur, Admittitur. Studien und Dokumente zur literarischen Zensur im 18. Jahrhundert.* Studien und Texte zur Sozialgeschichte der Literatur, Bd. 43. Tübingen: Niemeyer, 1994.

Porter, Carolyn. „Are We Being Historical Yet?" In: David Caroll (Hg.). *The States of „Theory".* New York: Columbia University Press, 1990. S. 27-62.

—. „History and Literature: ‚After the New Historicism'". In: *New Literary History* 21.2 (1990), S. 253-278.

Die Protokolle des Mannheimer Nationaltheaters unter Dalberg aus den Jahren 1781 bis 1789. Hg. von Max Martersteig. Mannheim: Bensheimer, 1890.

Ranke, Leopold von. *Geschichte Wallensteins.* Köln: Agrippina, 1954.

Reill, Peter Hanns. *The German Enlightenment and the Rise of Historicism.* Berkeley: University of California Press, 1975.

Ricoeur, Paul. „Mimesis and Representation". In: *Annals of Scholarship* 2.3 (1981), S. 15-32.

Richards, David B. „The Problem of Knowledge in *Wallenstein*". In: Gerhart Hoffmeister (Hg.). *Goethezeit. Studien zur Erkenntnis und Rezeption Goethes und seiner Zeitgenossen.* Bern, München: Francke, 1981. S. 231-242.

Romany, Frank. „Shakespeare and the New Historicism". In: *Essays in Criticism* 39.4 (1989), S. 271-288.

Ross, Marlon B. „Contingent Predilections: The Newest Historicism and the Question of Method". In: *Centennial Review* 34.4 (1990), S. 485-538.

Sautermeister, Gert. *Idyllik und Dramatik im Werk Friedrich Schillers. Zum geschichtlichen Ort seiner klassischen Dramen.* Stuttgart: Kohlhammer, 1971.

Schacht, Sven. *Schillers* Wallenstein *auf den Berliner Bühnen.* Forschungen zur Literatur-, Theater- und Zeitungswissenschaft, Bd. 6. Oldenburg: Schwartz, 1929.

Schanze, Helmut. *Goethes Dramatik. Theater der Erinnerung.* Theatron. Studien zur Geschichte und Theorie der dramatischen Künste, Bd. 4. Tübingen: Niemeyer, 1989.

Scheuer, Helmut (Hg.). *Dichter und ihre Nation.* Frankfurt a.M.: Suhrkamp, 1993.

Schiller, Friedrich. „Geschichte des Dreißigjährigen Krieges". In: *Schillers Werke.* Nationalausgabe. Bd. 18. Hg. von Karl-Heinz Hahn. Weimar: Böhlau, 1976.

—. „Ueber das gegenwärtige teutsche Theater" (1782). In: *Schillers Werke.* Nationalausgabe. Bd. 20.1. Hg. von Benno von Wiese. Weimar: Böhlau, 1962. S. 79-86.

—. „Was kann eine gute stehende Schaubühne eigentlich wirken?" (1784) In: *Schillers Werke.* Nationalausgabe. Bd. 20.1. Hg. von Benno von Wiese. Weimar: Böhlau, 1962. S. 87-100.

—. „Über das Erhabene". In: *Schillers Werke.* Nationalausgabe. Bd. 21.2. Hg. von Benno von Wiese. Weimar: Böhlau, 1963. S. 38-54.

—. „Dramaturgische Preisfragen". In: *Schillers Werke.* Nationalausgabe. Bd. 22. Hg. von Herbert Meyer. S. 321-324.

Schillers Briefe. Kritische Gesamtausgabe. Hg. von Fritz Jonas. 7 Bde. Stuttgart, Leipzig: Deutsche Verlagsanstalt, [1892-1896].

Schillers Werke. Nationalausgabe. *Briefwechsel.* Hgg. alterierend. Weimar: Böhlau, 1966ff.

Schlegel, August Wilhelm. „Vorlesungen über dramatische Kunst und Literatur: Siebenunddreißigste Vorlesung". In: *August Wilhelm Schlegel. Kritische Schriften und Briefe.* Hg. von Edgar Lohner. Bd. 6.2. Stuttgart, Berlin, Köln, Mainz: Kohlhammer, 1967. S. 280-291.

Schlegel, Johann Elias. „Gedanken ueber das Theater und insonderheit das daenische." In: *Johann Elias Schlegel. Werke.* Hg. von Johann Heinrich Schlegel. Bd. 3. Kopenhagen, Leipzig: Mummische Buchhandlung, 1764. Frankfurt a.M.: Athenäum, 1971. S. 241-298.

Schlichte, Joachim. „Bürgerliches Theater und Singspiel: Eine Einflußnahme auf das Theaterrepertoire im ausgehenden 18. Jahrhundert dargestellt am Beispiel der Frankfurter Bühne". In: *Das deutsche Singspiel im 18. Jahrhundert*. Hg. vom Colloquium der Arbeitsstelle 18. Jahrhundert der Gesamthochschule Wuppertal und der Universität Münster. Heidelberg: Winter, 1979. S. 77-104.

Schlözer, August Ludwig. „Vorstellung seiner Universal-Historie". In: *Theoretiker der deutschen Aufklärung*. Hg. von Horst Walter Blanke und Dirk Fleischer. Bd. 1.2. Stuttgart-Bad Cannstatt: Frommann-Holzboog, 1990. S. 663-687.

Schmid, Christian Heinrich. *Ueber Götz von Berlichingen. Eine dramaturgische Abhandlung*. Leipzig: Weygand, 1774.

—. *Chronologie des deutschen Theaters*. Hg. von Paul Legband. Gesellschaft für Theatergeschichte, Bd. 1. Berlin: Gesellschaft für Theatergeschichte, 1902.

Schöll, Norbert und Jürgen W. Kleindiek. „Braucht das Theater eine eigene Wissenschaft" (1970). In: Helmar Klier (Hg.). *Theaterwissenschaft im deutschsprachigen Raum. Texte zum Selbstverständnis*. Wege der Forschung, Bd. 548. Darmstadt: Wissenschaftliche Buchgesellschaft, 1978. S. 171-178.

Schulte-Sasse, Jochen. *Die Kritik an der Trivialliteratur seit der Aufklärung. Studien zur Geschichte des modernen Kitsch-Begriffs*. München: Fink, 1971.

Schulz, Georg-Michael. *Tugend, Gewalt und Tod. Das Trauerspiel der Aufklärung und die Dramaturgie des Pathetischen und des Erhabenen*. Theatron. Studien zur Geschichte und Theorie der dramatischen Künste, Bd. 1. Tübingen: Niemeyer, 1988.

Schumacher, Ernst. „Geschichte und Drama". In: *Sinn und Form* 11 (1959), S. 579-620.

Sengle, Friedrich. *Das historische Drama in Deutschland*. 2. Aufl. Stuttgart: Metzler, 1969.

Sidler, Viktor. *Wechselwirkungen zwischen Theater und Geschichte untersucht anhand des schweizerischen Theaters vor Beginn der Reformation*. Aarau: Keller, 1973.

Siekmann, Andreas. „Friedrich Schillers Differenzierung von historischer und poetischer Wahrheit". In: *Wirkendes Wort* 36 (1986), S. 9-15.

Sørensen, Bengt Algot. *Herrschaft und Zärtlichkeit. Der Patriarchalismus und das Drama im 18. Jahrhundert*. München: Beck, 1984.

Steinbeck, Dietrich. „Probleme der Dokumentation von Theaterkunstwerken" (1970). In: Helmar Klier (Hg.). *Theaterwissenschaft im deutschsprachigen Raum. Texte zum Selbstverständnis*. Wege der Forschung, Bd. 548. Darmstadt: Wissenschaftliche Buchgesellschaft, 1978. S. 179-191.

Steinhagen, Harald. „Schillers *Wallenstein* und die Französische Revolution". In: *Zeitschrift für deutsche Philologie* 109. Sonderheft Aspekte neuerer Schiller-Forschung (1990), S. 77-98.

Steinmetz, Horst. *Das deutsche Drama von Gottsched bis Lessing. Ein historischer Überblick.* Stuttgart: Metzler, 1987.

–. „Idee und Wirklichkeit des Nationaltheaters: Enttäuschte Hoffnungen und falsche Erwartungen". In: Ulrich Herrmann (Hg.). *Volk, Nation, Vaterland. Studien zum 18. Jahrhundert*, Bd. 18. Hamburg: Meiner, 1996. S. 141-150.

Stock, Fritjhof. „Schillers Lektüre der *Dialoghi d'amore* von Leone Ebreo". In: *Zeitschrift für deutsche Philologie* 96.4 (1977), S. 539-550.

Sulzer, Johann Georg. „Von der Historie". In: *Theoretiker der deutschen Aufklärung.* Hg. von Horst Walter Blanke und Dirk Fleischer. Bd.1.1. Stuttgart-Bad Cannstatt: Frommann-Holzboog, 1990. S. 286-299.

Thomas, Brook. *The New Historicism and Other Old-Fashioned Topics.* Princeton: Princeton University Press, 1991.

Tiedemann, Rolf. „Einleitung". In: Walter Benjamin. *Das Passagen-Werk.* Hg. von Rolf Tiedemann. Frankfurt a.M.: Suhrkamp, 1983. S. 11-41.

Toews, John E. „Stories of Difference and Identity: New Historicism in Literature and History". In: *Monatshefte* 84.2 (1992), S. 193-211.

Trappl, Wilhelm. *Joseph Marius Babo (1756-1822). Sein literarisches Schaffen und seine Stellung in der Zeit.* Diss. masch. Wien, 1970.

Utz, Peter. „Ohr und Herz: Schillers Dramaturgie der Sinne". In: *Jahrbuch der Deutschen Schillergesellschaft* 29 (1985), S. 62-97.

Vazsonyi, Nicholas. „Schiller's *Don Carlos*: Historical Drama or Dramatized History?" In: *New German Review* 7 (1991), S. 26-41.

—. „Montesquieu, Friedrich Carl von Moser, and the ‚National Spirit Debate' in Germany, 1765-1767". In: *German Studies Review* 22.2 (1999), S. 225-246.

— (Hg.). *Searching for Common Ground. Diskurse zur deutschen Identität 1750-1871.* Köln, Weimar, Wien: Böhlau, 2000.

Veeser, H. Aram. „Introduction". In: Ders. (Hg.). *The New Historicism.* New York, London: Routledge, 1989. S. ix-xvi.

Vickers, Brian. „Kritische Reaktionen auf die okkulten Wissenschaften in der Renaissance". In: Jean-François Bergier (Hg.). *Zwischen Wahn, Glaube und Wissenschaft. Magie, Astrologie, Alchemie und Wissenschaftsgeschichte.* Zürich: Verlag der Fachvereine, 1988. S. 167-239.

Vierhaus, Rudolf. „Historisches Interesse im 18. Jahrhundert". In: Erich Bödeker et al. (Hgg.). *Aufklärung und Geschichte. Studien zur deutschen Geschichtswissenschaft im 18. Jahrhundert.* Göttingen: Vandenhoeck und Ruprecht, 1986. S. 264-275.

Vogg, Elena. „Die bürgerliche Familie zwischen Tradition und Aufklärung: Per-
    spektiven des ‚bürgerlichen Trauerspiels' von 1755-1800". In: Helmut
    Koopmann (Hg.). *Bürgerlichkeit im Umbruch. Studien zum
    deutschsprachigen Drama 1755-1800. Mit einer Bibliographie der Dramen
    der Oettingen-Wallersteinischen Bibliothek zwischen 1750-1800.*
    Tübingen: Niemeyer, 1993. S. 53-92.

Weber-Kellermann, Ingeborg. *Die deutsche Familie. Versuch einer Sozialge-
    schichte.* 3. Aufl. Frankfurt a.M.: Suhrkamp, 1977.

Wegmann, Nikolaus. *Diskurse der Empfindsamkeit. Zur Geschichte eines
    Gefühls in der Literatur des 18. Jahrhunderts.* Stuttgart: Metzler, 1988.

Weimar, Klaus. „Die Begründung der Normalität: Zu Schillers *Wallenstein*". In:
    Zeitschrift für deutsche Philologie 109. Sonderheft Aspekte neuerer
    Schiller-Forschung (1990), S. 99-116.

Weißert, Gottfried. „Goethes *Götz von Berlichingen* - Recht und Geschichte". In:
    Heinz und Ide Bodo Lecke (Hgg.). *projekt deutschunterricht 7. Literatur
    der Klassik I - Dramenanalysen.* Stuttgart: Metzler, 1974. S. 199-228.

Weisstein, Ulrich. „Das Geschichtsdrama: Formen der Verwirklichung". In:
    Reinhold Grimm und Jost Hermand (Hgg.). *Geschichte im
    Gegenwartsdrama.* Stuttgart: Kohlhammer, 1976. S. 9-23.

Wellbery, David. „Zu den Vorträgen Kaes, Lützeler und Hohendahl". In: Hart-
    mut Eggert, Ulrich Profitlich und Klaus R. Scherpe (Hgg.). *Geschichte als
    Literatur. Formen und Grenzen der Repräsentation von Vergangenheit.*
    Stuttgart: Metzler, 1990. S. 381-384.

White, Hayden. *Metahistory. The Historical Imagination in Nineteenth-Century
    Europe.* Baltimore, London: Johns Hopkins University Press, 1973.

—. „New Historicism: A Comment". In: H. Aram Veeser (Hg.). *The New Histo-
    ricism.* New York, London: Routledge, 1989. S. 293-302.

—. „'Figuring the nature of the times deceased': Literary Theory and Historical
    Writing". In: Ralph Cohen (Hg.). *The Future of Literary Theory.* New
    York, London: Routledge, 1989. S. 19-43.

Wieland, Christoph Martin. „Briefe an einen jungen Dichter. Dritter Brief". In:
    Wieland. Von der Freiheit der Literatur. Hg. v. Wolfgang Albrecht. Bd. 1.
    Frankfurt a.M.: Insel, 1997. S. 442-458.

—. „Der Eifer, unserer Dichtkunst einen National-Charakter zu geben" (1773),
    in: ders., *Werke.* Hg. v. Fritz Martini und Hans Werner Seiffert. Bd. 3.
    München: Hanser, 1967. S. 267-272.

Wiese, Benno von. „Geschichte und Drama". In: *Deutsche Vierteljahresschrift
    für Literaturwissenschaft und Geistesgeschichte* 19 (1942), S. 412-434.

Wiesflecker, Hermann. „Der Kaiser in Goethes *Faust*: Beobachtungen über
    Goethes Verhältnis zur Geschichte". In: Werner Bauer. Achim Masser und

Guntram A. Plangg (Hgg.). *Tradition und Entwicklung*. Festschrift für Eugen Turnher. Innsbruck: Institut für Germanistik der Universität Innsbruck, 1982. S. 271-282.

Wikander, Matthew H. *The Play of Truth and State. Historical Drama from Shakespeare to Brecht*. Baltimore, London: Johns Hopkins University Press, 1986.

Williams Scholz, Gerhild. „Geschichte und die literarische Dimension: Narrativik und Historiographie in der anglo-amerikanischen Forschung der letzten Jahrzehnte. Ein Bericht". In: *Deutsche Vierteljahresschrift für Literaturwissenschaft und Geistesgeschichte* 63.2 (1989), S. 315-392.

Wilson, W. Daniel. *Unterirdische Gänge. Goethe, Freimaurerei und Politik*. Göttingen: Wallstein, 1999.

Wimmer, Silvia. *Die bayerisch-patriotischen Geschichtsdramen. Ein Beitrag zur Geschichte der Literatur, der Zensur und des politischen Bewußtseins unter Kurfürst Karl Theodor*. Schriften zur bayerischen Landesgeschichte, Bd. 116. München: Beck, 1999.

Wittkowski, Wolfgang. „Theodizee oder Nemesistragödie? Schillers *Wallenstein* zwischen Hegel und politischer Ethik". In: *Jahrbuch des Freien Deutschen Hochstifts* 78 (1980), S. 177-237.

—. „Ethik der Politik oder Utopie der Geschichte? Schillers Ästhetik und der Prolog zu *Wallensteins Lager*". In: Albrecht Schöne, Walter Haug und Wilfried Barner (Hgg.). *Akten des VII. Internationalen Germanisten-Kongresses, Göttingen 1985*. Tübingen: Niemeyer, 1986. S. 46-55.

Wodak, Ruth, Rudolf de Cillia et al. *Zur diskursiven Konstruktion nationaler Identität*. Frankfurt a.M.: Suhrkamp, 1998.

Wolf, Maria. „Der politische Himmel: Zum astrologischen Motiv in Schillers *Wallenstein*". In: Klaus Manger, Achim Aurnhammer und Friedrich Strack (Hgg.). *Schiller und die höfische Welt*. Tübingen: Niemeyer, 1990. S. 223-232.

Wölfel, Kurt. „Moralische Anstalt: Zur Dramaturgie von Gottsched bis Lessing". In: Reinhold Grimm (Hg.). *Deutsche Dramentheorien. Beiträge zu einer historischen Poetik in Deutschland*. 3. Aufl. Bd. 1. Wiesbaden: Athenaion, 1980. S. 56-122.

Wurtenberg, Gustav. *Goethe und der Historismus*. Leipzig: Teubner, 1929.

Zeller, Rosmarie. *Struktur und Wirkung. Zu Konstanz und Wandel literarischer Normen im Drama zwischen 1750 und 1810*. Bern, Stuttgart: Haupt, 1988.

Zimmerman, Harro. „Geschichte und Despotie: Zum politischen Gehalt der Hermannsdramen F. G. Klopstocks". In: *Text & Kriktik* (1981), S. 97-121.

6. Personen- und Sachregister

Theaterkunst und Heilkunst

Studien zu Theater und Anthropologie

Herausgegeben von Gerda Baumbach unter Mitarbeit von Martina Hädge

2002. XV, 461 Seiten. 97 s/w-Abbildungen im Text und 24 farbige Abbildungen in separatem Tafelteil. Gebunden. ISBN 3-412-08801-3

Eine Reisebeschreibung der Stadt Leipzig aus dem Jahre 1769 berichtet von den »Merkwürdigkeiten« vor dem Peterstore, wo es zur Messe wie in einem »Lustlager« zugehe. Den Ärzten und ihrem Comödienspiel sei aber eine gewisse Nützlichkeit, gerade in einer Universitätsstadt mit ihren vielen Melancholikern und Hypochondristen, nicht abzusprechen. Solchen ›Ärzten‹ wurde der Medikamentenhandel gestattet, das »comoedien-spil« hingegen immer erneut verboten, obwohl gerade dieses Bestandteil ihrer Kuren war.

In der Verbindung mit Heilkunst liegt eine der Quellen für das Entstehen der berufsmäßigen Schauspielkunst im 16. Jahrhundert in Europa. Dieses Buch geht in Einzelstudien dem eigentümlichen Zusammenhang von Heilen und Schauspielerei nach, der bis in die zweite Hälfte des 18. Jahrhunderts praktiziert wurde, und zieht auch außereuropäische Vergleiche heran. Es ist ein Feld, auf dem Medizin, Theater und Religion in einem weiten Sinne ineinander greifen.

KÖLN WEIMAR

Böhlau

URSULAPLATZ 1, D-50668 KÖLN, TELEFON (0221) 91 39 00, FAX 91 39 011

Henning Röper
**Handbuch Theater-
management**

Dieser praxisbezogene Leitfaden für Theatermacher und Kul-
turmanager analysiert die vielfältigen Probleme öffentlicher
Theater in Deutschland und zeigt konstruktive Lösungsmög-
lichkeiten auf. Das Handbuch gliedert sich in fünf Hauptteile:
Die Einführung bietet einen fundierten Überblick über die
Geschichte und den Zustand des deutschen Theaters von den
70er Jahren bis heute. Der zweite Teil behandelt Fragen der
Betriebsführung, z.B. die Steuerung des Produktions- und Vor-
stellungsbetriebs sowie die Koordination der verschiedenen
Mitarbeitergruppen. Im dritten Teil werden die Finanzlage
der Theater erörtert und effektive Möglichkeiten zur Steige-
rung der Einnahmen und zur Kostenoptimierung aufgezeigt.
Der vierte Teil ist Fragen der Legitimation von öffentlicher Be-
zuschussung gewidmet. Im abschließenden fünften Teil geht
es um Beispiele erfolgreicher Alternativmodelle zu den eta-
blierten öffentlichen Theatern.

2001. X, 646 Seiten. Gebunden.

ISBN 3-412-06201-4

KÖLN WEIMAR

URSULAPLATZ 1, D-50668 KÖLN, TELEFON (0 2 2 1) 91 39 00, FAX 91 39 011

Germanistik

Andreas Schumann
Heimat denken
Regionales Bewußtsein in der
deutschsprachigen Literatur
zwischen 1815 und 1914
2002. 316 Seiten. Gb.
€ 39,90/SFr 67,–
ISBN 3-412-14801-6
In einem Zeitraum vom Wiener
Kongress bis zum Ersten Welt-
krieg werden vergleichend die
unterschiedlichen Vorstellungen
von Heimat im gesamten
deutschsprachigen Raum untersucht. Bislang kaum beachtete
Werke bestimmen die breite
Quellenbasis; durch empirische
Quellenauswertung und einen
biographischen Anhang zu den
behandelten Autoren erhält das
Werk den Charakter eines Hand-
buchs.

Hanno Ehrlicher,
Hania Siebenpfeiffer (Hg.)
Gewalt und Geschlecht
Bilder, Literatur und Diskurse
im 20. Jahrhundert
(Literatur - Kultur - Geschlecht,
Große Reihe, Band 23)
2002. 220 S. Etwa 24 s/w-Abb. Br.
€ 24,90/SFr 42,–
ISBN 3-412-06802-0
Das 20. Jahrhundert war ein Jahrhundert der Gewalt. Aggression
und Destruktivität offenbarten
sich in zwei Weltkriegen und der
Shoah mit traumatischer Intensität. Gewalt war in der Moderne
schon immer geschlechtlich
codiert: sie spielte sich in einem
männlich dominierten Raum ab,
richtete sich gegen das andere
Geschlecht und gegen das sexu-
ell Andersartige. Literatur, Kunst,
Film und Diskurse spiegeln diese
Verbindung von Gewalt und
Geschlecht in besonderer Weise.

Ernst Hellgardt, Stephan Müller
und Peter Strohschneider (Hg.)
Literatur und Macht
im mittelalterlichen
Thüringen
2002. 204 Seiten. 4 s/w-Abb. Gb.
€ 29,90/SFr 50,20
ISBN 3-412-08302-X
Die Landgrafschaft Thüringen ist
ein zentraler Raum der deutschen Literaturgeschichte des
Mittelalters. Die Autoren fragen
nach den institutionellen Bedingungen literarischer Kommunikation im Mittelalter und nach dem
Stellenwert und der Funktion
deutschsprachiger Texte für die
Stabilisierungsprozesse höfischer
und städtischer Institutionen im
mittelalterlichen Thüringen.

Tamara Barzantny
Harry Graf Kessler und
das Theater
Autor – Mäzen – Initiator
1900-1933
2002. 331 S. Gb.
€ 39,90/SFr 67,-
ISBN 3-412-03802-4
Neben seinen zahlreichen Akti-
vitäten als Mäzen, Diarist, Publizist und Gesandter war Kessler
auch ein wichtiger Anreger im
Bereich des zeitgenössischen
Theaters. Dieser Aspekt seines
rastlosen Schaffens und Wirkens
wird in der vorliegenden Monographie erstmalig zusammenhän-
gend dargestellt.

URSULAPLATZ 1, D-50668 KÖLN, TELEFON (0 221) 91 39 00, FAX 91 39 011

KÖLN WEIMAR

Böhlau